本书为教育部人文社会科学青年基金项目"决策论证与邻避设施社会稳定风险防范研究"（15YJC630052）结项成果

中国社会安全系列研究丛书
姜晓萍◎主编

邻避设施社会稳定风险防范程序

决策论证的视角

雷尚清◎著

中国社会科学出版社

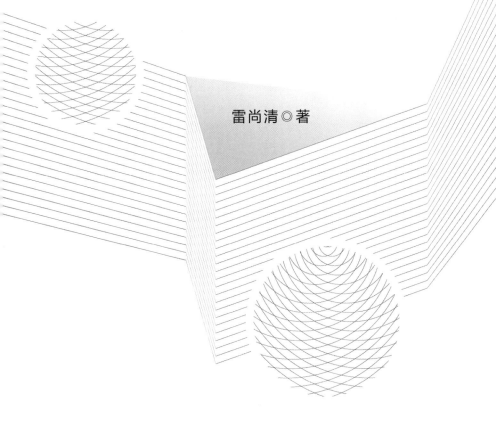

图书在版编目（CIP）数据

邻避设施社会稳定风险防范程序：决策论证的视角／雷尚清著．—北京：中国社会科学出版社，2023.12

（中国社会安全系列研究丛书）

ISBN 978 - 7 - 5227 - 2875 - 9

Ⅰ.①邻…　Ⅱ.①雷…　Ⅲ.①城市公用设施—社会稳定—风险管理—研究—中国　Ⅳ.①TU998

中国国家版本馆 CIP 数据核字（2023）第 240641 号

出　版　人	赵剑英
责任编辑	李凯凯
责任校对	周　昊
责任印制	王　超

出　　　版	中国社会科学出版社
社　　　址	北京鼓楼西大街甲 158 号
邮　　　编	100720
网　　　址	http://www.csspw.cn
发　行　部	010 - 84083685
门　市　部	010 - 84029450
经　　　销	新华书店及其他书店

印　　　刷	北京明恒达印务有限公司
装　　　订	廊坊市广阳区广增装订厂
版　　　次	2023 年 12 月第 1 版
印　　　次	2023 年 12 月第 1 次印刷

开　　　本	710×1000　1/16
印　　　张	15.75
插　　　页	2
字　　　数	252 千字
定　　　价	78.00 元

目　　录

绪　论

一　问题提出

邻避设施通常是指垃圾焚烧厂、变电站、核电站等对公共利益有帮助，但不利于设施周边居民利益的设施项目。1977 年，O'Hare 首次提出这个概念，并简写成 Not in My Back Yard，后来，又出现了其他指称用语，如 Locally Unwanted Land Use（LULU，地方不期望的土地利用），Not In Anybody's Backyard（NIABY，不要在任何人家后院），Not On Planet Earth（NOPE，不要在地球上），Build Absolutely Nothing At All Near Anybody，Build Anything Not At All Near Anybody（绝对不要靠近任何人建设），Not In My Term of Office（NIMTOO，不要在我的办公室花园内），Not Over There Either（NOTE，不要在那里）。在国外，这类项目出现得更早，主要以风能、太阳能、核电站、废物处理等为载体。那么这类设施有何特点？包括哪些类型？

迪尔认为，邻避设施是一种不受欢迎的设施，社区居民对此类设施建在他们社区附近会采取相应的行动策略。[1] 弗雷认为，邻避设施是一个公共善和个人恶的混合体，个人会强烈反对建在他们周边。[2] 李永展认为，邻避设施是服务广大地区居民，但可能对生活环境、居民健康与生

---

[1]　M. Dear, S. M. Taylor, *Not on Our Street: Community Attitudes toward Mental Health Car*, London: Pion, 1982.

[2]　B. S. Frey, "The Old Lady Visits Your Backyard: A Tale of Morals and Markets", *Journal of Political Economy*, Vol. 104, No. 6, 1996.

命财产造成威胁,以至于民众希望不要设置在其家附近的设施。[①] 林茂成指出,邻避设施一般为地方上不愿意建设,但却是达成社会公共福利不可或缺的。[②] 何艳玲发现,邻避设施是一些有污染威胁的设施,如垃圾填埋场、火力发电站、变电所等。[③] 正如王佃利所总结的,邻避设施有以下共性:第一,通常是一种公共设施,用以生产和提供公共服务,具有区域范围内的广泛正外部性,因此建设主体往往是政府或公共企业。第二,具有无法回避的负外部性,会给环境、公众健康、日常生活带来不利影响,而且相比整体性的社会效益,其负外部性往往只影响周边小范围内的公众。第三,是增进整体利益不可或缺的设施。[④] 正是由于既有公共善,却又损害某些个体的利益,邻避设施通常被认为是一个奇怪的综合体,极易引发邻避效应和邻避行动,例如,公众不欢迎设施建在自家旁边,认为设施会损害健康、破坏环境,极度不安全,因而邻避设施一旦开始建设,通常会招致反对、抗议。

现实中邻避设施到底包括哪些类型?钟宗炬等研究发现,国内学者研究较多的邻避设施是 PX 项目,垃圾焚烧厂。[⑤] 陶鹏和童星认为,根据预期损失和不确定程度高低,可将邻避设施分为污染类、风险集聚类、心理不悦类、污名化类等类型。污染类邻避设施运行时可能产生空气、水、土壤、噪声等污染,主要是高速公路、市区高架、垃圾处理设施、污水处理设施等;风险集聚类邻避设施本身风险度高,但发生的概率小,不过一旦发生,则损失重大,令民众望而生畏,变电站、加油站、加气站、发电厂、核电厂等就是这种类型;心理不悦类设施主要指会让人心里感觉不愉悦、不舒适,但具有特定服务意义的设施,如火葬场、殡仪馆、墓地等;污名化类邻避设施是指设施本身没有特别的伤害,但是人们出于某种考虑,认为这些设施承载着一些日常生活不能接受的符号、

---

① 李永展:《邻避症候群之解析》,《都市与计划》1997 年第 1 期。

② 林茂成:《邻避型设施区位选择与处理模式之探讨:以都会捷运系统为例》,《现代运营》2001 年第 7 期。

③ 何艳玲:《"邻避冲突"及其解决:基于一次城市集体抗争的分析》,《公共管理研究》2006 年第 1 期。

④ 王佃利:《邻避困境:城市治理的转型与挑战》,北京大学出版社 2017 年版,第 18 页。

⑤ 钟宗炬等:《基于信息计量学的国内外邻避冲突文献研究》,载童星、张海波主编《风险灾害危机研究》(第三辑),社会科学文献出版社 2016 年版,第 98 页。

意义，如戒毒中心、精神病治疗机构、传染病治疗机构、监狱、社会流浪人员救助机构等。① 李永展、何纪芳指出，根据邻避效果的大小，可将都市服务设施分为四个等级：第一等级不具有邻避效果，一般是邻里小区公园、图书馆；第二等级具有轻度邻避效果，通常是文教设施、各级学校、车站、公园、医疗与卫生设施、购物中心、邮电设施等；第三等级具有中度邻避效果，主要指疗养院、性病治疗中心、智障者之家、高速公路、市场、抽水站、自来水厂等；第四等级具有高度邻避效果，一般包括丧葬设施、垃圾焚化炉、污水处理厂、飞机场、屠宰场、核能发电厂、变电所、加油站等。② 可见，邻避设施主要指垃圾焚烧厂、污水处理厂、核电站、火葬场、特殊疾病治疗中心等生活设施，与民众生活息息相关。

相关研究还发现，民众对不同类型邻避设施的态度和行动是不一样的。例如污染类邻避设施，民众首先感知到污染，然后用常识直觉、简化机制判断污染状况，形成受害人意识，基于成本收益等经济考量决定是否接受。对风险集聚类设施，民众用高科技风险认识设施，对风险十分恐惧，因而想参与决策，决定设施去留，一旦无法参与，则产生强烈的被剥夺感，然后科学理性分析设施，决定邻避抗争行动。而心理不悦类设施则源自文化禁忌与偏见，例如殡仪馆意味着死亡，让人们感觉不舒服，出于社区和自利考虑，一般会对之进行贬低、侮辱，让这些设施承担额外的意义，反抗也是建立在这样的心理基础上的。③

无论哪种类型，民众一旦遭遇邻避设施，总会另眼相待，国内国外概莫能外。在美国，处于邻避主义时代的 20 世纪 80 年代，大多数计划建设的相关项目都因民众反对而作罢。在英国，环境大臣曾用粗俗的邻避主义攻击反对开发项目的乡村中产阶级。在法国、德国、日本，人们不仅反对在本国建设邻避设施，还提出了"不要在任何人后院"的口号，将邻避行动扩展为全球性的社会运动。可见，邻避运动早已在国外风起

---

① 陶鹏、童星：《邻避型群体性事件及其治理》，《南京社会科学》2010 年第 8 期。

② 李永展、何纪芳：《台北地方生活圈都市服务设施之邻避效果》，《都市与计划》1995 年第 1 期。

③ 张乐、童星：《"邻避"行动的社会生成机制》，《江苏行政学院学报》2013 年第 1 期。

云涌。中国的现代化由于起步较西方国家晚,因此邻避事件出现较晚。据记载,2003 年中国出现了第一起公开曝光的邻避事件,北京芳雅家园小区的居民反对在小区旁建设电机厂,此后,邻避逐渐进入中国人的生活,不时出现在媒体报道中。据不完全统计,2003—2008 年邻避事件零星出现,2009—2014 年为高发期,相较于前一阶段明显增长;2015 年有所下降,但 2016 年起又呈增长态势。从地区分布看,中国的邻避冲突事件多发生在经济发达的东部省份,且呈现出从东部向中西部地区以及由城市向农村转移的趋势;从发生领域看,发生频次最多的三类分别是垃圾焚烧厂、变电站、PX(对二甲苯)化工项目;从事件处置过程和结果看,除 12 起事件未查找到明确的后续情况信息外,剩余的 96 起事件中,32 起叫停,13 起迁址,46 起续建,5 起陷入僵局(见表 0 - 1),与国务院发展研究中心课题组得出的近 1/3 的项目停建或终止的结论基本一致。①

表 0 - 1   2003—2023 年的部分邻避事件

年份	事件地点和名称	结果	年份	事件地点和名称	结果
2003	北京芳雅家园小区反对建电机厂	停建	2013	江门鹤山核废料选址事件	项目撤销
	北京望京反对建加油站	怒砸现场		益阳生活垃圾处理厂	完成建设
	广西富川县砒霜厂	炸毁,停产		昆明反 PX 事件	停建
2004	河北石家庄反对其力垃圾焚烧厂	修建完毕,"择日投产"		深圳 LCD 工厂空气污染事件	未查到信息
	南京常府街变电站事件	未能建成		山东东营港经济开发区污染事件	未查到信息

---

① 国务院发展研究中心资源与环境政策研究所"按生态文明要求推进新型城镇化建设的重要问题研究"课题组:《城镇化过程中邻避事件的特征、影响及对策——基于对全国 96 件典型邻避事件的分析》,详见 http://www.drc.gov.cn/n/20160930/1 - 224 - 2891776. htm,2018 - 11 - 08。

年份	事件地点和名称	结果	年份	事件地点和名称	结果
2005	安徽蚌埠仇岗村民反对化工厂	2007年停产，2008年复产，2009年迁走	2013	成都反PX事件	未查到信息
	浙江新昌京新药厂	厂房被砸，后复产		佛山市明康监狱修建争议	建设完成
2006	北京海淀六里屯垃圾焚烧事件	迁建至海淀区苏家坨	2014	上海松江电池厂	停建
	广州南景花园小区反对变电站事件	选址不周，不予通过		余杭垃圾焚烧事件	续建，技术改进
	广州市西湾路反对建精神病院	未查到信息		海口麻风、结核病等特殊医疗机构事件	暂缓施工，后续建
2007	厦门PX事件	迁到漳浦古雷港开发区		广州萝岗垃圾焚烧厂	未查到信息
	广州罗冲围松南路居民反对建加气站	三次成功阻止施工		广东惠州博罗反垃圾焚烧厂事件	迁址
	乳山反核事件	停建		深圳反磁悬浮事件	未查到信息
	广西岑溪中泰造纸厂事件	未查到信息		茂名反PX事件	停建
2008	浦东新区磁悬浮事件	复建但修改计划	2015	广州化州反对建殡仪馆事件	停建
	广州反110kV骏景变电站	停工两年后复工		浙江杭州朝晖九区反对老年护理中心事件	暂停，后调整模式续建
	北京望京变电站事件	民众维权一年后仍开工		四川彭州PX项目	投产
	秦皇岛农民反焚运动	陷入僵局，工厂废弃		杨浦区心仪雅苑社区养老院入驻事件	停建

续表

年份	事件地点和名称	结果	年份	事件地点和名称	结果
2008	上海嘉定区江桥生活垃圾焚烧厂技改及扩能工程	续建	2015	象山反垃圾焚烧项目	续建
2009	北京反对阿苏卫垃圾焚烧厂	规划改进,颁布垃圾分类制度		广州金沙洲反对建加气站	未查到信息
	广州番禺反对垃圾焚烧厂	迁至南沙区大岗镇	2016	仙桃生活垃圾焚烧发电项目事件	停建
	江苏吴江垃圾焚烧厂	建成使用		浙江海盐县垃圾焚烧厂	项目取消
	南京天井洼垃圾焚烧厂	停建		天津蓟县垃圾焚烧发电厂	投产运行
	深圳龙岗垃圾焚烧发电厂	取消		西安高陵垃圾焚烧厂	续建
	广州抗议南景园变电站	停建		邹城市殡仪馆	重新选址
	福建漳州PX项目	建成投产		珠海反居家养老事件	法律解决
	杭州西城区精神病院建设	搬离原址		深圳反对变电站事件	协商后续建
2010	安徽舒城垃圾掩埋场	关闭	2017	山西夏县反对垃圾填埋场	续建
	上海江桥垃圾焚烧厂	投入使用		吉安市垃圾焚烧发电厂	开工建设
	灵川反对垃圾填埋场	续建		湖南隆回县岩口镇垃圾焚烧厂	不启动
	北京门头沟反磁悬浮	建成运营		钦州市平艮村公墓建设争议	未查到原址动工消息
	广西灌阳抗议垃圾填埋场事件	建成投产		湖南新田县枧头镇垃圾焚烧发电厂	未查到信息
	广西靖西信发铝厂事件	平息,继续生产		广东清远垃圾焚烧厂事件	取消原址建设

续表

年份	事件地点和名称	结果	年份	事件地点和名称	结果
2010	安徽六安反对垃圾处理厂	关停	2018	成都天府新区垃圾中转站	建成使用
	江苏盐城市殡仪馆争议	暂停营业，进一步协商		江西九江柴桑垃圾焚烧厂	建成使用
2011	大连PX事件	续建		广东信宜垃圾焚烧厂	建成使用
	浙江海宁晶科能源污染事件	加强环境监测、安全管理，听取民众诉求		湖南湘潭县河口镇垃圾焚烧站	建成使用
	北京反对南宫垃圾焚烧厂	投入运行		浙江江山垃圾焚烧发电厂	建成使用
	安徽望江反对彭泽核电厂	停建，复建机会渺茫		安徽太湖县垃圾焚烧发电厂	建成使用
	四川眉山反对精神病院	设施搬离原址		安徽宿松县高岭垃圾发电厂	未查到信息
	上海奉贤殡仪馆事件	迁至柘林镇法华村		湖南岳阳县殡仪馆	建成使用
	浙江德清海久电池厂	停产整治，上市中断		河南荥阳市贾峪镇垃圾发电厂	迁建
	安徽蚌埠反对九采罗化工厂	迁到沫河口镇工业园		韶山市殡仪馆建设争议	无力阻止续建
2012	宁波镇海石化事件	停建		新巴尔虎左旗政府侵占草原建设殡仪馆争议	建设使用
	江苏启东王子纸业事件	停建		武汉市东西湖区敬老院建设争议	暂缓，后建成使用

续表

年份	事件地点和名称	结果	年份	事件地点和名称	结果
2012	无锡锡东垃圾焚烧厂	改成花园式项目	2019	合肥社区养老院建设争议	停工
	上海松江反对垃圾焚烧厂	停建		武汉新洲阳逻陈家冲垃圾焚烧发电项目	停工
	四川什邡反对钼铜项目	叫停		湖南核工业二三〇研究所项目选址	建成使用
	江苏启东南通纸业排海工程事件	永久取消	2020	郑州社区养老服务中心建设争议	停工
	清远反对花都区垃圾焚烧厂建设	两次迁址		河北大厂垃圾焚烧发电厂	未查到信息
	北京反对京沈高铁	续建	2021	山西石楼县风力发电站	法律途径解决
	广东佛山反对明康监狱	停建		福建福清垃圾焚烧厂	继续建设
	广东蕉岭油坑村反对建设火葬场事件	未查到信息		北京丰台生活垃圾循环经济园区垃圾焚烧厂项目	继续建设
	天津 PC 绿色化工项目事件	停建			
	海南乐东莺歌海煤电厂事件	北迁到佛罗镇			

资料来源:相关新闻报道和学术研究文献。学术研究文献主要有:王佃利等:《邻避困境:城市治理的挑战与转型》,北京大学出版社 2017 年版,第 12—13 页;张乐:《邻避冲突解析与源头治理》,社会科学文献出版社 2017 年版,第 2 页;马奔、李继朋:《我国邻避效应的解读:基于定性比较分析法的研究》,《上海行政学院学报》2015 年第 5 期;汤志伟、凡志强、韩啸:《媒介化抗争视阈下中国邻避运动的定性比较分析》,《广东行政学院学报》2016 年第 6 期;高新宇、秦华:《"中国式"邻避运动结果的影响因素研究——对 22 个邻避案例的多值集定性比较分析》,《河海大学学报》(哲学社会科学版) 2017 年第 4 期;张广文、周竞赛:《基于定性比较分析方法的邻避冲突成因研究》,《城市发展研究》2018 年第 5 期。

　　项目停建、终止、陷入僵局的主要原因是设施建设涉及多方主体的不同认知和利益纠纷，认知不同，或成本收益不对称，会诱发民众反抗，导致群体性冲突，破坏社会秩序，引发社会稳定风险。例如 2012 年爆发的什邡钼铜事件，当年 3 月四川省什邡市通过审批引进了宏达钼铜多金属资源深加工综合利用项目，然而政府前期没有告知民众相关信息，采取隐瞒决策的方式直接引进，导致民众对该项目环保问题产生质疑。6 月 30 日，少数民众到什邡市委集中上访，被工作人员劝返。次日，近百名学生和百余名市民聚集在什邡市委示威，要求停建项目，部分市民与警察发生冲突，造成多名民警受伤，随后政府派出武警进行驱散，导致 13 名群众受伤，最终当地政府表示"群众不理解、不支持，项目就不开工"。无独有偶，同年 7 月广东江门反核事件也是这样的路径。2012 年 2 月，中核集团决定建设投资总额 370 亿元的核燃料项目，并在江苏、广东、福建、天津等地选址，这对地方政府来说将获益颇丰，于是鹤山市政府积极争取，简化工作流程，封闭决策，确定建设地址，然而却遭到当地民众强烈反抗，虽然政府极力反制，项目最终还是被迫终止。

　　不难发现，中国邻避事件大都遵循如下演进逻辑：政府为避免引起群众反对，在民众不知情的情况下做出决策并开工建设；民众得知开工消息后通过各种理性或非理性途径表达利益诉求，不断向政府施压；最终政府迫于压力同民众协商对话，但民众不信任政府，为维护社会稳定，政府不得不停工或迁址。迁址后可能继续出现上述情形，如此循环往复。① 国外学者率先将这种模式总结为邻避冲突的 DAD 模式，即决定—宣布—辩护。② DAD 模式的主要特点是政府封闭决策，忽视民众合理诉求，引发民众不满，民众轻则联名上访，重则冲击施工现场，导致工程延期，甚至爆发群体性冲突，造成人员伤亡。例如，2007 年开工的彭州石化项目每日排放废水 12 万吨，招致当地民众强烈反对。2008 年 5 月 4 日，数百名彭州市民走上街头，通过"散步"向政府抗议，活动共持续 6

---

① 王娟、刘细良、黄胜波：《中国式邻避运动：特征、演进逻辑与形成机理》，《当代教育理论与实践》2014 年第 10 期。

② Michael E. Kraft and Bruce B. Clary, "Citizen Participation and the Nimby Syndrome: Public Response to Radioactive Waste Disposal", *The Western Political Quarterly*, No. 2, 1991.

天,其间政府强硬对待,拘留多名抗议者,但民众无所畏惧,仍继续抗争,最终项目建设暂停。

可见邻避项目建设的 DAD 模式带来了一系列不良后果,对民众而言,首先是参与权和知情权得不到保障,其次是利益受损,最后是诱发对政府的不满,滋生不信任心理。对政府而言,项目延期或停建给项目方造成巨大经济损失,不利于当地营商环境建设和经济发展;民众示威游行、联名上访以及政府门口静坐等群体性冲突造成人员受伤,产生各类谣言,诱发网络舆情,损害政府形象。党的二十大报告指出,更好维护社会稳定,建设新安全格局,更好维护新发展理念。因此邻避冲突事件仍是当前需要各级政府认真对待的社会冲突事件。

从理论研究看,国内学者以"邻避"为核心进行多样化概念术语创造和问题领域横向拓展,成果丰硕,但面临差异化、类型学与解释力等障碍;这与国际研究超越"邻避"本身,服务具体且多元的政策情境,实现内涵和议题纵向突破不同。[①] 鉴于此,本书回到邻避场景,探讨新发展理念和新安全格局下,如何更好地防范邻避设施成为破坏社会稳定的冲突源、阻挠统筹安全和发展大局的绊脚石。

二 文献回顾

自 2006 年国内出现第一篇邻避研究的文献以来,邻避研究成为学者们关注的热门话题之一,这些研究一方面将邻避问题作为环境议题,总体上增长较快,议题集中,[②] 涉及多个学科,形成了富有包容性的理论框架,对邻避效应的核心概念、冲突治理、生态补偿机制等进行了探索。[③] 另一方面围绕邻避本身,从冲突管理、公民参与、政治伦理、公共政策

[①] 王佃利、王玉龙:《"议题解构"还是"工具建构":比较视角下邻避治理的进展》,《河南师范大学学报》(哲学社会科学版) 2020 年第 4 期。

[②] 周君璐、范舒喆、钱俊杰等:《邻避效应在中国环境治理中的研究现状、趋势与启示——基于 CNKI 数据的 Citespace 可视化分析》,《工程管理年刊》2021 年第 10 卷。

[③] 何兴澜、杨雪锋:《多学科视域下环境邻避效应及其治理机制研究进展》,《城市发展研究》2020 年第 10 期。

等途径展开，① 通过对相关论文的可视化分析发现：邻避研究的文献产出呈逐年增长趋势，高产作者合作紧密而研究机构合作微弱；邻避研究机构和涉及的学科较为单一，高等院校管理学院是中坚力量；研究热点聚焦于"公众参与""风险管理""协商治理"等维度。② 总体来看，这些研究重在厘清邻避事件的概念属性，找准原因，提出对策③，其中原因分析和对策研究占比较大。作为容易引发社会稳定风险的冲突事件，有必要据此对邻避事件的相关原因和对策进行重新梳理，以了解本书的研究基础。

（一）邻避设施引发社会稳定风险原因的研究

目前学界主要从四个视角回答此问题，一是媒介传播与社会心理视角，二是利益冲突视角，三是民众参与和政府决策视角，四是环境视角。④

1. 媒介传播与社会心理视角

已有研究发现，信息时代网络传媒是邻避风险传播的主要渠道和民众诉求表达的主要平台。⑤ 新闻媒介在政府与民众间发挥正面沟通桥梁作用，政府利用新闻媒介发布邻避设施建设信息，测试民众反应，民众通过网络媒体平台发表意见，政府据此决定后续行动。⑥ 但同时新闻媒介也可能在政府与民众的桥梁关系中发挥负面作用，因为民众对邻避设施带来危害的概率和存在危险的可能性等的认识一部分源于已有的知识和经验，另一部分源于新闻媒介的宣传报道，如果新闻媒体过度报道和肆意

---

① 徐祖迎、朱玉芹：《邻避治理：理论与实践》，上海三联书店 2018 年版。

② 王冠群、杜永康：《我国邻避研究的现状及进路探寻——基于 CSSCI 的文献计量与知识图谱分析》，《南京工业大学学报》（社会科学版）2020 年第 5 期；杨建国、李紫衍、倪浩：《中国邻避研究的热点主题与发展趋势——基于 2007—2020 年 CNKI（核心期刊、CSSCI）论文的计量分析》，《江苏科技大学学报》（社会科学版）2022 年第 2 期。

③ 顾金喜、胡健：《邻避冲突的治理困境与策略探析：一种基于文献综述的视角》，《中共杭州市委党校学报》2021 年第 1 期。

④ 钟宗炬等：《基于信息计量学的国内外邻避冲突文献研究》，载童星、张海波主编《风险灾害危机研究》第三辑，社会科学文献出版社 2016 年版，第 97—100 页。

⑤ 钟杨、殷航：《邻避风险的传播逻辑与纾解策略》，《湖北大学学报》（哲学社会科学版）2021 年第 1 期。

⑥ 覃哲：《邻避心理与大众媒介在冲突中的沟通功能》，《青年记者》2015 年第 29 期。

放大设施危害,极易扭曲民众的价值判断,滋生谣言,使民众产生不信任心理。① 除了一般的新闻媒体,新媒体对邻避事件风险演化也有催化作用,通过议题设置机制、信息变异机制、情绪激发机制和社会动员机制重塑风险行动者的话语建构、心理认知、情绪波动、社会行动,推动风险演化升级。②

在媒介传播研究中,还有学者关注邻避信息传播。例如,郑旭涛发现,一些城市的大型邻避冲突中邻避信息传播和动员经历了关键人物商议、地方精英讨论、地方精英向亲友传播、精英亲友向普通大众扩散、抗争积极分子借助媒介建构当地邻避共识、向外地公众求援和平息七个阶段,体制内外行动者传播的抗争信息和采取的抗争行动产生彼此激励的抗争共鸣效应。③ 陈宇等基于信息茧房的分析表明,信息搜集时的信息窄化、智能推送的信息过滤和评估时的观念强化构筑了个体邻避茧房,网络平台的汇聚效应实现了邻避个体到邻避虚拟群体的转变,信息茧房诱发了群体认同、内群体极化,最终导致邻避集群行为。④ 徐浩等的博弈分析表明,媒体曝光前提下,污染企业、周边群众和环境监管部门之间相互影响,任何一方的行动策略都会影响其他两方的策略。⑤

另外,社会心理因素也会导致邻避冲突的发生。例如,王锋等用实证分析证明了民众个体的焦虑恐惧情绪和风险认知是邻避态度产生的重要影响因素。⑥ 张乐、童星发现社区压力与从众心理、社会信任缺失与无效的风险沟通以及居民过度的风险想象等社会心理与文化因素的联合作用使单独个体的反抗行动上升为群体性邻避冲突。⑦ 严伟鑫等发现,邻避

---

① 张乐、童星:《邻避行动的社会生成机制》,《江苏行政学院学报》2013 年第 1 期。

② 凌双、李业梅:《新媒体情境下邻避项目社会稳定风险的演化机理:一个“结构—行动”的分析框架》,《中国行政管理》2021 年第 7 期。

③ 郑旭涛:《涟漪效应与官民共鸣:城市大型邻避冲突演变过程中的信息传播与动员》,《甘肃行政学院学报》2019 年第 6 期。

④ 陈宇、张丽、王洛忠:《网络时代邻避集群行为演化机理——基于信息茧房的分析》,《中国行政管理》2021 年第 10 期。

⑤ 徐浩、谭德庆:《媒体曝光视角下环境污染邻避冲突多方演化博弈分析》,《系统工程学报》2021 年第 4 期。

⑥ 王锋、胡象明、刘鹏:《焦虑情绪、风险认知与邻避冲突的实证研究——以北京垃圾填埋场为例》,《北京理工大学学报》(社会科学版)2014 年第 6 期。

⑦ 张乐、童星:《“邻避”行动的社会生成机制》,《江苏行政学院学报》2013 年第 1 期。

型基础设施项目社会许可经营在时间维度上存在心理台风眼效应，即越接近高风险时段，公众心理反而趋于平静。[①] 程军等从情感社会学视角探寻环境邻避事件蕴含的情感逻辑，发现在利益与情感相互纠葛的环境邻避事件中，受影响群体的情感在指向对象上暗含着情感递移逻辑，即受影响群体对社区空间的积极情感在环境邻避事件中相继转化为对环境设施、政府部门和相关企业的消极情感。[②]

　　2. 利益冲突视角

　　已有研究发现邻避设施建设中夹杂着不同利益主体的多种利益诉求，包括政府追求 GDP 增长、企业追求利润、民众期盼便利的公共服务而承担较少的风险，这些主体的利益诉求存在冲突，邻避冲突则主要体现为这些利益相关主体间利益的冲突。例如，孟薇、孔繁斌基于政策利益分布理论解释邻避冲突的成因，认为邻避冲突产生的根源是政策利益分布结构的失衡。对于民众而言，邻避设施是成本集中—利益分散的，邻避设施建设带来的正外部性，如公共服务、经济效益等为所在地区的全体民众共享，但邻避设施建设带来的负外部性，如经济损失、健康损害、风险增加等却由少部分邻近设施周边的民众承担；对于政府和项目方而言，邻避设施则是成本分散——利益集中，邻避设施建设于政府能够发展地区经济，提高绩效，于项目方能够获得经济效益，利益集中于政府与项目方，而成本则分散在相对多数的周边民众身上。[③] 这些不平衡的利益分配结构，容易引发承担负外部性民众强烈的不公平感和相对剥夺感，导致民众对邻避设施的建设产生抗拒情绪，进而演变为激烈的群体性事件，产生邻避冲突。朱阳光等也有类似的发现，邻避设施选址中利益结构空间分配不均等导致利益冲突，使民众利益受损，却又得不到合理补偿，从而产生邻避冲突。[④]

---

　　① 严伟鑫、徐敏、何欣瑶等：《邻避型基础设施项目社会许可经营演化机理：基于社交媒体数据的实证分析》，《浙江理工大学学报》2022 年第 2 期。

　　② 程军、刘玉珍：《环境邻避事件的情感治理——当代中国国家情感治理的再思考》，《南京工业大学学报》（社会科学版）2019 年第 6 期。

　　③ 孟薇、孔繁斌：《邻避冲突的成因分析及其治理工具选择——基于政策利益结构分布的视角》，《江苏行政学院学报》2014 年第 2 期。

　　④ 朱阳光、杨洁、邹丽萍等：《邻避效应研究述评与展望》，《现代城市研究》2015 年第 10 期。

3. 民众参与和政府决策视角

已有研究发现,有效的民众参与和科学的政府决策是减少邻避冲突的重要机制,然而在实践中仍存在诸多民众参与和政府决策上的漏洞,成为邻避冲突产生的诱因。例如,刘智勇等发现民众在邻避设施相关环节中的参与具有有限性,具体体现为参与民众的代表性不强、民众知晓的信息不充分、民众参与的时机滞后、民众参与的意见效力低等,这种应付和走过场式的民众参与难以保证参与的有效性。[①] 魏娜、韩芳基于框架建构的过程分析表明,邻避设施建设中公民参与缺失激化了对抗和非理性的集体行动,特别是对低收入阶层民众参与的忽视,易引起这些民众集体反抗,产生邻避冲突。[②] "公众参与机制"和"政府公信力"缺失是邻避冲突发生的必要条件,"经济补偿机制"对邻避冲突演变的影响较小,"公众风险感知"和"媒体介入程度"具有联动效应,对邻避冲突的发生具有强解释力。[③] 总体而言,公众构建邻避议程的要素包括风险感知、群体动员、集体抗争和新议程建立,构建路线是媒体报道催化风险感知、产生公众议程、促使问题解决,构建手段是群体抗争施压、传统与网络媒体相互推动、上级关注推动治理结果开放,从而建立公众议程并持续接受公众监督。[④]

另外,政府决策也会影响邻避冲突的生成。赵小燕提出政府在邻避设施决策中的三个不当行为容易引发冲突。一是政府自利性使其追求自身利益最大化,功利主义倾向使其忽略少部分人利益,导致决策价值偏离公共性,引发民众质疑和不满。二是决策程序不完善,邻避冲突的切入点往往是决策程序的漏洞,表现在缺乏公民参与程序、缺乏完善的环境评估程序和社会风险评估程序,这些决策程序上的瑕疵可能引发民众的抗争行动。三是决策方案不合理,具体表现为邻避项目选址方案不科

---

① 刘智勇、陈立:《从有限参与到有效参与:邻避冲突治理的公众参与发展目标》,《学习论坛》2020 年第 10 期。

② 魏娜、韩芳:《邻避冲突中的新公民参与:基于框架建构的过程》,《浙江大学学报》(人文社会科学版)2015 年第 4 期。

③ 徐松鹤、韩传峰、罗素清:《邻避冲突的多元组合路径与治理策略——基于清晰集的两阶段定性比较分析》,《电子科技大学学报》(社会科学版)2021 年第 5 期。

④ 杨志军:《公众议程的形成逻辑、演进过程与政策影响——基于一起邻避型环境治理案例的分析》,《南通大学学报》(社会科学版)2021 年第 1 期。

学，邻避项目技术方案不合理，缺乏相应的利益补偿方案。① 另有研究发现，政府单边决策、意见领袖组织策划及与设施有关的负面信息传播扩散容易引发周边居民不良情绪反应和抵制抗议行为，政府妥协有利于事件平息，但会使周边居民对政府形成负面经验认知、对政府产生不信任以及对风险产生过高感知，政府无效风险沟通行为可能导致冲突升级。② 还有研究引入高斯白噪声随机干扰项，构建风险集聚类邻避冲突事件中营建企业与周边民众的随机演化博弈模型，分析有无政府监管情景下群体策略选择行为的随机演化过程，并利用 Matlab 进行数值仿真，结果表明：第一，无政府监管情景下，当营建企业采取强硬策略收益小于成本，且周边民众采取抗争策略成本大于收益时，合作妥协是其演化均衡策略组合；营建企业与周边民众策略选择演化速度与初始策略选择概率密切相关。第二，政府监管情景下，当政府监管力度大于营建企业采取强硬策略收益与采取合作策略收益之差，且政府监管力度大于周边民众采取抗争策略收益与采取妥协策略收益之差时，合作妥协是其唯一策略演化均衡点；政府监管力度对营建企业策略选择有显著影响，而对周边民众策略选择无显著影响。第三，随机因素对风险集聚类邻避冲突中营建企业与周边民众策略选择行为产生干扰，但随机模型演化趋势与确定性模型相一致。因此政府完善监管机制，赋予公民参与权利，建立企业"柔性"冲突协调机制，让民众合法表达利益诉求，能够实现风险集聚类邻避冲突的良性治理。③

4. 环境视角

目前研究发现，邻避冲突不仅反映的是"公共"利益与"个人"利益的对抗，同时也是民众对公平正义和良好环境的合理追求，因为近年来民众环境保护意识觉醒，对环境权益的重视程度日益加深，而邻避设施的建设会损害民众在良好环境中生存的权利，因此民众会采取一系列

---

① 赵小燕：《邻避冲突的政府决策诱因及对策》，《武汉理工大学学报》（社会科学版）2014 年第 2 期。

② 全雄伟、左高山：《基于随机 Petri 网的邻避冲突演化过程模型及情景仿真分析——以垃圾焚烧发电厂为例》，《运筹与管理》2022 年第 1 期。

③ 陈恒、卢巍、杜蕾：《风险集聚类邻避冲突事件随机演化情景分析》，《中国管理科学》2020 年第 4 期。

行动捍卫生存环境权益。[1] 一般而言，邻避设施建设会对周围环境造成破坏，邻避冲突源自民众生活环境的改变，本质上是民众为争取自身环境权益而采取的抗争行动，反映了不同人群之间的环境正义关系。环境正义包含承认正义、分配正义与程序正义三个维度。邻避冲突的实质是环境权保护不力带来承认不正义，制度供给不足引发程序不正义，相对剥夺感催生分配不正义，[2] 因此邻避冲突发生的主要原因是公民环境权界定模糊、环境利益分配失衡、环境要素使用程序不规范。[3] 一言以蔽之，邻避设施所产生的不良后果并不是由所有人承担，而是由邻避设施周边的少数人承担，[4] 这违背了环境正义的要求，即好的环境应该为所有人共享，不好的环境所产生的后果也应该由所有人承担。进一步分析发现，治理中的物权空置是邻避纠纷的制度成因并塑造了中国式邻避纠纷的特质，表现为：赋予财产权和人格权，但保障该权利的法律建设滞后；赋予诉讼权等程序性权利，但保留有效行使这一权利的组织进入权；赋予相邻污染救济权，但法律关系认定相对混乱。[5]

（二）邻避设施社会稳定风险防范策略的研究

针对上述原因分析，学界提出了诸多防范邻避设施社会稳定风险的策略。有学者将其总结为：经济学主张合理进行补偿，政治学主张公众参与，传播学认为应进行形象修复，公共管理学主张政策营销，其他学科主张通过公共治理进行组合治理，[6] 社会学依靠信任，心理学强调风险感知，空间规划学考虑社会维度。[7] 结合前述原因研究，本书将这些分析

---

① 马奔、王昕程、卢慧梅：《当代中国邻避冲突治理的策略选择——基于对几起典型邻避冲突案例的分析》，《山东大学学报》（哲学社会科学版）2014年第3期。

② 朱清海、宋涛：《环境正义视角下的邻避冲突与治理机制》，《湖北省社会主义学院学报》2013年第4期。

③ 刘海龙：《邻避冲突的生成与化解：环境正义的视角》，《吉首大学学报》（社会科学版）2018年第2期。

④ 华启和：《邻避冲突的环境正义考量》，《中州学刊》2014年第10期。

⑤ 何艳玲：《"法律脱嵌治理"：中国式邻避纠纷的制度成因及治理》，《中国法学》2022年第4期。

⑥ 吴涛：《城市化进程中的邻避危机与治理研究》，格致出版社2018年版，第166—210页。

⑦ 刘冰：《邻避抉择：风险、利益和信任》，社会科学文献出版社2020年版。

概括为六个方面。

1. 社会风险演化角度的防范策略

此角度从社会风险本身出发，分析邻避设施利益相关者的风险感知状况，查找感知差异，分析这种差异如何经过互联网等的传播，放大为社会稳定风险，据此提出预警措施。

（1）风险感知视角

已有研究发现，源头减量和邻避补偿是影响公众分配公平感知的关键因素，[①] 邻避焦虑是民众围绕邻避设施选址、建设和运营产生的社会焦虑，[②] 焦虑程度与风险感知程度成正比。[③] 多数公众对核设施有坚决反对、心理接受距离较远、搬迁意愿不强烈的邻避情结，这主要是由核电设施威胁健康、风险长期存在、居民从中获益较小造成的，[④] 民众容易在情感上厌恶、心理上排斥，从而放大风险感知，污名化涉核项目。[⑤] 对垃圾场则体现为"影响周边经济、产生恶臭、渗滤液粉尘等环境问题，政府补偿与沟通存在缺陷而焦虑"[⑥]，而且客观风险与民众的主观感知存在巨大差异。对5G基站持积极态度的占31.81%，持消极态度的占26.24%，矛盾的占41.95%，后两种态度受公众关注程度和不确定性影响，更可能产生邻避倾向。[⑦] 因此政府应让利益相关者参与决策，避免单纯的说教，[⑧] 关注关键节点及其中的小团体，[⑨] 舒缓公众焦

① 李艳飞、陈洋、陈映蓉：《公平感知对邻避项目社会接受度影响的实证研究——以垃圾焚烧项目为例》，《项目管理技术》2021年第6期。

② 吴卫东、李德刚：《邻避焦虑心理驱动下的城市邻避冲突及治理》，《理论探讨》2019年第1期。

③ 谢晓非、徐联仓：《一般社会情境中风险认知的实验研究》，《心理科学》1998年第4期。

④ 张乐、童星：《公众的"核邻避情结"及其影响因素分析》，《社会科学研究》2014年第1期。

⑤ 郑小琴：《涉核项目邻避风险的基本特征、演化逻辑及防范策略》，《社会科学战线》2022年第6期。

⑥ 胡象明、王锋：《中国式邻避事件及其防治原则》，《新视野》2013年第5期。

⑦ 秦川申：《积极、消极和矛盾：公众对5G基站部署的态度与邻避倾向》，《经济社会体制比较》2021年第6期。

⑧ 张乐、童星：《公众的"核邻避情结"及其影响因素分析》，《社会科学研究》2014年第1期。

⑨ 朱正威、石佳：《重大工程项目中风险感知差异形成机理研究——基于SNA的个案分析》，《中国行政管理》2013年第11期。

虑心理，① 化解负面情感，② 区别对待公众的自保、传播和对抗行为，帮助其构建合理的心理契约。③

　　国外研究者特别注意个体生活的文化、社会、组织背景，注重从文化角度理解公民的风险感知，据此他们认为，公民主要通过制度或组织，以市场、等级、平等集体主义方式对风险进行评判，因此防范时应特别考虑民众背后的认知情感因素、社会政治制度、文化道德关系。④ 国内学者发现风险感知视角下垃圾焚烧项目中公众的行为逻辑是"项目本身的实体风险—风险感知的放大—危机产生—介入因素转变—风险感知降低—危机解除"⑤。邻避设施有 51 个社会风险因子，风险演化呈网络化模式，存在关键风险节点和风险簇。⑥ 政府信任对利益感知与公民接受型行为意向有显著正向影响，企业信任对风险感知有显著负向影响，对利益

---

① 胡象明、谭爽：《重大工程项目安全危机中的民众心理契约及政府管理对策初探》，《武汉大学学报》（哲学社会科学版）2012 年第 2 期；王锋、胡象明等：《焦虑情绪、风险认知与邻避冲突的实证研究——以北京垃圾填埋场为例》，《北京理工大学学报》（社会科学版）2014 年第 6 期。

② 孙静：《论群体性事件中的情感差序格局与集群倾向》，《创新》2013 年第 1 期；孙静：《群体性事件的情感认知机制分析》，《创新》2013 年第 2 期。

③ 谭爽、胡象明：《特殊重大工程项目的风险社会放大效应及启示——以日本福岛核漏事故为例》，《北京航空航天大学学报》（社会科学版）2012 年第 2 期；谭爽、胡象明：《邻避型社会稳定风险中风险认知的预测作用及其调控——以核电站为例》，《武汉大学学报》（哲学社会科学版）2013 年第 5 期。

④ Douglas, M. & Wildavsky, A., *Risk and Culture: the Selection of Technological and Environmental Dangers*, Berkeley, CA: University of California Press; Douglas, M., *Natural Symbols*, London: Barrie and Rocklif; Douglas, M, *Risk Acceptability According to Thesocial Sciences*, New York: Russell Sage Foundation; Rayner, S, "Cultural Theory and Risk Analysis", in S. Kriresky and D. Golding, *Social Theories of Risk*, Westport, CT: Praeger, pp. 83 – 115; Renn, O. and Rohrmann, B., *Cross-cultural Risk Perception: A Survey of Empirical Studies*, Amsterdam: Kluwer Academic Press; Slovic, P., Flynn, J. and Layman, M., "Perceived Risk, Trust, and the Politic of Nuclearwaste", *Science*, 1991, pp. 1603 –1607; Slovic, P., Flynn, J. and Gregory, R., "Stigma Happens: Social Problems on the Sitting of Nuclear Waste Facilities", *Risk Analysis*, 1994, Vol. 14, No. 50, pp. 773 – 777; Thompson, M., "A Three Dimensional Model", in M. Douglas, *Essays in the Sociology of Perception*, London: Routledge and Kegan Paul; Thompson, M. R. Ellis, And A. Wildavsky, *Cultural Theory*, Boulder, CO: Westview Press.

⑤ 孙壮珍：《风险感知视角下邻避冲突中公众行为演化及化解策略——以浙江余杭垃圾焚烧项目为例》，《吉首大学学报》（社会科学版）2020 年第 4 期。

⑥ 毛庆铎、程豪杰、马奔：《邻避设施社会风险演化及应对——基于网络分析视角》，《上海行政学院学报》2022 年第 6 期。

感知有显著正向影响,企业信任在利益感知对行为意向的作用机制中发挥正向调节作用。[①] 从风险偏好对主体决策行为影响的角度看,当仅有一方偏好风险或规避风险时,非理性主体越保守,理性主体越趋于和解策略;若双方均非理性,混合均衡结果差异较大,其中政府与公众风险偏好同质时,均衡结果易陷入双方对抗的劣均衡;政府与公众风险偏好异质时,风险规避一方更倾向于强硬或抗争的对抗策略,以降低自身利益受损的风险。[②]

（2）风险放大与预警视角

一方面,国内学者根据卡斯帕森等人构建的风险社会放大框架发现邻避设施及相关的群体性事件经过个人、组织、媒体、专家、社会等的过滤、解读、传播而得到强化或弱化,[③] 最终从局部风险行为演变为社会风险事件,[④] 而且不同类型事件的放大机制有显著差异,因此应通过协商、利益分配与管理制度建设[⑤]、优化风险沟通、恢复和重建公共信任[⑥]管控风险,防止风险放大。另一方面,有学者发现,邻避事件中存在社会学习机制,即已发生事件的示范效应对同类事件发展过程产生深刻影响,具有类似特征的事件更容易被学习,群体性事件之间的学习过程促进了认知固化,因此政府应主动探索学习新路径,规范民众学习。[⑦]

另外,风险社会是当今的时代特征,邻避治理需要考虑这种情景,

---

① 秦梦真、陶鹏:《政府信任、企业信任与污染类邻避行为意向影响机制——基于江苏、山东两省四所化工厂的实证研究》,《贵州社会科学》2020年第10期。

② 徐松鹤、韩传峰、孟令鹏:《基于主体风险偏好的邻避冲突秩依期望效用博弈模型》,《系统工程学报》2021年第3期。

③ 张乐、童星:《加强与衰减:风险的社会放大机制探析——以安徽阜阳劣质奶粉事件为例》,《人文杂志》2008年第5期;张乐:《风险的社会动力机制:基于中国经验的实证研究》,社会科学文献出版社2012年版。

④ 胡象明、王锋:《中国式邻避事件及其防治原则》,《新视野》2013年第5期。

⑤ 张乐、童星:《信息放大与社会回应:两类突发事件的比较分析》,《华中科技大学学报》(社会科学版)2009年第6期。

⑥ 张乐、童星:《风险沟通:风险治理的关键环节——日本核危机一周年》,《探索与争鸣》2012年第4期。

⑦ 康伟、曹太鑫:《群体性事件中的社会学习网络研究:以邻避事件为例》,《中国软科学》2022年第3期。

进行"反身性治理"变革,以"风险理性"为理性基础,以"民主治理"为实践模式,以"社会合作"秩序构建为目标诉求,[①] 借助大数据技术,[②] 从基本动因、助燃剂、导火线角度构建社会稳定预警系统,[③] 对污染类、风险集聚类、污名化类、心理不悦类邻避设施事件进行治理。[④]

2. 利益相关者视角的防范策略

该视角直接聚焦于利益相关者,分析如何通过他们的实质参与化解相关风险。研究发现,邻避设施的主要利益相关者有政府、企业、当地民众、专家学者,要想让他们不参与相关群体性事件,以下三个方面比较重要。

首先,重视利益相关者的民主参与权利,因为公众不是无知、非理性的,在涉及相关邻避事件时民众往往能够理性地看待自身利益得失,采取一切途径维护合法权益,因此应注重激发公众的主人翁意识和参与热情,通过实质参与表达意见,维护合法权益。具体举措包括:构建利益相关者导向型风险评估模型,[⑤] 实行开放政治、协商对话,[⑥] 完善激励约束机制,[⑦]

① 张海柱:《风险社会、第二现代与邻避冲突——一个宏观结构性分析》,《浙江社会科学》2021 年第 2 期。

② 谭爽、胡象明:《大数据视角下重大项目社会稳定风险评估的困境突破与系统构建》,《电子政务》2014 年第 6 期。

③ 牛文元:《社会物理学与中国社会稳定预警系统》,《中国科学院院刊》2001 年第 1 期。

④ 陶鹏、童星:《邻避型群体性事件及其治理》,《南京社会科学》2010 年第 8 期。

⑤ 王锋、胡象明:《重大项目社会稳定风险评估模型研究——利益相关者的视角》,《新视野》2012 年第 4 期。

⑥ 何艳玲:《"邻避冲突"及其解决:基于一次城市集体抗争的分析》,《公共管理研究》2006 年;何艳玲:《"中国式"邻避冲突:基于事件的分析》,《开放时代》2009 年第 12 期;何艳玲:《对"别在我家后院"的制度化回应探析——城镇化中的"邻避冲突"与"环境正义"》,《人民论坛·学术前沿》2014 年第 6 期;张乐、童星:《信息放大与社会回应:两类突发事件的比较分析》,《华中科技大学学报》(社会科学版)2009 年第 6 期;郭巍青、陈晓运:《风险社会的环境异议——以广州市民反对垃圾焚烧厂建设为例》,《公共行政评论》2011 年第 1 期;欧阳倩:《邻避治理过程中地方政府治理转型的多重逻辑——基于广东省 Z 市环保能源发电项目的调查》,《公共治理研究》2022 年第 1 期。

⑦ 张紧跟:《地方政府邻避冲突协商治理创新扩散研究》,《北京行政学院学报》2019 年第 5 期。

培育协商文化,① 健全公民、专家参与制度,② 发展基于知识民主的民主治理新范式。③

其次,要注重给予利益相关者相当丰厚的补偿,从经济方面解除他们的后顾之忧。这是国外学者在 20 世纪 80 年代就得出的结论。劳伦斯和詹姆斯发现,邻避设施的建设会导致公众直接利益受损,如房地产价格回落、交通出行不便、投资减少或投资企业撤离,进而引发经济恶化,为此必须让公众获得的补偿超过损失,否则公众不会同意建设邻避设施。④ 中国学者也获得了类似的发现,如曹峰等人的研究指出,对污染类邻避设施而言,公众最关心的是污染有多大,对我有多少影响,我获得的补偿水平有多高,也即我的直接经济损失状况有多大,我能获得多少补偿,他提出的防范之道是使补偿超过公众的邻避情结。⑤ 这依赖货币补偿与非货币补偿、直接补偿与间接补偿、个体补偿与社区补偿等补偿政策及配套机制的有效组合。⑥

最后,应注意从利益相关者生存的社会背景中寻找原因,理解他们的社会网络,探究他们的心理构成。斯洛维克等人发现,邻避设施带来了健康、生命、财产风险,个体根据风险的灾难潜力、可控性、对后代的威胁程度、熟悉性、可怕性、直接收益和对管理者的信任度（Slovic

① 张紧跟:《邻避冲突协商治理的主体、制度与文化三维困境分析》,《学术研究》2020 年第 10 期。

② 胡象明、唐波勇:《危机状态中的公共参与和公共精神——基于公共政策视角的厦门 PX 事件透视》,《人文杂志》2009 年第 3 期;何艳玲、陈晓运:《从"不怕"到"我怕":"一般人群"在邻避冲突中如何形成抗争动机》,《学术研究》2012 年第 5 期;朱德米:《开发社会稳定风险的民主功能》,《探索》2012 年第 4 期;朱德米:《建构维权与维稳统一的制度通道》,《复旦学报》（社会科学版）2014 年第 1 期;朱正威等:《社会稳定风险评估公众参与意愿影响因素研究》,《西安交通大学学报》（社会科学版）2014 年第 2 期。

③ 张海柱:《科学不确定性背景下的邻避冲突与民主治理》,《科学学研究》2019 年第 10 期。

④ Bacow Lawrence, S., Milkey James R., "Overcoming Local Opposition to Hazardous Waste Facilities: the Massschusetts Approach", *Hazard Environment Law Review*, No. 6, 1982, pp. 265 – 305.

⑤ 曹峰等:《重大工程项目社会稳定风险评估与社会支持度分析——基于某天然气输气管道重大工程的问卷调查》,《国家行政学院学报》2013 年第 6 期。

⑥ 刘冰:《复合型邻避补偿政策框架建构及运作机制研究》,《中国行政管理》2019 年第 2 期。

et al, 1979，1991）进行评判①，通常会产生恐惧感、不公平感、相对剥夺感、不满意感②和自卑心理③，防范时应针对其心理感知特征，着力帮助其宣泄负面心理情绪。受此启发，一些国内学者也从利益相关者的社会心理和社会支持角度分析邻避设施的生成之道。例如，张乐等发现，科学理性、价值理性分别主导着风险积聚类、心理不悦类邻避行动的生成，也就是说，对风险集聚类邻避设施而言，科学理性是真正的驱动因素，对心理不悦类邻避设施而言，价值理性才是真正的驱动因素④，这一发现揭示了中国邻避事件的驱动机制，据此一些学者提出了应对之道，例如，陈晓正认为，应该建立合理的社会预期⑤。黄德春等认为，应该提升社会系统应对脆弱性的能力⑥。张红显认为，应该防止设施建设产生游民，演化为边缘群体⑦。徐浩等认为，应该保持各方情绪稳定，推动参与者维持乐观情绪，防止悲观情绪变大，诱发邻避冲突。⑧

当然，也有一些学者从利益相关者社会行动网络的视角揭示邻避抗议的原因，例如，Shemtov 发现，抗议者所在地方内部的关系网络，即抗议者的"友谊网络"（friendship networks）是行动目标扩展（goal expansion）的重要因素，什么样的抗议者以及抗议者之间的友谊网络如何，对于行动目标拓展非常重要，要想削弱抗议，必须从这种网络入手，改变

---

① Slovic, P. Fischhoff, B. and Lichtenstein, S., "Rating the Risk", *Environment*, Vol. 21, No. 3 1979, pp. 14 - 20, 36 - 39.

② Morel, D., "Sitting and the Politics of Equity", *Hazardous Waste*, Vol. 1, No. 4, 1984, pp. 555 - 571.

③ Sellrs Martin, "NIMBY: A Case Study in Conflict Politics", *Public Administration Quarterly*, No. 4, 1993, pp. 460 - 477.

④ 张乐、童星：《"邻避"行动的社会生成机制》，《江苏行政学院学报》2013 年第 1 期。

⑤ 陈晓正、胡象明：《重大工程项目社会稳定风险评估研究——基于社会预期的视角》，《北京航空航天大学学报》（社会科学版）2013 年第 2 期。

⑥ 黄德春、马海良、徐敏等：《重大水利工程项目社会风险的牛鞭效应》，《中国人口·资源与环境》2012 年第 11 期；黄德春、张长征、Upmanu Lall 等：《重大水利工程社会稳定风险研究》，《中国人口·资源与环境》2013 年第 4 期。

⑦ 张红显：《游民意识与隐性社会稳定风险》，《西北农林科技大学学报》（社会科学版）2013 年第 1 期。

⑧ 徐浩、张妍、谭德庆：《参与者情绪对环境污染邻避冲突影响的演化分析》，《软科学》2019 年第 3 期。

内部结构。① 张海柱指出，邻避抗争过程包括"动员""投诉""施压"三个阶段，不同阶段抗争居民关注的风险分别是"科技风险"（辐射健康危害）、"法律风险"（违建）、"政治风险"（政府不作为），原因是策略性风险重构重新组合了抗争资源与机会，最终营造出有利的机会空间。② 王英伟发现，通过显性的上级权威应援机制、水平资源整合机制和隐性的外部压力中和机制，地方政府在与内外部各政策行动者的互动中拓展自己的选择空间，强化治理能力。③ 相较于中产阶层，政治机会结构是公众邻避运动的重要外部条件之一。④ 公众对环境类邻避设施的健康和环境风险感知、政府行为信任是影响其冲突参与意向的最主要因素，政府信任起调节作用。因此必须弱化公众风险感知，提高公众对政府的信任度。⑤

3. 政策过程与政府运行视角的防范策略

一是将邻避设施管理过程看作公共政策过程，从政策演化的角度寻找化解之道。认为政府具有"监控—指导—治理，建立国家战略规划、法律制度、风险管理标准制度，提供信息共享服务，促进信任，利益相关者管理和风险沟通"⑥ 的职能，履职时应根据其公民社会的规模与同质性、时间界限、反对程度等合理选择强制类、结构类、补偿类、劝服类政策工具。⑦ 国外学者这种从风险管理政策创新角度研究邻避冲突的思路启发了中国学者，因此2012年后部分中国学者尝试从政策过程角度理解

① Shemtov R. "Social: Networks & Sustained Activism in Local NIMBY Campaigns", *Sociological Forum*, No. 2, 2003, pp. 215–244.

② 张海柱：《风险建构、机会结构与科技风险型邻避抗争的逻辑——以青岛H小区基站抗争事件为例》，《公共管理与政策评论》2021年第2期。

③ 王英伟：《权威应援、资源整合与外压中和：邻避抗争治理中政策工具的选择逻辑——基于（fsQCA）模糊集定性比较分析》，《公共管理学报》2020年第2期。

④ 高新宇：《"政治过程"视域下邻避运动的发生逻辑及治理策略——基于双案例的比较研究》，《学海》2019年第3期。

⑤ 张郁：《公众风险感知、政府信任与环境类邻避设施冲突参与意向》，《行政论坛》2019年第4期。

⑥ Rothstein, H., Huber, M., Gaskell, G., "A Theory of Risk Colonization: The Spiraling Regulatory Logics of Societal and Institutional Risk", *Economy and Cosiety*, Vol. 35, No. 1, 2006, pp. 91–112.

⑦ Daniel P. Aldrich, "Controversial Project Siting: State Policy Instruments and Flexibility", *Comparative Politics*, No. 1, 2005, pp. 103–123.

中国的邻避事件。结果表明,公共政策过程及其实质性利益调整、再分配蕴含着社会稳定风险,① 问题表述不清楚、标准不一致、价值冲突、参与者不平等的决策困境尤为突出,② 应从系统、全面、战略高度优化政策过程,细化利益分配方案,强化政府监管。③

二是探索邻避冲突解决中的党政工作机制。例如,有研究跟踪了2007—2017 年垃圾焚烧发电项目,发现党的领导发挥了重要作用,通过功能发挥和制度优势拓展政府治理的社会性和参与性,提升基层协商有序性与理性化,达成政民双方有效互动和沟通,弥补了政府与社会的力量失衡。④ 还有研究探讨了邻避事件中的工作组机制,认为工作组及时介入邻避事件,下沉基层党组织,密切联系普通群众,协同开展多项工作,重塑了政治信任与认同,聚合了各类资源,化解了冲突,赢得了群众支持。⑤ 另有研究分析了垃圾焚烧发电的项目制特色,发现该体制不能满足准确判断风险、快速决策的要求,受条块分割束缚较大,治理过程专业性不强、治理资源不足,公众无法全程参与,专家作用也被掣肘。⑥ 还有研究注意到居委会在邻避冲突中的作用,发现社区居委会要同时应对社区居民的邻避诉求和上级政府的维稳压力,这制约着社区居委会参与邻避问题治理的效力,未来需要促进地方政府和社区居委会协

---

① 庞明礼:《公共政策社会稳定风险的积聚与演变——一个政策过程分析视角》,《南京社会科学》2012 年第 12 期;庞明礼、朱德米:《政策缝隙、风险源与社会稳定风险评估》,《经济社会体制比较》2012 年第 2 期。

② 张乐、童星:《"邻避"冲突管理中的决策困境及其解决思路》,《中国行政管理》2014年第 4 期。

③ 庞明礼:《公共政策社会稳定风险的积聚与演变——一个政策过程分析视角》,《南京社会科学》2012 年第 12 期;庞明礼、朱德米:《政策缝隙、风险源与社会稳定风险评估》,《经济社会体制比较》2012 年第 2 期;刘冰、苏宏宇:《邻避项目解决方案探索:西方国家危险设施选址的经验及启示》,《中国应急管理》2013 年第 8 期;王奎明、钟杨:《"中国式"邻避运动核心议题探析——基于民意视角》,《上海交通大学学报》(哲学社会科学版)2014 年第 1 期。

④ 陶周颖:《发挥党的领导效能:网络时代治理中国邻避冲突的策略选择——基于国内2007—2017 年垃圾焚烧发电项目的案例思考》,《云南行政学院学报》2021 年第 2 期。

⑤ 朱露:《多元整合:工作组在基层治理中的运行逻辑——基于 D 市 F 区邻避事件的田野调查》,《江汉大学学报》(社会科学版)2022 年第 1 期。

⑥ 张桂蓉、赵芳睿、邹文慧:《项目制下垃圾焚烧发电的邻避风险治理困境——基于 N 县典型案例的过程追踪》,《国家治理与公共安全评论》2020 年第 2 辑。

作，提高居委会自主能力。① 概言之，这类研究关注治理失灵背后的压力型体制、晋升锦标赛与悬浮型基层政权，② 主要探讨既有体制对邻避冲突治理的影响。

三是探讨政府回应策略。例如，一项研究基于定性比较分析法，对2007—2018 年中国发生的 48 个典型邻避案例进行分析，发现抗争类型、媒体曝光是影响政府回应策略选择的必要条件，抗争规模、组织偏好、组织注意力、政治活动事件和博弈力量则为充分条件。妥协、让步的机会主义策略不能解决根本问题，治理关键是公众对公共政策的认同与接受。③ 另有研究发现，理想的邻避冲突治理应该在回应公众利益诉求、消除公众恐慌的同时，推进政府公共服务项目规划与建设。④ 还有研究发现，在应对邻避危机中，信息类政策工具可贯穿全过程，管制类工具和信息类工具协同发力，可有效平息危机高潮；将经济类工具与信息类工具融合，有利于危机修复。⑤ 治理邻避问题不能在科技迷思和政治运作中徘徊，应关注法律程序、优化决策过程、技术更新、过程监管、事后救济等规制体系，构建政府主导、企业主体、公众参与的邻避冲突协作治理体系。⑥

4. 风险话语视角的防范策略

从话语的角度解构邻避设施社会稳定风险，通过行动者的话语构成、话语传播，探寻邻避设施话语的生成机理，进而寻找解决办法。有研究认为行动者围绕风险议题的争论体现了风险话语权的分配与再生

① 孔子月：《嵌入性视角下社区居委会在邻避问题治理中的双重角色与行为逻辑——以 S 市 Y 事件为例》，《社会主义研究》2020 年第 4 期。

② 毛春梅、蔡阿婷：《邻避运动中的风险感知、利益结构分布与嵌入式治理》，《治理研究》2022 年第 2 期。

③ 汤玺楷、凡志强、韩啸：《中国地方政府回应邻避冲突的策略选择：理论解释与经验证据》，《西南交通大学学报》（社会科学版）2020 年第 1 期。

④ 赵晖：《服务供给、公众诉求与邻避冲突后期治理——基于双案例的比较研究》，《江苏社会科学》2019 年第 5 期。

⑤ 靳永翥、李春艳：《危机何以化解：基于危机公关的政府工具研究——以环境型邻避事件为例》，《北京行政学院学报》2019 年第 6 期。

⑥ 鄢德奎：《邻避治理中的结构失衡与因应策略》，《重庆大学学报》（社会科学版）2019 年第 1 期；鄢德奎：《中国邻避冲突规制失灵与治理策略研究——基于 531 起邻避冲突个案的实证分析》，《中国软科学》2019 年第 9 期。

产，具体而言，突发事故在带来危险的同时也带来了改变场域结构的机遇，故而占据场域中各种位置的机构、个人或者群体都会寻求各种策略，运用各种力量来保证或者改善他们现有的位置，产生一个对自己更为有利的行动结构，建构一种对自身状况最为有利的制度化原则，以便重新界定风险并进而规避风险。比如，抗争规模越大、话语机会优势越明显的抗争运动，对政策影响能力越强；群众拥有的话语空间越多，越能更好地维护自身权益，消解抗争运动向暴力方向发展的可能性。[①] 再比如，政府和企业出于政绩的考虑，在揭露和掩盖真相间博弈，专家与政府竞争话语权，媒体转移话题，建立自己的话语垄断体系，公众无法得知真相，只能相信谣言，这就引起了社会恐慌。可见，政府、企业、媒体和相对分散的个人都变成了积极的行动者，对风险评估和风险规制等内容进行着议题式的力量博弈，显示出行动者、资源与权力的复杂关系。[②]

那么，相关的话语是什么样的呢？周裕琼等研究发现，典型的环境抗争性话语可从诉求（集中 vs 分散）和传播空间（正式 vs 非正式）两个维度进行分析，具体形式包括但不限于标语、口号、谣言、博客、微博、在线讨论、公开信、倡议书、意见书、起诉书、投诉、信访等。在抗争的不同阶段，行动者会根据任务的不同，不断调整其策略框架和具体形式。[③]

5. 空间规划视角的防范策略

即从邻避设施规划的角度，分析邻避设施规划选址与相关社会稳定风险之间的关系，找寻防范策略。张向和等认为应精确计算邻避设施选址的成本收益，优化工程的规划、布局。[④] 杨建国等基于 24 个案例的多值集定性比较分析发现，正向意义的公众参与、风险沟通与政府空间介入对公众

① 汤玺楷、凡志强、韩啸：《行动策略、话语机会与政策变迁：基于邻避运动的比较研究》，《西南交通大学学报》（社会科学版）2019 年第 3 期。

② 张乐、童星：《事件、争论与权力：风险场域的运作逻辑》，《湖南师范大学社会科学学报》2011 年第 3 期。

③ 周裕琼、蒋小艳：《环境抗争的话语建构、选择与传承》，《深圳大学学报》2014 年第 3 期。

④ 张向和、彭绪亚：《基于邻避效应的垃圾处理场选址博弈研究》，《统计与决策》2010 年第 20 期。

同意态度的解释力高于其他因素，符合目标正义、过程正义更易得到公众认可。① 应综合考虑传统区位理论指导下的选址方法、邻避设施 P 中位和 P 中心选址方法、多准则决策选址方法和动态分析选址方法等，促进多学科参与，避免静态分析为主和技术经济分析为主，考虑决策的长远影响。② 推行柔性治理方式，贯彻落实群众路线，通过宣教等柔性治理举措解决邻避冲突的核心问题，赢得民众支持，最终实现邻避项目的原址重建。③

6. 伦理视角的防范策略

这一视角最早可以追溯到 20 世纪 80 年代初期，当时迪尔等认为本着收益最大化而进行的成本—收益不均衡配置的邻避选址不公平有违环境正义，个体有权拒绝，政府也应尽可能减少风险，提高补偿，提供特殊保护。④ 后来 Hélène Hermansson 质疑为什么在邻避问题中为了大多数人的利益而将少数个体置于危险境地是可接受的，而同样的说理在医学研究中就会被排斥。他认为个人有权利拒绝被不公平地置于危险境地，即便是在有利于集体利益的情况下，因此本着收益最大化而进行的成本—收益不均衡配置的邻避选址是一种不公平的行径。作者还认为补偿是一种解决邻避设施选址问题的有效途径，但补偿的形式和程度应更被关注，在根据成本—收益分析模型而做的选址决定中，总是倾向于从总支出（赔偿支出）最小化的角度选址，而这种方式正是有违环境正义的歧视，选址不应根据谁要求补偿最少的原则而定。⑤ 受此启发，国内学者董军等人也认为，邻避抗争是居民对环境非正义、权责分配不公正的抗争，应据此妥善处理。⑥ 这里提出了邻避选址的公平问题和正义问题。公平常常

---

① 杨建国、李紫衍：《空间正义视角下的邻避设施选址影响因素研究——基于 24 个案例的多值集定性比较分析》，《江苏行政学院学报》2021 年第 1 期。

② 郑卫、贾厚玉：《邻避设施规划选址方法研究回顾与展望》，《城市问题》2019 年第 1 期。

③ 张荆红、陈东洋：《柔性治理：走出中国式邻避困境的新路径——基于仙桃案例的分析》，《江苏海洋大学学报》（人文社会科学版）2021 年第 6 期。

④ Dear, M., S. M. Taylor, *Not on Our Street: Community Attitudes Toward Mental Health Care*, London: Pion, 1982, pp. 65 - 68.

⑤ Hélène Hermansson, "The Ethics of NIMBY Conflicts", *Ethical Theory and Moral Practice*, Vol. 10, No. 1, 2007, pp. 23 - 34.

⑥ 董军、甄桂：《技术风险视角下的邻避抗争及其环境正义诉求》，《自然辩证法研究》2015 年第 5 期。

遭遇阻力,根源在于公众的功利主义价值观和政府的平等主义价值观相互冲突,应完善舆论环境,反对污名,形成"事前规范,事中管控,事后反馈补偿"的政策模式。① 邻避设施选址中风险分配的不正义是引发邻避冲突的重要原因,但是在分析时不能局限于现有的分配正义范式,还需要将风险"生产"纳入其中。据此,邻避设施风险生产的实质是知识生产,不同主体风险知识之间的冲突是邻避冲突的重要构成,要打破科学知识的垄断性权力,承认普通民众知识的风险认知价值,构建基于承认与包容的风险共同体,实现风险责任共担,合作秩序共建。② 关于邻避问题的知识生产,还有研究发现地方政府基于公共利益和专业知识推进邻避设施选址与建设,公众则将邻避问题置于日常生活经验所形成的风险感知中加以考虑,用地方知识建构风险议题,这消解了地方政府与技术专家的专业知识,形成风险异议,产生邻避冲突。破解僵局,需要强化基于风险沟通的合作性知识生产方式,促进政民开放性、审议式良性对话,警惕权力与技术合谋,重塑公众对政府风险监管的信任,③ 需要推进邻避现象包容性治理的合理进路,包括构建知识生产平台、尊重知识的差异性、构建多元知识参与模式、畅通知识集中渠道以及增强知识互动。④

另外,也有研究从公共价值的角度分析邻避议题。例如,于鹏等据此发现,公共价值视域下环境邻避治理追寻的是公共价值集合的最大化,呈现为政治价值、经济价值、社会价值、生态价值共生共存、互动互融的统一体,应重塑公共价值的使命管理、吸纳多元主体偏好的政治管理、完善利益补偿的运营管理机制。⑤ 王佃利等指出,邻避冲突在宏观层面上主要是公共价值失灵,价值冲突是核心,需要加强公共价值

① 孙宇、吴远卓:《社会排斥型邻避:弱势群体扶持政策执行中的困境与对策》,《江西师范大学学报》(哲学社会科学版)2021 年第 6 期。

② 张海柱:《风险分配与认知正义:理解邻避冲突的新视角》,《江海学刊》2019 年第 3 期。

③ 颜昌武、许丹敏、张晓燕:《风险建构、地方性知识与邻避冲突治理》,《甘肃行政学院学报》2019 年第 4 期。

④ 刘耀东:《知识生产视阈下邻避现象的包容性治理》,《中国人民大学学报》2022 年第 2 期。

⑤ 于鹏、陈语:《公共价值视域下环境邻避治理的张力场域与整合机制》,《改革》2019 年第 8 期。

治理。①

可见，发轫于国外，借鉴到国内，关于邻避设施社会稳定风险防范的策略已经比较完备，涵盖了经济、政治、心理、社会文化、组织制度、伦理等范畴，既考虑到了邻避设施本身（包括利益相关者，风险的感知、放大、预警，空间规划），又考虑到了邻避设施之外的公共政策和伦理。总结具体的防范对策，发现分析客观深刻，建议中肯合理，基本做到了对症下药。因此，目前关于邻避设施社会稳定风险防范之道的研究已经比较成熟，为实践提供了较好的指导。

但现实是，邻避冲突事件在中国仍然没有绝迹，总是在某个不经意的时刻突然爆发，让公众震惊，也让政府措手不及、学者错愕。公众震惊之余，会将矛头对准政府，认为必定是政府管理有缺陷，否则不会旧事重发。而政府措手不及，是因为相关事件暴露出管理与政策的问题。学者们错愕后，则开始反思自己的研究出了哪些不足。事实上，反思是必要的。总结现有的防范策略，可以发现这些措施表面上面面俱到，与邻避设施有关的方方面面都有所涉及，但是，正是这种面面俱到让政府无从选择，遇到突发事件只能根据过去的经验进行处理。这意味着，目前的对策研究不够精细，实用性不强，仍有较大的理论拓展空间。

三　研究空间

如上所述，未来邻避设施社会稳定风险防范策略的研究重在加强针对性，提高实际效能。随着中国进入新时代，社会主要矛盾发生根本转变，人民群众更加注重生活品质，这也对政府管理提出了更高要求，因此政府必须更好、更快、更高质量地回应民众诉求。党的二十大报告对此指出，健全吸纳民意、汇集民智工作机制，完善办事公开制度，拓宽基层各类群体有序参与基层治理渠道，保障人民依法管理基层公共事务和公益事业；坚持科学决策、民主决策、依法决策，全面落实重大决策程序制度；夯实国家安全和社会稳定基层基础，建设更高水平的平安中

① 王佃利、王铮：《中国邻避治理的三重面向与逻辑转换：一种历时性的全景式分析》，《学术研究》2019 年第 10 期。

国,以新安全格局保障新发展格局。这里提出了三项与邻避设施社会稳定风险防范化解有关的命题:一是邻避设施社会稳定风险防范化解属于基层民主治理范畴,应该着重思考如何吸纳民意、汇集民智,畅通群众参与渠道,提高参与效能。二是邻避设施建设与政府科学决策、民主决策、依法决策相关,需要通过完善制度,落实好重大决策程序制度。三是邻避设施社会稳定风险防范化解本身是社会稳定范畴的议题,要夯实基层基础,践行新安全格局要求,以保障新发展格局。因此,邻避设施社会稳定风险防范既是基层民主治理的应有之义,也是政府科学决策、民主决策、依法决策的对象之一,更与社会稳定、国家安全直接相关。其中,社会稳定、国家安全是邻避设施社会稳定风险防范化解的最终目标,基层民主治理和科学决策、民主决策、依法决策是实现目标的方式,自改革开放以来最终目标相对变化不大,因此当前邻避设施社会稳定风险防范研究的重点是反思实现稳定和安全的具体方式,提高实际效能。故而,需要重新审视上述研究的具体贡献。

正如前文所分析的,现有研究已经注意到风险感知、利益相关者民主参与和政府决策的价值,指出不同群体对邻避设施社会稳定风险的感知有所差别,需要用民主参与改善感知差异、化解负面情感、防止风险放大;应通过利益相关者协商找到利益交汇点,保护公众参与热情和合法权益,促进良性沟通,打破封闭决策,促使政府封闭决策向民主参与决策转变。这些发现符合邻避设施的特点,不无启发,但问题是,如何民主?怎样参与?怎么协商?何以达成共识以防控风险?这些议题尚未在已有研究中找到满意的答案,故而理论上看目前研究都颇有道理,但运用到现实中难免脱离真实情境,操作性和实用性不强。正如学者指出的,邻避设施决策是政府的重大决策,但目前政府重大决策中关于民主参与的主体、范围、方式、结果的规定比较详细,但参与方式较少提及,且过于笼统。[①] 因此需要思考如何让民主参与真正落地。邻避决策的研究也是如此,目前研究更多注重政府宏观决策制度设计,极少关注微观操作建议,话语视角的研究亦是如此。

因此问题转化为,如何能够找到具备可操作性的民主参与、政府决

---

① 黄振威:《政府决策视野下的邻避治理研究》,人民出版社 2020 年版,第 87 页。

策路径，确保邻避设施社会稳定风险防范产生实效。应在"处置"和"化解"路径之外实现冲突"转化"，超越"只破不立"的"中国式邻避困境"，[①] 实现政策质量与民意接受度的平衡，通过"控制""吸纳""融合"达到统合式治理。[②] 其关键是民众参与，对国内外相关问题的总结发现，参与的核心是进一步发挥社区作用，关注多样化利益诉求，优化决策流程，提高公众参与度，[③] 这为本书提供了新的研究空间——如何优化民主参与，提高参与代表性，提升参与效果。

---

① 谭爽：《"冲突转化"：超越"中国式邻避"的新路径——基于对典型案例的历时观察》，《中国行政管理》2019 年第 6 期。

② 王奎明：《统合式治理何以有效：邻避困境破局的中国路径》，《探索与争鸣》2021 年第 4 期。

③ 陈红霞、邢普耀：《邻避冲突中公众参与问题研究的中外比较：演进过程、分析逻辑与破解路径》，《中国行政管理》2019 年第 9 期。

第 一 章

邻避设施社会稳定风险
防范程序

优化民主参与流程的前提是存在相关民主参与制度，因此本章首先明确，邻避设施社会稳定风险防范离不开良性民主参与的制度和实践，目前，相关制度和实践已比较完善，主要问题是缺乏科学有效的程序保障。在此基础上，本书提出邻避设施社会稳定风险防范的民主程序命题，总结其意义，指出全书的研究思路和研究方法。

一 民主参与和科学依法
决策依然有效

（一）基于"利益相关者—问题—手段"的分析

邻避设施是工程项目的一种。长期以来，项目是中国经济社会发展和政府管理中一种极为独特的现象。财政转移支付多以项目的方式进行，地方政府若拿不到项目则无法弥补财政缺口，无法履行管理和公共事务职能，甚至原本以市场经营和竞争为生的众多企业也多通过申请各级政府的专项资金项目来提高自己的收益率。因此，项目不仅是一种体制，也是一种能够使体制积极运转起来的机制；同时，它更是一种思维模式，决定着国家、社会集团乃至具体的个人如何构建决策和行动的战略和策略。① 邻避设施承载着公共需要，又比较特殊，稍有不慎就可能引发群体

---

① 渠敬东：《项目制：一种新的国家治理体制》，《中国社会科学》2012 年第 5 期。

性事件和暴力冲突事件，因此以政府、企业为首的实务部门对之极为重视。一般而言，邻避设施中，直接的利益相关者有政府、企业、当地民众，而专家学者作为非直接利益相关者，也发挥着一定作用，因此本部分从利益相关者角度思考当前实际利益相关者处理邻避设施的策略，分析其效用和不足。

1. 利益相关者—问题—手段框架

康晓光认为，可以用"群体—问题—手段"三维框架分析中国大陆的政治稳定性。从资源占有情况看，大陆的社会成员包括精英和大众两类群体，每类群体关注的社会问题不同，社会问题的存在也导致某些群体心生不满，因而可能通过一定的手段对抗现行制度，如此，不稳定状况就可能出现，关键在于政府如何权衡。[1] 这一思路有助于本书的分析，更重要的是，作者在二维平面上建立了群体—问题—手段三个变量之间的矩阵关系，由此可以揭示那些影响不稳定的因素及其相互关系的整体图景，直观地指出对稳定威胁最大的群体、问题和手段以及它们的组合，是一个简单有力的分析工具。不过，群体概念用来分析邻避设施社会稳定风险不够精确，因为邻避设施的参与者是相对清晰固定的，而且更多地具有利益损益的性质，因此本书用"利益相关者"代替该框架中的"群体"，特指对邻避设施有某种利益诉求，受该项目影响同时也能不同程度地影响该项目的个人、群体和组织。问题和手段则与该文一致，指利益相关者的行为导致的各类问题，以及解决此类问题的方式和工具。这就是本书的"利益相关者—问题—手段"分析框架。

"利益相关者—问题—手段"分析框架与"社会稳定风险"的内在逻辑链条是：其一，邻避设施中存在着不同的利益相关者；其二，部分利益相关者的行为导致广泛、严重的问题；其三，受这些问题危害的利益相关者感到现行体制内无法解决这些问题；其四，他们拥有集体行动的手段，并采取了行动；其五，维护现行制度的力量无法预知这些反抗行为的发生；其六，社会稳定风险事件发生。简而言之，社会稳定风险事件之所以会发生，是因为存在对现行制度不满的利益相关者，他们感到

---

① 康晓光：《未来3—5年中国大陆政治稳定性分析》，《战略与管理》2002年第3期。

有必要对抗现行制度，而且他们确实有能力和机会采取行动，并且取得了成功。

众所周知，不同的利益相关者对不同问题有不同反应，在面临不同的问题时采取的手段也不尽相同，因此我们可以采取化繁为简的方式，用二维矩阵来形象直观地描述利益相关者、问题、手段之间的关系。三个变量有三种不同的组合。第一种组合，利益相关者—问题矩阵（用 A 表示），描述利益相关者与社会问题之间的关系，矩阵元素 a_{ij} 表示利益相关者 i 对问题 j 的不满程度。第二种组合，利益相关者—手段矩阵（用 B 表示），描述利益相关者与各种集体行动手段之间的关系，矩阵元素 b_{ij} 表示利益相关者 i 运用手段 j 的可能性。第三种组合，问题—手段矩阵（用 C 表示），描述了社会问题与集体行动手段之间的关系，矩阵元素 c_{ij} 表示社会问题 i 激发集体行动手段 j 的可能性（见表 1 – 1）。

表 1 – 1   **利益相关者—问题的二维矩阵 A**

		社会问题					
		问题 1	问题 2	问题 3	…	…	问题 q
利益相关者	利益相关者 1	+					
	利益相关者 2			+	+		
	利益相关者 3		+		+	+	
	…			+			+
	…				+		
	利益相关者 n	+				+	+

2. 邻避设施的利益相关者

王进等认为，从紧迫性、影响性、主动性的角度看，大型工程项目的利益相关者包括核心型（建设单位、承包商）、战略型（勘察设计单位、材料设备供应商、投资人、监理单位、政府部门、运营方、高层管理人员）及外围型（员工、工程项目所在社区、环保部门）三大类。①
这一分类比较科学，但类型较多，分析时多有不便。在公共政策视野中，
政策主体通常包括官方和非官方两大类，前者指国会议员、政府首脑、
行政人员和法官，后者指政党、利益集团、普通公民。② 据此，本文将邻
避设施的利益相关者分为政府、项目方、专家和当地民众四种类型（见
表1-2）。政府主要指决定邻避设施是否上马以及如何建设的个人（主要
是决策者）或组织（如各级政府），是邻避设施项目的最终裁决者，发挥
着议程设置、方案选择、利益协调的功能，起到了程序控制与决策平台
的作用，与王进等研究中提出的邻避设施类型中的政府部门和环保部门
一致。项目方是指负责设定、争取、实施项目的个人、群体或组织，即
王进等所做分类中的建设单位、承包商、材料设备供应商、投资人、监
理单位、运营方、高层管理人员、员工，其职责是撰写项目建议书、项
目计划书、项目可行性报告、项目社会稳定风险评估报告，按既定规划
建设项目，并从中获取利润、社会美誉度等利益。在专业分工越来越细、
工程质量要求越来越高以及大力发挥智库作用的背景下，专家学者在大
型工程项目中的作用日益凸显。作为智力支持者，专家主要发挥事实判
断功能，为大型工程项目的方案和实施过程提供理性的决策外脑，同时
为弱势群体代言，监督项目运行，以达到优化大型工程项目的目的。在
某种程度上，勘察设计单位发挥的就是这种作用。除此之外，项目立项
阶段参与具体论证的专家学者也属于这类利益相关者。当地民众是指直
接受邻避项目影响的普通公民，比如，因为工程建设他们需要搬迁，或
者项目生产过程或产品（如排放的废气、废水、废渣）会影响他们未来
的工作生活，它对应王进等所做分类中的工程项目所在社区。作为直接
受设施影响的利益相关者，当地民众的意见和诉求直接决定着项目能否
顺利实施，他们也会有自己的损益判断、风险认知和项目预期，因此邻
避设施项目实施过程中不可忽略当地民众的诉求。

---

① 王进、许玉洁：《大型工程项目利益相关者分类》，《铁道科学与工程学报》2009 年第 5 期。
② ［美］詹姆斯·E. 安德森：《公共决策》，唐亮译，华夏出版社 1990 年版，第 44—48 页。

表 1-2　　　　　　　　　　　邻避设施的利益相关者类型

类型	含义	具体构成
政府	发挥议程设置、方案选择、利益协调作用的个人或组织	决策者、各级政府
项目方	负责设定、争取、实施项目的个人、群体或组织	建设单位、承包商、材料设备供应商、投资人、监理单位、运营方、高层管理人员、员工
专家	发挥理性决策外脑、代言人和监督者角色的个人或组织	勘察设计单位,项目生命周期中参与方案设计与抉择的专家学者
当地民众	直接受项目影响的个人或群体	项目所在地的社区及其居民

　　在现实中,不同利益相关者的影响力是存在差异的,因此研究者划分出直接利益相关者/间接利益相关者[1]、首要利益相关者/次要利益相关者[2]、内部利益相关者/外部利益相关者、核心利益相关者/蛰伏利益相关者/边缘利益相关者[3]、核心利益相关者/战略利益相关者/外围利益相关者[4]等类型。邻避设施的利益相关者也可以做类似的划分。不过,直接/间接、首要/次要、内部/外部的二分法过于简化,不能描述复杂的现实,因此本书采用三分法的思路,将邻避设施中的利益相关者分为三种类型。不同于现有的三分法划分,本书采用社会阶层"上层—中间层—下层"的思路,将邻避设施的利益相关者分为上层、中间层、下层三个层次。上层利益相关者是指能够决定设施是否建设、如何建设、利益如何分配的个人、群体或组织,通常包括政府(含决策者)、项目方中的建设单

---

　　[1]　Frederick, W. C. , *Business and Society*, *Corporate Strategy*, *Public Policy Ethics*, New York McGraw-Hill Trade, 1988.

　　[2]　Clarkson, Max B. E. , "A Stakeholder Framework for Analyzing and Evaluating Corporate Social Performance", *Academy of Management Review*, No. 20, 1995, pp. 92 – 117.

　　[3]　陈宏辉、贾生华:《企业利益相关者三维分类的实证分析》,《经济研究》2004 年第 4 期。

　　[4]　王进、许玉洁:《大型工程项目利益相关者分类》,《铁道科学与工程学报》2009 年第 5 期。

位、承包商、投资人和高层管理人员。中间层的利益相关者能在一定程度上影响设施运行，但其影响力比上层利益相关者小，比下层利益相关者大，主要包括勘察设计单位、材料设备供应商、监理单位、运营方、参与项目咨询论证的专家学者。下层利益相关者主要受上层和中间层利益相关者的影响，被动地接受项目方案和相关结果，属于这一类的利益相关者是项目方普通员工、项目所在地的社区及其居民、被排斥在项目咨询与论证过程之外的专家学者。如此，邻避设施的利益相关者组成了一个有影响力的金字塔，处在塔尖的上层利益相关者影响力最大，中间层和下层的影响力次之，且依次递减（见图1-1）。

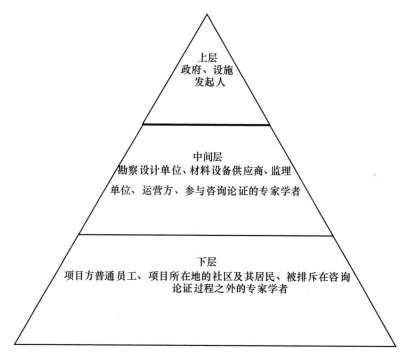

图1-1　大型工程项目的利益相关者层次

3. 上层、中间层利益相关者与社会问题的产生、积聚

通常，大型工程项目包括需求识别、方案制订、项目实施、结束交付四个阶段，邻避设施也是如此。需求识别阶段的主要工作是撰写项目建议书、进行项目可行性研究、初步设计项目方案、决定设施项目是否

建设。方案制订阶段的主要任务是进行技术设计、编制造价预算、细化实施方案、制订项目的详细计划、订立相关合同。项目实施阶段的主要工作是按计划和预算实施项目,如制造构件、进行土建作业、实施安装工程等。结束交付阶段的主要工作是施工者试验具体的构件、建筑或产品,建设单位等验收合格后施工者将其交付建设单位,后者开始使用相关产品,并跟踪评估。在这些阶段中,资源投入水平随着项目的推进逐渐提高,因此若能在需求识别和方案制订阶段,尤其是需求识别阶段充分吸收项目方、专家学者、受项目影响的民众参与,准确研判项目的可行性报告和初步设计方案,在此基础上做出科学合理的决策,就能够最大限度地避免项目"轰轰烈烈上马、匆匆忙忙收场",提高其经济、社会效益,同时规避公众的邻避情结,减缓专家学者对工程项目的质疑批评,达到各方共赢的局面。不过在现实中,需求识别和方案制订通常都是政府和项目方的单方面行动,以至于专家学者和普通民众的意见、诉求得不到全面、充分的吸纳,其结果是决策者的偏好和项目方的逐利动机代替了全面、充分、科学、合理的论证,这表现在以下几方面。

在论证开放度上,政府、项目方、专家、民众参与论证的程度是有差别的。政府决策者及发改委等强势部门主导了论证的具体议程和方案抉择,项目方中的建设单位、投资人、承包商、高级管理者因为能从项目中获得实实在在的利益和利润,因此上马工程的动机十分强烈,即使项目遭到了政府的反对和阻碍,他们也会千方百计地进行游说,使之成为政府的重要议程,并获得其支持。而且,邻避设施项目通常能够解决某项重大问题,如垃圾围城、缺电。可见,政府在某种程度上与项目发起者有共同利益,因此二者很容易组成联盟,"想办法把项目'论上去'而不是'论下来'"[1]。而专家学者虽然能够提供科学中立的咨询意见,但是在决策者面前也不得不让步,因为如果持续反对项目上马或者提出尖锐批评意见,他们会逐渐被排斥在项目论证过程之外,而那些强烈支持上马的专家学者则被留下来继续论证项目的可行性,专家论证成为

---

[1] 耿永常、王光远:《工程项目可行性论证的理论、方法与运用》,高等教育出版社2007年版,第17页。

"挑选专家的游戏"①。"想办法把项目'论上去'而不是'论下来'"以及"挑选专家的游戏"排斥了客观中立的专家学者进行科学论证进而提出科学意见使得项目方案更加优化的可能性，也在很大程度上导致项目所在地的社区及其居民的意见和诉求被忽视、被代表，使得后者要么根本不知道要在自己家门口建一个大设施，②要么虽然知道要建，但是无法参与具体论证过程，只能被动地接受政府的通告、补偿方案、安置措施，处于阿斯汀公民参与阶梯中的"无参与和象征性参与"阶段。此其一。其二，由于反对的专家学者和当地民众无法实质性参与论证过程，因此他们也不能决定论证中哪些议题应该纳入论证，每项议题应该怎样被讨论，最终决策是如何做出来的，这些都将由政府和项目方主导。因此，无论是论证参与者，还是论证议题，专家学者和民众作用都较小，论证几乎被政府和项目发起人所垄断，封闭运行和暗箱操作色彩较浓，论证开放度较低。

在论证理性程度上情况也是如此。由于对项目的证立主要由政府和项目发起方做出，其他利益相关者较少参与，因此政府和项目发起方的态度、基调、观点主导着项目论证过程，建设性的专业意见不被前者重视。支撑政策主张的根据和理由也取决于政府和项目发起者，论证围绕如何建而不是该不该建进行，需求是既定的，论证是为了满足这一需求，对之进行细化，使其成为可能，而绝不能是不可能或不可行。为了达到这一目的，论证表现出两大特点。其一，参与者使用的语词随着论证结果的需要不断变化，前后不一致，且缺乏深度交流对话，违背了理性论证所要求的"论证语言应该前后一致且深度对话"的原则。其二，政府和项目发起人垄断了论证的主流话语体系，"政府的话语是垄断性的、一元化的，它唯我独尊，畅行无阻，声调高，嗓门大，不允许其它声音捣

---

① 《怒江都江堰三门峡 中国水利工程 50 年的 3 次决策》，《国际先驱导报》2004 年 4 月 19 日。

② 最典型的当数什邡钼铜项目。2012 年 6 月 29 日，什邡市灵杰镇上一块巨大的空地上，一场盛大的奠基典礼在这里举行。四川什邡宏达集团正式宣布将在这里投资 104 亿元建设钼铜项目生产基地。正是由于这场典礼，附近的村民才知道原来自己家门口要建一个大型工程项目，而之前他们全部被"蒙在鼓里"。据报道，什邡市将通过该项目获得超 40 亿元的年利税收入，因此当地政府就替百姓做了一回主。7 月 3 日市委书记接受采访时也承认与民众沟通"不到位"，导致他们不了解、不理解、不支持该项目，因而产生群体反抗。

乱。偶尔有一些噪音或杂音,也根本无法引起人们的关注。……为了需要,独白的话语也可以允许一些不同意见的出现,制造出公共话语生机勃勃的'虚假繁荣',但真正的意见却被这种压制性、专断性的权力结构所湮没"①。因而论证是一种单向的信息传播过程,自说自话、说教灌输、命令服从现象较为突出,论证中权力的作用也十分明显,论证者地位不平等,常常发生强迫其他论证者接受自己观点、态度的行为,论证强迫度较高。此外,受利益驱使,项目发起者在论证过程中与政府的立场是一致的,因此必然会配合政府的论证安排和论证策略。所以,从普遍证立、论证语言与论证强迫度的角度看,大型工程项目的论证理性程度也较低。

如此,大型工程项目的论证开放度和论证理性都存在重大缺陷。在此过程中,作为中间层利益相关者的勘察设计单位、材料设备供应商、监理单位、运营方、参与咨询论证的专家学者等与上层利益相关者具有一致的利益诉求,因此在论证过程中倾向于支持上层利益相关者的论点、决策。如果他们有反对意见,也是建立在完善项目方案的基础和立场上的,而绝不是反对项目建设。因此中间层利益相关者事实上充当了上层利益相关者的助手,其参与增强了上层利益相关者上马工程项目的信心和决心。

因此我们可以认为,邻避设施项目的论证过程和论证结果主要是上层利益相关者主导和推动的结果,中间层利益相关者强化了这一结果,而最应该参与的下层利益相关者——项目所在地的民众则与之失之交臂。这带来了极其严重的后果:第一,一些不该建设的项目匆匆上马,一些本该建设得更好的项目出现了各种各样的瑕疵、缺陷,造成了巨大的人力、物力、财力浪费和损失,破坏、延缓了当地经济社会发展进程。第二,影响政府形象,加剧政府和民众间的不信任。第三,由于项目前期施工破坏了所在地的自然环境,带来了一些新的专业技术,因此产生并放大了当地社区的环境风险和技术风险。第四,由于项目所在地居民对是否建设项目、征地拆迁、收入与生活水平下降、社会网络重组等问题

① 韩志明:《从"独白"走向"对话"——网络时代行政话语模式的转向》,《东南学术》2012年第5期。

较少有发言权，基本处于被动接受既定结果的境地，因此产生了强烈的"被欺骗被愚弄"的感受，强烈反对相关工程上马，当常规渠道无法舒缓其愤怒情绪、满足其正当诉求后，抗议静坐、示威游行、围堵破坏施工现场、打砸抢烧政府部门等恶性事件就发生了，这将严重威胁社会稳定。第五，由于一些持反对意见的专家学者被人为排斥于项目论证过程之外，因此他们通过报纸、电视、杂志、互联网等新闻媒体和各种（公开）场合表达自己的质疑、批评，这也埋下了问题持续发酵的隐患。下表列出了相关问题的详细清单（见表 1-3）。

表 1-3　　　　　邻避设施项目决策论证缺陷引起的问题清单

领域	具体问题
环境领域	破坏自然环境、引发气候变化、改变物种、破坏生态多样性与生态系统 破坏文化遗产景观 各类污染 技术隐患
政治领域	制度与政策异常终止、政府变更 暴力事件、地区矛盾与冲突 官民对立、形象受损、治理能力低下 腐败与寻租
经济领域	基础设施破坏、资源浪费与损失 投资风险、产业结构变化风险、贸易条件改变、城市化风险、农业减产与粮食安全 企业补偿安置、生产方式改变、收益剧减、破产 收入与生活水平下降、失业、补偿安置、失地
社会领域	被剥夺感、被忽视感、挫折感、不公平感 贫苦、疾病与健康威胁 社区关系断裂、社会网络重组 谣言、社会恐惧 外来人员与当地人员冲突、生活方式改变、边缘化、文化差异 社会治安恶化 专家学者的公开质疑、新闻媒体渲染

所有这些因素随着时间推移不断累积、积聚、发酵,成为社会稳定风险的隐患,并最终演变成恶性群体事件。事件发生后,政府当然可以采取措施加以抑制,例如发布公告进行解释、采用武力驱散示威人群、对相关决策者进行问责、追究闹事者的责任等,但其结果可能激起民众更激烈的反对。更重要的是,相关设施项目已然经过了长时间的准备,甚至早已开工建设,投入了大量的人力、物力、财力,也取得了一定的进展。然而当民众激烈反对,并出现恶性社会稳定事件时,项目实施会受到巨大影响,甚至戛然而止。造成这一局面的根本原因在于,上层利益相关者主导大型工程项目的需求识别和方案制订,中间层利益相关者依附于上层利益相关者,充当了传声筒和支持者的角色,而项目决策者最应该听取的下层利益相关者的意见、诉求被忽视了。从这个意义上讲,邻避设施的社会稳定风险主要是由上层利益相关者和中间层利益相关者不开放、不理性的项目决策论证行为造成的,或者说这两类利益相关者的不开放、不理性论证行为催生、加剧了社会稳定风险事件的发生概率。

然而,下层利益相关者并不是没有自己的诉求和抗争手段,当他们感到在现行体制内无法解决自己的问题,而且只有联合起来才能维护自己的权益时,他们就拥有了集体行动的可能。因此接下来需要分析下层利益相关者的抗争行为。

4. 下层利益相关者的抗争行为及其可能性

在下层利益相关者中,项目方普通员工实质上也是项目建设的受益者,因为项目建设可以给他们带来工作机会和收入的增加,因此除非项目管理者严重损害他们的利益,否则他们是不会作为社会稳定风险的隐患存在的,从这个意义上说,他们与项目所在地民众和专家学者是对立的。因此可能采取集体行动进行抗争的主要是当地民众和无法参与论证的专家学者。不过,专家学者具有比一般民众更大的影响力,能够影响决策的手段也更多,因此他们不会上街抗议,采用后一种方式的主要是一般民众。表1-4列出了这两类利益相关者的(集体)行动手段清单。

表1-4　　　　　　　　　　　**专家和民众的行动手段清单**

利益相关者	行动手段
无法参与论证的专家学者	直接向决策者提建议、递交内部报告 与利益相关者建立联盟，转而支持项目 公开反对既有决策和方案 公开反对项目方 公开研究成果制造舆论 公众倡导/发起或参与集体抗争运动以引起注意 展开扎实的研究以积累力量 借助境外力量
项目所在地民众	求助媒体/短信、电话、传真、互联网传播/张贴材料/在QQ、微信、微博、博客等新兴媒体上议论、围观、发牢骚、言语攻击/网上串联、组织抗议活动 传播谣言/故意散发有害信息 NGO/俱乐部或小群体/地下串联 在政府门口集会/打砸抢毁党政机关、要害部门、重点场所，攻击警察和相关工作人员 集中上访/游行示威/拉横幅、喊口号、签名反对/散发宣传品 围观/拥堵交通 围堵工地/干扰、阻碍施工/负面评价/发泄 暴力冲突 借助境外力量

　　上述抗争行动能够成为现实吗？专家学者的抗争更多地出于专业素养、个人良知以及对民众和社会的责任感，否则就不会持久。而当地民众的反抗则是必然的，越来越多的因大型工程项目引发的群体性事件证明了这一点。民众的抗争之所以成为必然，是因为：第一，他们感知到风险并在利益主张遭遇困阻产生挫折感后，引发对政府、项目方的强烈不信任感，从而形成邻避情结，这是抗争行为的内在驱动力。第二，抗争政治成本低、抗争议题具有正当性、一致的诉求、地缘因素、新兴媒

体提供的便利使得民众能够迅速动员起来，采取集体行动。第三，政府在抗争行为发生后会进行调节，但是自身利益和公众福利带来的双重人格决定了其处置时会优先采用刚性的维稳措施，在冲突升级后又会与民众妥协，这种随机性的、前后不一致的处置策略是抗争行为升级的外部动力。第四，粗放型经济增长模式，制度技术环境和危机管理机制的缺陷，封闭随意的决策结构与决策程序等外部情境是抗争事件发生、升级的现实、深层次土壤。第五，动员者的特质与能力，项目方应对失误，专家媒体和民间组织的参与强化了抗争行动的出现。[1] 故而，民众的抗争行动能够成为现实，而且还会根据需要不断进行调整，呈现出权宜性、双重性、模糊性的特征。[2]

5. 二维矩阵的讨论

现在让我们再回到前面提出的利益相关者—问题—手段矩阵，讨论利益相关者、问题、手段之间的关系。如前所述，利益相关者—问题矩阵描述的是利益相关者与问题清单间的关系，由于特定时间内某一利益相关者的行为引发的问题是相对固定和有限的，因此我们可以根据现实对其进行列举（见表1-5）。

可以看出，政府行为的后果主要体现在政治领域、经济领域，且多属于宏观层面，例如因项目建设而引起制度、政策、领导人员等的变更，引发暴力事件与地区冲突，以及企业经济结构变更等宏观经济风险。项目发起者导致的问题也基本类似。而具体负责实施工程项目的中间层的影响则更多地倾向于微观的具体的层面，例如自然环境破坏与污染，基础设施破坏与资源浪费损失，当地居民的健康、生活方式、社会网络、社会安全等受到威胁，以及由此引发的挫折感等。下层利益相关者的主要问题是因利益受损和愤怒情绪而采取过激行动，破坏项目方和政府的既定计划，损毁一些基础设施，同时因此而破坏正常的社会秩序，导致自己的生活方式发生改变（如被拘留），甚至产生新的挫折感。

---

① 侯光辉、王元地:《邻避危机何以愈演愈烈——一个整合性归因模型》,《公共管理学报》2014年第3期。

② 应星:《草根动员与农民群体利益的表达机制——四个个案的比较研究》,《社会学研究》2007年第2期。

表 1 – 5　　　　　　　利益相关者—问题矩阵

问题		环境问题			政治问题				经济问题				社会问题				
利益相关者		环境与生态多样性	景观遗产	其他隐患	制度政策领导者变更	暴力事件与地区冲突	腐败寻租	形象受损	设施资源损失	经济运行风险	失业风险	家庭风险	挫折感	语言社会恐惧	文化差异生活方式改变	治安恶化	专家质疑媒体渲染
上层利益相关者	政府				+	+	+	+		+			+	+			
	项目发起者					+	+		+	+	+		+		+		
中间层利益相关者	设计者									+	+		+				+
	供应商			+					+		+				+		
	监理者					+	+		+		+	+					+
	运营商	+	+	+		+		+	+		+	+	+	+		+	+

续表

问题		环境问题			政治问题		经济问题			社会问题			
下层利益相关者	普通员工										+	+	
	当地民众		+	+		+	+	+	+	+	+	+	+
	未参与论证的专家		+										+

那么，针对这些问题，各个利益相关者采取了哪些行动措施呢？利益相关者—手段矩阵描述的就是这一主题。由于某一利益相关者采用的手段是相对固定的，其采用所有行动措施的可能性极低，因此我们也可以列出其矩阵。在前面的篇幅中我们已经列出了下层利益相关者的行动措施，因此这里仅仅关注上层和中间层利益相关者的行动措施。分析利益相关者—行动矩阵的原因是解铃还须系铃人，问题主要是由上层和中间层利益相关者的错误行为导致的，那么解决问题还是需要回到问题制造者身上。但是在此之前，我们必须首先明确现实中这些利益相关者采取了解决措施，才能够看出现实措施和应然措施之间的差距，进而提出科学合理的完善对策。上层和中间层利益相关者针对上述问题提出的行动措施见表1-6。

表1-6　　　　　　　　　　上层、中间层利益相关者的行动措施清单

		行动措施														
		敷衍、不信任民众	回避关键问题	环保部门不作为	教育说服疏导参与者	控制事态和维护秩序	维护社会安全	暴力反应	妥协、无原则让步	解释公布真相宣传引导	甄别处置参与者	善后工作	与各方互动	问责	成为利益相关者	深入社区引导	操纵变相支持
上层利益相关者	政府	+	+	+	+	+	+	+	+	+	+	+	+	+		+	+
	项目发起者		+							+		+	+		+	+	+
中间层利益相关者		+	+		+	+			+			+			+	+	+

可以看出，政府拥有的行动措施是最多的，几乎所有的行动手段它都可以选择使用。而项目发起者能够运用的方式主要是配合政府解释项目的合理性，参与某些善后工作，巩固自己的预期利益。事实上，项目发起者在问题产生后通常是比较低调的，这是由其利益追求与民众的利益诉求存在根本性矛盾决定的，但是由于民众反对项目建设，那就意味着项目发起者的利益将因此受损，甚至血本无归，因此他们低调的原因还在于需要深入社区对关键反对者进行说服引导甚至威逼利诱，并继续

寻求政府的支持。只有这样,他们的前期投入和预期利润才可能实现。而对于中间层利益相关者来说,他们的职责主要是执行政府和项目发起者的既定方案,也就是说多数问题都是因他们的具体行动而引起的,因此问题产生之后,如果不是迫切需要政府和项目发起者出面处理,一般的应对措施主要是由中间层利益相关者做出的。其努力集中在回避关键质疑、控制事态、说服引导公众等方面,甚至会因维护自身利益而与民众发生暴力冲突,例如阻碍民众围观、堵截施工现场,进而发生死伤事件。他们也会参与说服关键反对者,实现项目持续运营的工作,因为项目一旦终止,他们也是直接的利益受损者。

那么,利益相关者采取的这些行动对问题的最终解决有效吗?如果并不能从源头上化解风险,我们应该怎么应对?这是接下来本书要分析的主题。

6. 实然手段与应然手段的差距

表面上看,当前因邻避设施引发的社会稳定风险事件都得到了平息,专家学者对设施项目的质疑、批评越来越少,当地民众集会游行示威攻击政府和施工现场的行为也销声匿迹,对项目的详情也有了一定程度的了解,许多人也改变了初衷,理解了政府的"良苦用心",开始支持在自己家门口建邻避项目,对项目的负面评价和对抗情绪也逐渐减少。但是仔细分析发现,政府和项目方采取的应对手段并没有从根本上化解问题和风险。

首先,政府拥有的应对手段最多,会根据事态的发展权宜变化,通常的做法是首先使用刚性的措施,"解释—辩护—暂停建设—强制维持秩序",如果仍然不能奏效,则转而采取柔性策略,教育说服疏导闹事者,引导舆论,深入社区针对反对强烈的民众进行解释、劝导,从国家宏观形势到当地发展阶段再到项目带来的切身好处,动之以情、晓之以理,使闹事者回归理性,反对者不再反对,甚至挑选民意代表专程到其他地方的类似项目上参观考察,实地了解项目的利弊。这样,反对的人数大大减少了,冲突事件也得到较好的解决。但是,邻避设施解决的是当地急需解决的难题,出了事政府形象也会受损,因此当地政府在处理这类事件时不仅是公众利益的代言人,还是获益者,后者决定了平息事件只是暂时的措施,在权衡利弊后,政府一般不会轻易放弃受影响的项目，何况项目这时候已经投入了大量的资源，骑虎难下。这意味着邻避设施的风险源并没有彻底根除，仍有再度引发风险事件的可能性。

其次，项目方作为既得利益者从项目中获得的是经济利益，这也是他们游说政府建设相关项目的主要原因。当发生风险事件威胁到项目的正常运营时，项目方也会协助政府平息事态，减少自己的损失，但是逐利的动机和前期的巨大投入决定了若非特殊情况，他们也不愿意项目终止，安抚补偿民众，继续向政府寻求支持，消除社会的质疑是主要目标，因此事态只是暂时得到了控制。

再次，由于发生了风险事件，那些此前反对设施项目上马的专家被证明是睿智和正确的，他们会被吸纳参与新的方案调整，由于专家与项目并没有直接的利害关系，因此当能够参与项目论证，自己的意见被采纳时，他们的反对就会失去驱动力，这固然能够减少反对意见，削弱反对力量。但是专业意见之间的不同意见和分歧是十分正常的，因此仍然会有一些反对项目建设的专家，这些持异议的专家也是风险未得到根本化解的诱因之一。

最后，经过冲突事件后，直接受设施影响的当地民众的意见会得到倾听，诉求会得到采纳，利益会得到保护，但是这是在刚性的维稳措施不能奏效之后政府和项目方采取的权宜和抚慰行动，民众可能被告知项目的相关信息，政府和项目方也会征求民众的意见对方案加以完善，同时吸收一些顺民进入决策委员会，并对民众进行新的补偿，不过，所有这些善后行为都属于阿斯汀公民参与阶梯中的象征行为，这是由政府和项目方作为获益者决定的，也契合当前中国公民参与的整体水平，因此民众不可能获得真正的参与决定权，决定项目的去留。

因此，我们可以认为，当前政府、项目方、专家使用的化解邻避设施项目引发社会稳定风险事件的手段是有待继续改进的，效果也只是暂时的，并没有从根本上和源头上消除设施项目的风险源。从实践看，只有三分之一的项目能够通过事后救火继续建设，三分之一的项目不得不停止、迁建或缓建，其余的陷入僵局，这也说明了这一点。因此需要另辟蹊径，用新的民主参与方式弥补现行防范应对方式的不足。

（二）基于污染类邻避事件的多案例比较验证

1. 问题提出

比较是人们认识世界的方式之一。早在古希腊时期，亚里士多德就用比较的方法研究城邦政体之类型，开创了这一研究方法。[1] 随后，孟德斯鸠、托克维尔在自己的著作中发扬了比较研究方法。20 世纪以来，比较研究更是成为社会学科的经典方法之一，备受欢迎，例如在政治学领域，20 世纪初期以来形成了比较研究的三大巅峰——制度主义，行为主义、理性主义、结构主义和文化主义三足鼎立，[2] 不仅让比较政治成为政治学的分支学科，更极大地提升了政治学研究的品质。因此用比较的方法研究邻避事件不仅契合社会科学主流，更可以改变目前邻避领域比较研究较为缺乏的状况。

事实上，近年来已有一些相关研究运用了比较方法。这些研究主要基于定性比较法（Qualitative Comparative Analysis，QCA）探讨邻避冲突事件的成因，主要视角有：一是探讨邻避冲突的多方成因，马奔、李继朋发现，风险感知与恐惧心理、信任缺失、政府应对失当、谣言传播是产生邻避效应的必要条件组合，风险集聚类、污染类、污名化类与心理不悦类各有不同。[3] 高新宇、秦华认为，风险感知、互联网动员、中央媒体支持性报道、温和理性的运动策略是邻避抗争成功的必要条件组合。[4] 张广文、周竞赛指出，政策完善程度和公民参与度是判断群体性事件发生与否的必要条件组合，缺乏社会组织参与或忽视其作用、网络参与也可能引起邻避群体事件。[5] 万筠、王佃利认为，新媒体联动与央媒支持性报

---

[1] Harry Eckstein, "A Perspective on Comparative Politics, Past and Present", in Harry Eckstein and David E. Apter, *Comparative Politics*: *A Reader*, New York: The Free Press of Glencoe, 1963, p. 3.

[2] 高奇琦：《比较政治》，高等教育出版社 2016 年版，第 4—16 页。

[3] 马奔、李继朋：《我国邻避效应的解读：基于定性比较分析法的研究》，《上海行政学院学报》2015 年第 5 期。

[4] 高新宇、秦华：《"中国式"邻避运动结果的影响因素研究——对 22 个邻避案例的多值集定性比较分析》，《河海大学学报》（哲学社会科学版）2017 年第 4 期。

[5] 张广文、周竞赛：《基于定性比较分析方法的邻避冲突成因研究》，《城市发展研究》2018 年第 5 期。

道促进结果朝抗争者偏好倾斜，城市业主更倾向于非暴力行动策略和民主参与方式，以争取其偏好结果，意见领袖作用有限。[1]

二是媒介视角，汤志伟等发现，抗争组织形式、抗争性剧目和参与者主动使用媒介是邻避运动演变成暴力群体性事件的必要条件组合，行政体系分化对邻避运动演变的影响较小，新媒体和传统媒体的作用没有明显区别。[2] 廖梦夏指出，相比事件属性，传播属性对环境群体事件抗争作用更显著，舆论是必要条件，意见领袖是核心条件，网络媒体、谣言、舆论倾向和局部传播是关键成因。[3]

这些研究发现了风险感知、信任、政府应对、谣言、政策完善度、公民参与、新闻媒体与邻避冲突事件是否发生以及发生强度的必要关系，为我们认识邻避冲突成因提供了科学解释。但是，不同的研究间缺乏对话，因为这些研究寻找的条件变量各不相同，一些研究发现的结论相互矛盾，例如，万筠、王佃利的研究发现，意见领袖对邻避冲突作用有限，而廖梦夏则指出，大多数情况下抗争成功离不开意见领袖。虽然这可能与选取的样本案例之数量和结果有关，[4] 但是仍然表明，基于 QCA 方法探寻邻避冲突成因还有一定改进空间，主要包括：

第一，2003 年以来邻避冲突事件多达 100 余起，从领域看，垃圾焚烧厂、核电站、PX 化工项目高居首位；从类型看，包括污染类、风险集聚类、心理不悦类、污名化类，[5] 不同类型事件的演化机理不尽相同，例如，污染类邻避设施中，民众首先感知到污染，然后用常识直觉、简化机制判断污染状况，形成受害人意识，再基于成本收益等经济考量决定

---

[1]　万筠、王佃利：《中国邻避冲突结果的影响因素研究——基于 40 个案例的模糊集定性比较分析》，《公共管理学报》2018 年第 5 期。

[2]　汤志伟、凡志强、韩啸：《媒介化抗争视阈下中国邻避运动的定性比较分析》，《广东行政学院学报》2016 年第 6 期。

[3]　廖梦夏：《媒介属性和事件属性的双重建模：媒介与环境群体性事件的关联研究——基于 20 个案例的清晰集定性比较分析（QCA）》，《西南民族大学学报》（人文社会科学版）2018 年第 10 期。

[4]　例如，万筠、王佃利一文根据代表性、多元性、有确定结果、材料全面标准，选择了 2004 年至 2023 年的 40 个样本案例，廖梦夏一文的样本案例是邻避类和污染类事件，共 20 个，其中污染类主要是企业非法超标排放的环境污染伤害事件。两个研究的样本案例重复较少。

[5]　陶鹏、童星：《邻避型群体性事件及其治理》，《南京社会科学》2010 年第 8 期。

是否接受;对风险集聚类设施,民众用高科技风险认识设施,对风险十分恐惧,因而想参与决策,决定设施去留,一旦无法参与,则产生强烈的被剥夺感,然后科学理性分析设施,决定邻避抗争行动;心理不悦类设施则源自文化禁忌与偏见,例如,殡仪馆意味着死亡,让人们感觉不舒服,出于社区和自利考虑,一般会对之进行贬低、侮辱,让这些设施承担额外的意义,反抗也是建立在这样的心理基础上的。① 现有研究中,马奔和李继朋按照陶鹏、童星的分类进行样本选择,其中污染类 13 个,风险集聚类 10 个,污名化与心理不悦类 4 个,时间跨度为 2007 年至2014 年;高新宇、秦华也按这个分类进行选择,不过样本总量为 22 个,时间跨度是 2003 年至 2015 年;张广文、周竞赛没有区分具体类型,选择2007—2016 年的 15 个案例作为样本;万筠、王佃利选择的是 2004—2016年的 40 个邻避冲突案例,也没有区分具体类型。媒介视角的两项研究中,汤志伟等人的研究也没有区分具体类型,时间跨度为 2003 年至 2016年,共 40 个样本;廖梦夏的研究选择 2012—2016 年间的污染类、邻避类环境群体事件。可以看出,目前研究的样本选择差异较大,一些研究根据中国邻避设施的类型进行了细分,一些研究没有考虑邻避设施的具体类型,因而结果也大相迥异。如前所述,不同类型邻避设施的生成机制并不相同,因此不考虑具体类型,无法精准认识邻避设施的内在规律。因此,应以陶鹏等人的邻避设施类型为基础,考虑不同类型邻避设施的生成原因,或者单独对某一类设施进行分析,避免类型本身成为条件变量,影响成因判断。

第二,研究的条件变量问题。定性比较分析探讨的是多重并发因果关系,多重意味着多个不同条件组合可能产生同样的结果,相关但又相互区别的路径是多样的,并非只有一个;并发是指每条路径都由不同条件组合构成,简称不同因果路径引起相同结果。② 而且,条件变量不能太多,因为太多会导致案例个体化,不利于获得跨案例的规律性、综合性解释结果。一般情况下,中等样本的案例(如 10—40 个)通常选择 4—6

---

① 张乐、童星:《"邻避"行动的社会生成机制》,《江苏行政学院学报》2013 年第 1 期。

② [比利时]伯努瓦·里毫克斯、[美]查尔斯·C. 拉金:《QCA 设计原理与应用:超越定性与定量研究的新方法》,杜运周、李永发等译,机械工业出版社 2017 年版,第 7 页。

或4—7个解释条件。① 现有研究的样本最多40个，最少15个，选择的条件变量有5个（张广文等）、6个（马奔等）、7个（汤志伟等、高新宇等、万筠等）、12个（廖梦夏）等，共44个，内容涵盖风险感知与恐惧心理、信任缺失、经济补偿、政府应对模式、公民参与、谣言（马奔等），精英同盟的分列、行政体系分化、抗争组织形式、抗争性剧目、框架过程、媒介使用态度、消息首曝媒体的途径（汤志伟等），公众风险感知、互联网动员、环保NGO、公民参与、中央媒体的支持性报道、邻避强度、邻避运动发生的地区（高新宇等），抗争对象、利益指向、合法性、事件发生地、暴力程度、使用媒介、首发媒体、谣言、意见领袖、舆论态度、传播范围和回应时间（廖梦夏），新媒体联动、意见领袖、公民参与、央媒支持性报道、行为主体、行动策略、文化符号（万筠等），制度缺乏、公民参与、社会组织不足、媒体参与、网络参与（张广文等），异质性强，其中共性或使用频次较高的变量有：首先，媒体参与，共9个，涉及是否参与，媒体类型，参与方式，如媒介使用态度，消息首曝媒体途径，使用媒介，首发媒体，舆论态度，新媒体联动，央媒支持性报道，媒体参与；其次，公民参与，共4个，其他指标均出现1次。可见，现有研究几乎自成体系，缺乏对话，因此无法形成普适性解释。

　　第三，研究的结果变量问题，目前的研究有冲突强度，是否暴力抗争（1，0），事件结果（继续建设、停建或迁址，取消迁址或暂停、补偿改进、续建或使用，抗争成功或失败），是否有集体抗争行动。五项研究侧重邻避冲突的后果，使用较多的结果变量是设施命运，如续建、停建、迁址、补偿改进，其次是是否有集体抗争或暴力抗争，抗争成功还是失败，仅有一项研究分析邻避冲突的强度，用三值（0.33，0.67，1）进行测量。可见，邻避设施结果的测量多为定类测量，水平或强度测量较少。这不利于更加科学地描述邻避冲突事件。

　　鉴于此，本书在以下方面进行尝试：首先，根据现行公认的邻避设施分类选择样本，而不是不加区分地进行研究。现有类型中，一般将心理不悦类与污名化类合并研究，这样邻避设施有三种类型：污染类、风

---

① ［比利时］伯努瓦·里毫克斯、［美］查尔斯·C.拉金：《QCA设计原理与应用：超越定性与定量研究的新方法》，杜运周、李永发等译，机械工业出版社2017年版，第25页。

险集聚类、污名化与心理不悦类。污染类主要包括高速公路、市区高架、垃圾处理设施、污水处理设施，风险集聚类主要包括变电站、加油站、加气站、发电厂、核电厂，污名化和心理不悦类主要包括火葬场、殡仪馆、墓地、戒毒中心、精神病治疗机构、传染病治疗机构、监狱、社会流浪人员救助机构。三种类型中，污染类最常见，以垃圾焚烧厂为例，随着垃圾产生量、无害处理比例不断攀升，"十三五"时期中国垃圾焚烧处理能力计划增长151%，可以预见相关的邻避冲突事件将会越来越多。而且，党的十八大以来生态文明建设提到前所未有的高度，污染防治成为三大攻坚战之一，环境保护职能大大加强，在三种类型事件中意义最大，因此本书主要研究污染类邻避设施，以回应现实需求和一些研究类型区分不明显的弊端。时间范围也前溯到 2003 年第一起邻避冲突事件，后续到 2018 年，以弥补既有研究没有最新案例的缺憾。

其次，条件变量方面，目前集中于媒体角色、公民参与上，其他变量过于分散，难以一一检验，因此需要引入新的视角。党的十八届五中全会提出"构建全民共建共享的社会治理格局"，十九大报告据此提出打造共建共治共享的社会治理格局，二十大报告又将其升华为健全共建共治共享的社会治理制度，建设人人有责、人人尽责、人人享有的社会治理共同体。可见共建共治共享是当前社会治理的核心要义，随着其被纳入国家安全和社会稳定范畴，对思考当前的邻避设施防范化解有重要参考价值。共建共治共享的核心是"共"，即共同完成，大家一起完成，强调主体的多元性，除政府外、企业、社会、民众等主体都要积极参与，不能政府唱独角戏。"建""治""享"指明了共的范围和作用领域，"建"指社会建设，"治"指社会治理，"享"指享有治理成果，也就是说在社会治理中多元主体共同参与，联合行动，共同享有治理成果。① 共建共治共享三位一体，共享是目的，共建共治是途径和方式，共建共治是为了共享，共享必须依靠共建共治，共建与共治密不可分，共建是前提，共治是重要保障，没有共建的治理是没有意义的，没有共治的建设

---

① 周红云：《全民共建共享的社会治理格局：理论基础与概念框架》，《经济社会体制比较》2016 年第 2 期。

是走不远、走不稳的。① 共建共治共享可以把现有研究中政府应对、信息公开、公民参与、社会组织参与等变量统摄起来。一般而言，邻避设施的利益相关者是政府、企业、当地民众，媒体、社会组织并非直接利益相关者。因此共建共治共享视角既能检验现有研究，又契合新时代社会治理的基本要求。

最后，变量赋值方面，本书的研究选择模糊集赋值，将变量的值改用水平或程度测量，避免了"非黑即白"或若干有限种类的单一性问题，可以更好地呈现邻避事件原状。

当然，研究仍然采用定性比较分析法，因为该方法的最大优势是当样本数量较少时可以确定变量间的多重并发因果路径，弥补无法使用大样本统计分析的遗憾。虽然分析只有中等程度的解释力，但是是案例导向的，能够处理从量化到主观定性的多样数据，过程可复制、透明，因此近年来备受欢迎。

2. 案例选择与变量赋值

（1）案例选择

陶鹏和童星认为，污染类邻避事件是"在运行过程中可能产生空气、水、土壤及噪声污染等的设施，因具有潜在危险性或污染性导致民众反对的邻避事件"②，一般包括高速路、高架桥、垃圾焚烧厂、污水处理厂等。按照典型性、代表性以及信息可获取性等原则，借助中国知网（CNKI）、百度、谷歌、新浪微博、学术著作等载体收集并筛选 2003—2018 年的污染类邻避设施，得到表 1－7 所示的 48 个污染类邻避冲突事件库，库中的案例即是本书的研究样本。当然，所用资料多为二手资料，这是由邻避事件的特性决定的。

表1－7　　　　　　　　　　污染类邻避事件案例

编号	年份	事件名称	编号	年份	事件名称
1	2004	河北石家庄反对其力垃圾焚烧厂	25	2013	上海松江电池厂

---

① 龚维斌：《打造共建共治共享的应急管理体系》，《社会治理》2017 年第 10 期。

② 陶鹏、童星：《邻避型群体性事件及其治理》，《南京社会科学》2010 年第 8 期。

续表

编号	年份	事件名称	编号	年份	事件名称
2	2006	北京反对六里屯垃圾焚烧厂	26	2013	益阳生活垃圾处理厂
3	2007	广西岑溪中泰造纸厂	27	2013	深圳 LCD 工厂空气污染事件
4	2008	上海反对磁悬浮联络线	28	2013	山东东营港经济开发区污染事件
5	2008	秦皇岛农民反焚运动	29	2013	杭州余杭中泰垃圾焚烧厂
6	2009	北京反对阿苏卫垃圾焚烧厂	30	2014	广州萝岗垃圾焚烧厂
7	2009	广州番禺反对垃圾焚烧厂	31	2015	象山反垃圾焚烧项目
8	2009	南京天井洼垃圾焚烧厂	32	2016	浙江海盐县垃圾焚烧厂
9	2009	深圳龙岗垃圾焚烧发电厂	33	2016	西安高陵垃圾焚烧厂
10	2010	广西灌阳抗议垃圾填埋场	34	2016	湖北仙桃垃圾焚烧发电厂
11	2010	安徽舒城垃圾掩埋场	35	2016	天津蓟县垃圾焚烧发电厂
12	2010	上海江桥垃圾焚烧厂	36	2017	山西夏县反对垃圾填埋场
13	2010	灵川反对垃圾填埋场	37	2017	吉安市垃圾焚烧发电厂
14	2010	江苏吴江垃圾焚烧事件	38	2017	湖南隆回县岩口镇垃圾焚烧厂
15	2010	广西靖西信发铝厂事件	39	2017	湖南新田县枧头镇垃圾焚烧发电厂站
16	2011	北京反对南宫垃圾焚烧厂	40	2017	广东清远垃圾焚烧厂
17	2011	浙江海宁晶科能源污染事件	41	2018	成都天府新区垃圾中转站
18	2011	浙江德清海久电池厂事件	42	2018	江西九江柴桑垃圾焚烧厂
19	2012	无锡锡东垃圾焚烧厂	43	2018	广东信宜垃圾焚烧厂
20	2012	上海松江反对垃圾焚烧厂	44	2018	湖南湘潭县河口镇垃圾焚烧站
21	2012	四川什邡反对钼铜项目	45	2018	浙江江山垃圾焚烧发电厂
22	2012	江苏启东南通纸业排海工程	46	2018	安徽太湖县垃圾焚烧发电厂
23	2012	北京反对京沈高铁事件	47	2018	安徽宿松县高岭垃圾发电厂
24	2012	清远反对花都区垃圾焚烧厂	48	2018	河南荥阳市贾峪镇垃圾发电厂

（2）变量赋值

"共建共治共享"的"共"包括政府、项目方、民众、专家、社会组织、媒体等主体，"建"指邻避设施建设，"治"指设施建设运营的环节和过程，"享"指各个利益相关主体共同享有该设施带来的效益、风险、后果。因此共建共治共享是一个包含着主体、内容（过程）、结果的概念。不过"建"和"治"的内涵很难真正区别清楚，因此需要寻找新的框架进行统合。分析发现，"共"主要体现的是主体要素，强调多元主体共同参与，"共建"的核心也是多主体参与建设，因此可用主体概括。当然，"共建"还包含着建设的要素，"共治"也有治理的要素，抽掉"共"这个限定词，"建"和"治"描述的是邻避设施的内容和过程，也即邻避设施从需求识别到建成使用的全过程、全生命周期，包括需求识别、方案制订、项目实施、交付使用，可进一步细分为需求识别、设计初步方案、环境影响评价、征求意见、决策、公示、施工建设、交付使用。"共享"中，享的是设施建设治理内容和过程的结果，这个结果一方面是物质的，即邻避设施的损益由直接利益相关者共同分担；另一方面是精神的，即建设运营过程中的各项权利是否得到保障。因此，可用"主体—内容—结果"框架测量共建共治共享。

邻避设施主体包括政府、项目方、民众、专家、社会组织、媒体，内容环节包括需求识别、设计初步方案、环境影响评价、征求意见、决策、公示、施工建设、交付使用，不同主体参与的环节不一样。政府、项目方的主要职责是需求设计、设计初步方案、决策、施工建设、交付使用，多数时候行动一致、立场一致，因此可以合并考虑。由于收集资料受限，本书将这些详细环节概括为内部决策运行和外部征求意见公示两个程序。内部决策运行有两种方式，一是完全封闭，二是适度吸纳其他主体参与，分别用0和1赋值。外部征求意见公示从三个维度测量：没有征求意见和公示；形式上征求意见和公示；真正征求民众意见和公示，目的是获取真实想法，分别赋值为0、0.7、1。当地民众是邻避项目的直接影响对象，他们是否参与、参与效果如何直接决定着设施能否顺利建设，设施是否演化为冲突事件，若在案例中缺乏民众参与或没有充分的民众参与，则赋值为0，反之赋值为0.7，有实质型民众参与赋值为1。环境影响评价等专业评估是发现设施项目环境影响后果和风险等级的重要方式,评估是否严格遵守科学程序,不受其他干扰直接决定着评估质量,也影响着邻避设施运营结果。在案例中,若专业评估受到干扰或民众质疑,赋值为 0;若专业评估客观独立,广受民众好评,赋值为 1。污染类邻避事件一般与生态环境保护有关,环保类社会组织对此非常关注,因此案例中有相关社会组织参与则赋值为 1,反之赋值为 0。如前所述,"共享"一是指设施建设带来的损益状况,二是指各项合法权益是否得到保障,因此案例中若民众承受多数损失,获得的收益较小,且合法权益得不到保障,赋值为 0,反之赋值为 1。

结果变量中,马奔和李继朋提出了三个判断邻避冲突的标准:一是参与冲突的人数和影响范围,参与人数大于等于 1000 人且影响多个地区的为高强度邻避效应,参与人数 500—1000 人且影响地区较多的为中强度邻避效应,参与人数小于 500 人且影响范围限于本地区的为轻度邻避效应;二是邻避效应后果,发生群体性冲突事件的为高强度邻避效应,以法律等理性手段解决问题的为低强度邻避效应,介于二者之间的为中强度邻避效应;三是涉及媒体,邻避效应涉及外媒传播的为高强度邻避效应,涉及省级媒体或者中央媒体的为中强度邻避效应,只涉及本地区媒体的为低强度邻避效应。[①] 这一标准较为科学,不过指标较多,作者统一将高强度邻避效应赋值为 1,中强度邻避效应赋值为 0.67,低强度邻避效应赋值为 0.33,难以区分每个指标的具体情况。而且,其中的媒体因素是现有研究中最多的变量。因此,本书不考虑媒体因素。本书分析的是已经发生冲突的污染类邻避事件,因此这里的邻避效应后果标准也不适用。故而本书采用判断冲突的第一个标准,从人数多少判断冲突强度,这种选择也考虑了数据的可获得性。赋值方式与已有研究相同,高强度邻避效应为 1,中强度邻避效应为 0.67,低强度邻避效应为 0.33。

条件变量和结果变量及其赋值规则如表 1-8 所示。

---

① 马奔、李继朋:《我国邻避效应的解读:基于定性比较分析法的研究》,《上海行政学院学报》2015 年第 5 期。

表 1 - 8　　　　　　　　邻避设施共建共治共享之测量、赋值

变量		测量指标	赋值
条件变量	内部决策	完全封闭	0
		适度吸纳其他主体参与	1
	外部征求意见公示	没有征求意见、公示	0
		形式上征求意见、公示	0.7
		真正征求民众意见、公示	1
	当地民众参与决定	完全缺乏	0
		不充分，仅是形式上的	0.7
		实质型参与决定	1
	专业评估	受到干扰或民众质疑	0
		客观独立，广受民众好评	1
	环保组织	无法介入	0
		介入	1
	损益共享和权益保障水平	民众损益不匹配，合法权益无法保障	0
		民众损益匹配，合法权益保障有力	1
结果变量	参与人数和影响区域	参与人数大于等于1000，影响多地	1
		参与人数500—1000，影响较多地区	0.67
		参与人数小于500，仅影响本地区	0.33

3. 数据分析

（1）构建真值表

根据上述赋值规则，对 48 个样本案例进行赋值，得到如下真值表（见表 1 - 9）。

表1-9   样本案例的逻辑真值表

编号	内部决策（nbjc）	公示（gs）	公民参与（gmcy）	专业评估（zypg）	环保组织（hbzz）	民众权益（mzqy）	冲突程度（ctcd）
1	1	0.7	0.7	1	0	1	1
2	1	0.7	1	1	0	1	1
3	1	1	1	1	0	1	0.33
4	1	0.7	0.7	1	0	1	1
5	1	1	0.7	1	1	1	0.33
6	0	0	0	0	1	1	0.33
7	1	0.7	0.7	1	0	1	1
8	1	1	1	1	0	1	1
9	1	0.7	0.7	1	0	1	1
10	1	0.7	0.7	1	0	1	1
11	1	1	1	1	0	1	0.33
12	1	0.7	0.7	0	0	0	0.33
13	0	0	0.7	1	0	1	0.67
14	0	1	1	0	0	0	0.67
15	1	1	1	1	0	1	1
16	1	1	1	1	1	1	0.33
17	1	1	0.7	1	1	1	0.33
18	1	1	1	1	0	1	0.33
19	1	1	0.7	1	0	1	1
20	1	0	0.7	1	0	1	0.33
21	1	1	1	1	0	1	1
22	1	1	1	1	0	1	1
23	1	0.7	1	1	0	1	0.33
24	1	0.7	0.7	1	0	1	0.33

续表

编号	内部决策 （nbjc）	公示 （gs）	公民参与 （gmcy）	专业评估 （zypg）	环保组织 （hbzz）	民众权益 （mzqy）	冲突程度 （ctcd）
25	1	0.7	0.7	1	1	1	0.67
26	1	0	0	1	0	1	0.33
27	1	1	0.7	1	0	1	1
28	1	1	1	1	0	1	1
29	1	0	0.7	1	0	1	1
30	1	0.7	0.7	1	0	1	0.33
31	1	0.7	1	1	0	1	0.33
32	1	0.7	1	1	0	1	0.67
33	1	1	1	1	0	1	1
34	1	0.7	1	1	0	1	1
35	1	1	1	1	0	1	1
36	1	1	1	1	0	1	0.33
37	1	0.7	1	1	0	1	0.33
38	1	0	1	0	0	1	0.33
39	1	0	0	1	0	1	0.33
40	1	0	0	1	0	1	0.33
41	1	0.7	0.7	1	0	1	0.67
42	1	0.7	1	1	0	1	0.33
43	1	0.7	0.7	1	0	1	0.33
44	1	1	1	1	0	1	0.33
45	1	1	0.7	1	0	0	0.33
46	1	1	1	1	0	1	0.67
47	1	0.7	1	1	0	1	0.33
48	1	0.7	1	1	0	1	0.33

（2）必要条件分析

虽然我们需要得到多重并发导致的因果关系，但在对此分析之前应当先检验每个单一条件的一致性，从而考察是否存在单变量为结果变量的必要条件，如果有已知的必要条件，那么在后面的分析中可不再纳入此条件，此步骤也可通过 fsqca 3.0 软件实现，得到具体数据如表 1 - 10 所示。

表 1 - 10 单个条件变量的一致性检验

条件变量	覆盖率	一致性
内部决策	0.944222	0.628222
公示	0.807949	0.711470
公民参与	0.875751	0.679274
专业评估	0.944556	0.642727
环保组织	0.155645	0.665714
民众权益	0.955578	0.635778

以一致性大于 0.9 为标准，说明该条件变量为结果的必要条件。通过数据可知，本书研究的几个条件变量从单一条件来说均没有达到 0.9 的一致性，不存在导致结果的必要条件，即从单一条件来看难以找到有说服力的条件变量，因此需要将所有条件变量都纳入有效条件组合的研究之中。

（3）条件组合分析

在条件组合分析中，为了得到最简约、最有代表性的解，一般我们会纳入"逻辑余项"和被观察案例的组态一起进行分析。"逻辑余项"即指除了被观察案例之外，非观察案例的其他可能性。通过 fsqca 3.0 软件的布尔代数运算，可以得到复杂解、中间解以及简约解三个解，它们的不同之处在于复杂解没有纳入"逻辑余项"，简约解使用了所有的"逻辑余项"且不考虑"逻辑余项"的合理性，中间解根据研究者的理论和知识，纳入具有意义的"逻辑余项"。因此本书认为中间解优于复杂解及简约解，作为研究结果更具合理性。其结果如图 1 - 2 所示。

```
***********************
*TRUTH TABLE ANALYSIS*
***********************

File:  C:/Users/Administrator/Desktop/linbichongtu.csv
Model: ctcd = f(mzqy, hbzz, zypg, gmcy, gs, nbjc)
Algorithm: Quine-McCluskey

--- INTERMEDIATE SOLUTION ---
frequency cutoff: 1
consistency cutoff: 0.939344
Assumptions:
                        raw          unique
                        coverage     coverage     consistency
                        ----------   ----------   ----------
mzqy*~hbzz*zypg*gmcy*~gs  0.213761     0.0223781    0.941176
mzqy*zypg*gmcy*~gs*nbjc   0.224783     0.0334001    0.947887
solution coverage: 0.247161
solution consistency: 0.948718
```

图 1 - 2　条件组合分析结果

在得出的有效条件组合中，两个条件组合的一致性都达到了 0.9 以上，具有非常高的解释力。将组合中的字母替换成文字，可得到如下结果：

组合 1：无法保障民众权益 * 环保组织介入 * 专业评估受质疑 * 缺乏参与 * 公示征求意见

组合 2：无法保障民众权益 * 专业评估受质疑 * 缺乏参与 * 公示征求意见 * 封闭决策

将两组有效条件组合进一步布尔最小化运算，得到：

有效条件组合 = mzqy * zypg * gmcy * ~ gs * （ ~ hbzz + nbjc），即高强度环境污染类邻避冲突事件 = 无法保障民众权益 * 专业评估受质疑 * 缺乏公民参与 * 公示征求意见 * （环保组织参与 + 封闭内部决策）

（注："*"表示"且"，"~"表示"非"，"+"表示"或"）

可见，无法保障民众权益 * 专业评估受质疑 * 缺乏公民参与 * 公示征求意见是高强度环境污染类邻避冲突事件发生的必要条件组合。它意味着若发生高强度环境污染类邻避冲突事件，这四个条件变量必然存在。当这四个必要条件同时存在时，内部封闭决策或环保组织参与也会引发高强度的环境污染类邻避冲突事件。

4. 结论与发现

本小节从"共建共治共享"角度出发,探讨了 2003 年以来中国环境污染类邻避事件的成因,结果表明,无法保障民众权益、专业评估受质疑、缺乏公民参与、公示征求意见是引发环境污染类邻避冲突事件的必要条件组合,这意味着民众关心自己的损益状况,如果损失大于收益,相关权益无法得到保障,则会进行抗争。相关研究还发现,环境污染类邻避设施之所以抗议不断,与环评、稳评等专业评估质量不高,民众参与不充分有关,这直接导致相关设施建设的信息一经公布,就会促发民众质疑、社会抗议。这些结论验证了既有 QCA 研究"公民和社会组织参与不足可能引发邻避冲突事件"的结论,也确证了其他方法发现的如下结论——民众权益未得到保障、专业评估受质疑、内部封闭决策等也会引发环境污染类邻避冲突事件。

本书的研究还发现,环境污染类邻避设施的征求意见也容易引发民众抗议,这与多数研究的结论相反,因为一般情况下,征求意见、公示相关信息有助于民众了解项目信息,起到阻止抗议的作用。这个发现值得关注,它表明,如果征求意见仅仅是形式上的,则并不能平息民众怒火,反而会引发新的抗议。这也从一定程度上解释了为什么政府不愿意公示相关信息,或者仅在开工前有限地公示一些简单的信息。长期以来盛行的封闭决策模式也有同样的原因。实际上,由于民众、专家、政府对风险类型、强度和概率的感知通常不同,因此出现这样的研究结论是正常的。

此外,研究并没有找到环保社会组织参与与环境污染类邻避设施冲突事件的必要关联,这反映了环保社会组织角色的特殊性。受宏观体制影响,中国的环保组织与其他社会组织一样,活动和行为一般受制于政府,因此除非政府出现严重失误,环保组织一般不会轻易与政府决裂。

当然,本书的研究还发现,如果这四个条件组合同时出现,那么只要内部封闭决策或环保组织这两个条件满足其中一个,高强度的环境污染类邻避冲突就会发生。从这个意义讲,用共建共治共享视角分析环境污染类邻避设施冲突事件的成因是合适的,因为在这些事件中,政府、专家、民众和社会组织是共荣共生的,一方的行为会影响另一方的行为,从而对设施命运产生直接影响。因此，新时代背景下，环境污染类邻避设施建设运营过程中一定要注重如下方面。

第一，特别强调多元利益相关者共同参与。研究发现的四个条件组合其实都与参与有关，因此只有参与才能释疑解惑，才能平息民众的不满情绪，才能提高专业评估的质量，保障民众权益。公开征求意见引发冲突事件，实际上也反映了参与的不足。因此，怎么强调参与都不为过。这是环境污染类邻避设施事件治理的重中之重。

第二，要注重程序过程合法、合规，夯实共治基础。共治更多地体现过程，因而按照既有的程序要求，合法合规地运行，是缓解环境污染类邻避设施事件的重要保证。因此，环评、稳评、征求意见、公示等过程，都应保障民众的知情权、参与权和决策权，不能省略环节或以形式上、代替等方法跳过、精简。更重要的是，这些必要的环节不仅要在设施建设运营周期履行，更应该在项目建设立项决策阶段就开始践行，也只有这样，才符合源头治理的做法，才能真正做到表达意见、交流沟通、形成共识，让利益相关者都同意、都满意。①

第三，要注重保障公民权益，实现真正的"共享"。一方面，不能把成本或损失都转嫁到设施周边居民身上由他们承担。政府、项目方应与民众共同承担这些损失。尤其是，不能以公共利益的名义，强制摊派邻避设施的成本、负面后果，而要找到各方都能接受的方案。还需要注意的是，对那些不受设施直接影响，但是位于设施附近的居民来说，也有必要考虑他们的诉求，防止他们成为夹心层，无论怎样都不会得到考虑。另一方面，这里的共享不仅包括物质上的损失和收益，还包括精神层面的损失和收益，具体就是各项权利，以及设施建设期间的幸福感、获得感、安全感。这也是今后环境污染类邻避设施建设运营要考虑的，更是新时代社会主要矛盾使然。

---

① 雷尚清：《决策论证与大型工程项目社会稳定风险化解》，载童星、张海波主编《风险灾害危机研究》（第一辑），社会科学文献出版社2015年版，第1—26页。

二 关键是建立可操作的论证程序

利益相关者分析和污染类邻避设施案例分析都表明,民主参与方式需要在程序和结果方面加以改进,只有这样才能实现源头上、根本上防范冲突发生的目的。所谓源头上防范冲突发生,与中国一贯强调的社会矛盾源头治理一致,按照这种要求,邻避设施规划论证阶段就应该吸引民众参与,询问他们对设施建设的意见,据此决定建或不建、怎么建。而不是当前多数事件暴露出来的政府和项目方封闭决策,完成需求识别和前期工作,然后象征性地告知民众。根本上防范冲突发生,对民主参与质量提出更高要求,即通过民主参与,不仅完成参与过程,更要发现诉求,了解风险隐患,提前防范化解,让邻避设施顺利建成,当地居民和辖区公众均受益,实现各方共赢。

根据这样的要求,目前的民主参与显然需要改进。当前,邻避设施属于政府工程建设项目的一种,在一些地方还属于大项目或重大项目,因此管理上主要采用工程项目管理的方式。在工程项目管理中,进行社会稳定风险评估(俗称稳评)是防范化解的主要举措。但是,当前稳评存在的主要问题是,该项制度并没有严格落实,而是成为各级政府自主决定的政策工具,服务于地方经济社会发展大局和具体施政目标,民众象征性参与,专家作用无法充分发挥,[1] 甚至还存在操纵评估行为和评估结果的现象,[2] 理想与现实差距较大。[3] 因此,需要对稳评进行修正完善。修正的重点是破解政府为主的决策结构,用程序落实民众参与权,实现政府、企业、民众相对均衡,优化稳评结构。

这样均衡的核心是限制政府权力,提升民众和专家地位,让利益相关者在邻避设施决策中处于对等状态。对等意味着不管身份如何,实际

---

① 雷尚清:《重大工程项目自主决策式稳评的操作性偏误与矫治》,《中国行政管理》2018年第3期。

② 刘泽照:《地方"稳评"操纵行为发生的影响机理——一个考核情境的诠释框架》,《公共管理与政策评论》2016年第4期。

③ 谭爽、胡象明:《重大工程社会稳定风险评估中的"制度堕距"现象及成因:基于文本与个案实践的对比》,《云南行政学院学报》2017年第3期。

掌握的权力多少，人数多少，所有参与者拥有同样的机会，能够自由表达意见，提出诉求，而决策机制能够真正将这些意见和诉求吸纳进来，成为共识基础上的决定，为大家所共同遵守。它不同于稳评机制的地方在于，虽然稳评的政策文本中也规定了评估者要充分吸收民众意见，确保评估样本的代表性和科学性，但并没有说明什么是代表性、什么是充分吸收。也就是说，现有稳评制度总体上比较粗放模糊，只给定了政策总体框架，缺乏实施细则，因此执行时地方自由裁量权过大，往往根据目的取舍使用。因此，新的改进策略不仅要细化现有的政策方案，还要确保这种方案从程序上得到真正落实，从根本上防范冲突发生。在国外，符合这种要求的是决策论证。

（一）决策论证概述

决策论证来源于政策论证。政策论证是政策运作过程中政策参与者寻找有益的资讯以强化自身政策主张，提出驳斥的理由以抗辩其他不同主张及看法的一种实践，目的在于促使决策者接纳或拒绝某项政策方案。① 政策论证包含论证主体、论证内容、论证程序、论证规则、论证模式等要素。政策论证既是一种政策分析工具，又是政策过程的一个环节。作为政策工具，政策论证帮助政策分析者识别利益相关者，寻找最佳方案，达成政策共识；作为政策过程，政策论证贯穿政策过程的所有阶段，不仅问题界定、议程设置、备选方案抉择需要政策论证，政策执行、政策评估、政策终结也需要政策论证，但是相对而言，问题界定、议程设置、方案抉择中政策论证更重要，因为这三个环节中，什么是政策问题，如何界定政策问题，该问题是否要进入政府议事日程，备选方案如何选择，如何最终决定，都没有定论，不同的利益相关者有不同看法，难以形成共识，这恰恰给政策论证提供了作用空间。通过论证，利益相关者可以表明态度，相互激荡，最终形成共识，进行决策，为后续实际行动打好基础。在公共政策学中，界定政策问题、设定议程、选择备选方案是经典的决策环节，因此将政策论证限定在决策环节即为决策论证。

决策论证是决策环节利益相关者寻找有利信息，提出或强化自身政

---

① 参见吴定《政策管理》，台北：联经出版事业股份有限公司 2003 年版。

策主张，提出驳斥理由，以抗辩其他不同主张及看法的行为，目的在于促使各方接纳或拒绝某个备选方案。在现代社会，决策制定最重要的工作不是强行设定某种政策方案，要求对方执行，而是与不同的政策利益相关者进行理性辩论、恳切对谈，只有这样，政策目标才经得起质疑、假设才经得起考验、方案才经得起比较，也唯有经过这样批判、质疑与辩论的过程，公共政策是否真的于民有利才能显现出来。① 因此决策论证具有重大意义：能够引发改进政策有效性、正确性和有用性的讨论；可以帮助呈现最有效和经验上正确的结论；有助于劝说他人接受政策论证及其方案。②

据此，在邻避设施决策中引入论证应该关注以下几点。

一是吸纳所有利益相关者参与。从主体看，所有的利益相关者都应该参与邻避设施决策论证，不应该有重要的利益相关者被排斥在论证过程之外，因此不仅需要政府、项目方和支持设施建设的专家的参与，更需要吸纳反对设施建设的专家学者和受项目影响的当地民众的参与，让他们的意见通过论证充分表达，诉求得到合理满足。

二是覆盖邻避设施全运营周期。利益相关者不仅要参与对邻避设施的论证和运营，而且这种参与要从需求识别阶段开始，延续到方案制订、施工建设和交付使用阶段，贯穿整个设施运营周期。这是因为，虽然需求识别和方案制订阶段决策论证可以发挥巨大作用，但是施工建设和交付使用阶段仍然可以通过决策论证解决利益相关者之间的矛盾、冲突，从而防范、解决相关风险。

三是包括一系列保障科学论证的制度安排。为了确保利益相关者真正参与设施运营，需要从制度上进行相关设计。这样的制度安排包括：利益相关者甄别机制、利益相关者参与机制、信息管理与反馈机制、协商论辩机制、结果达成与运用机制、监督考核机制、问责机制，目的是确保基于决策论证的邻避设施社会稳定风险防范制度切实可行。

四是以寻求可接受的邻避设施共识为终极目标。不同利益相关者的

---

① 参见丘昌泰《公共政策：基础篇》，台北：巨流图书公司 2004 年版，第 206 页。
② 参见［美］威廉·N. 邓恩《公共政策分析导论》（第四版），谢明、伏燕、朱雪宁译，中国人民大学出版社 2011 年版，第 286 页。

诉求难免存在不一致甚至冲突的地方，但是在理性对话的制度平台和平等有效的言谈情境下，各方可以提出自己的邻避设施主张和依据，对他人的主张和依据进行质疑，如此反复，逐渐缩小差异，扩大共识，最终形成各方都能接受的项目建设方案。这是决策论证的终极目标，既可以解决目前参与结构失衡问题，让民众充分表达，又可以防止政府、项目方、专家、当地民众陷入无休止的争论和辩解中，无法就具体议题达成共识，从而影响论证效率。

（二）决策论证的最佳契合性

那么，为什么决策论证是邻避设施社会稳定风险防范程序的最佳工具呢？

1. 决策论证契合从源头上预防和化解社会稳定风险的宗旨

长期以来，中国始终坚持从源头上预防和化解社会稳定风险的宗旨，决策论证正契合这一宗旨。因为虽然决策论证贯穿问题界定、议程设置、备选方案择优、政策执行、政策评估、政策终结等政策环节，但主要应用于问题界定、议程设置和方案择优三个阶段，因为在这三个环节中，关于什么是政策问题，如何进行界定，某一问题是否应进入政府议事日程，政策备选方案有哪些，如何选择最优方案等议题，不同的利益相关者有不同的理解，较难达成共识，这需要政策利益相关者仔细分析论证，以提高决策质量，减少政策失误。而决策一旦做出，剩下的就是执行和评估了，在这些阶段，政策利益相关者的主要任务是完成政策目标，评价其优劣，虽然也可能涉及参与、论证，但更多的是政策评估，而非政策论证。从这个意义上讲，作为问题界定、议程设置、备选方案择优的重要工具之一，政策论证直接决定了政策过程其他阶段的运行轨迹和品质高低，意义重大。①

基于此，如果能够引入决策论证，项目的需求识别、方案设计、方案择优等关键环节就会吸引利益相关者的充分参与，听取他们的意见，通过这种方式制订出来的运营方案必然能够反映主要利益相关者的诉求和共识，因此它不是事后补救型的解决措施，而是事先预防型的措施，

---

① 雷尚清：《公共政策论证类型》，吉林出版集团有限责任公司2017年版，第9页。

不会压制、掩盖问题的解决,也不会因介入方法不当而引发新的风险,这恰恰与"从源头上预防和化解社会稳定风险"的宗旨相契合。

2. 决策论证可改变邻避设施运营由政府和项目方主导的弊端

邻避设施有政府、项目方、专家和当地民众四类利益相关者,由于四类利益相关者掌握的资源和机会不尽相同,因此影响力也有所差异。在需求识别阶段,政府和项目方根据当地的实际需求,确定是否建设邻避设施。政府的初衷是为当地居民解决实际问题,例如,垃圾处理厂可增强垃圾处理能力,改善社区周边环境。而项目方积极参与设施建设是因为通过建设可以获取直接经济利益,与政府建立良好的合作关系。从根本上说,政府和项目方的目标是一致的,因此现实中需求识别主要由上层利益相关者中的政府和项目方完成,其中政府负责启动议程、最终决策,项目方负责撰写项目书、编制可行性报告、提出初步的方案,而当地民众无法起主导作用,只能象征性参与意见反馈、方案征集。随着需求确定,项目进入了方案制订阶段,主要的工作是细化方案,进行技术设计,编制预算,通过合同明确各自职责。这一阶段的工作除了政府和项目方继续主导外,专家的作用也得到了较大发挥,因为这一阶段工作专业性较强,需要借助专家的专业智慧。正因为专业性较强,当地民众的参与更少,他们主要是作为旁观者见证设施运营。随着具体方案的制订,设施进入了施工建设阶段,这一阶段的主要工作是按照计划书建造具体的设施,此时发挥主要作用的是承包商、材料设备供应商、投资人、监理单位、运营方。设施建成后,以政府为首的部门进行验收,合格后即可投入使用。可以看出,整个运营周期中政府、项目方起主导作用,专家仅仅在细化方案上发挥自己的专业才智,当地民众较少实质性参与,这导致真正受设施影响的民众无法全面反映意见和诉求,利益被代表。

决策论证可以改变这种弊端,因为决策论证一方面强调公众、专家、项目方和政府等利益相关者共同参与某项议题的讨论,而且这种参与有严密科学的程序做保障,并非流于形式;另一方面强调通过这种参与展现各方主张、达成共识,这也是决策论证的最终目标。在此过程中,当地民众参与尤其重要,因为他们承担设施建设的负外部性,因此决策论证不能忽视他们的主张,这有力地改变了现有运营中政府和项目方主导一切的格局，有助于充分吸取当地民众意见，完善运营方案。

3. 决策论证为根本上化解利益相关者的冲突和诉求提供了载体

由政府和项目方主导邻避设施运营，在政治、经济、社会、环境等领域引发诸多问题，例如，造成人力、物力、财力浪费和损失，破坏政府公信力，引发民众抗争，放大环境与技术风险。随着时间的推移，这些问题不断累积、发酵，成为社会稳定风险隐患，最终演变成恶性冲突事件。事件发生后，政府采取教育说服、控制事态、吸收民众代表参与、摆平控制、完善补偿方案的策略消解抗争，项目方则配合政府做好解释、善后工作。这些措施无法从根本上化解专家和民众质疑，因为它们不是致力于最大限度地保护邻避设施周边民众利益，而是想方设法保护政府、项目方的既得利益，掩盖甚至拖延问题真正解决。这导致政府的处置策略具有随机性、前后不一致——首先采用刚性的措施维持秩序，冲突升级后又与民众妥协。① 在意见领袖和新媒体等的介入下，民众的抗争不仅不会因此停止，反而会调整、升级，进一步恶化局势。这让政府和项目方骑虎难下——他们已经投入了较多资源，如果半途而废会遭受巨大损失，但民众的抗议、质疑又无法从根本上得到平息。邻避设施建设运营就此陷入困境！

而决策论证不同于现有的问题解决方式。决策论证首先强调利益相关者的参与，其次强调通过平等参与、理性辩驳达成共识。一旦通过科学民主的程序取得了共识，则相关主体只能遵守，不能违背。这从程序和内容上首先保证了个体或部门利益能够得到维护，其次保证了在此基础上实现公共利益，因此决策论证不同于现有的刚性维稳为主、妥协收买为辅的问题解决方式。通过这种方式制订的运营方案既反映了局部利益，又反映了整体利益，是二者的有机结合。当二者产生矛盾冲突，或者无法从局部利益上升为整体利益时，论证本身又能发挥民主参与、达成共识的作用，将利益相关者汇集在一起进行对话、讨论。这就为从根本上解决邻避设施社会稳定风险提供了载体和保障，而不是像现有解决措施那样"事后修修补补"，无助于问题的根本解决。

---

① 侯光辉、王元地：《邻避危机何以愈演愈烈——一个整合性归因模型》，《公共管理学报》2014 年第 3 期。

4. 决策论证能够有效化解邻避设施运营带来的各类难题

首先,通过引入决策论证,持反对意见的专家和对邻避设施详情不了解的当地民众可以获知项目的详细信息,加深对项目利弊的了解,理解政府和项目方的决策依据,进而达到增进了解、促进信息共享的目的。实践表明,正是由于民众不了解、不理解、不支持项目的利弊好坏,才会采用激烈的方式反对项目建设。[①] 因此吸收民众参与项目论证可以从根本上摆脱类似事件"决定—宣布—辩护"[②] 的发展轨迹,提升民众的主人翁意识,从源头上根除抗争行为的产生土壤。

其次,事实证明,公众的邻避情结主要受个体情绪主导和驱动,不一定有技术层面、经济层面或行政层面的理性知识,[③] 因此消解民众各类负面情绪对邻避设施社会稳定风险事件解决至关重要。而现有解决方式并不能彻底消除民众被欺骗、被愚弄、被代言的愤怒情绪和挫折感,随着设施变相开工建设,或者其他事件的诱发,这些情绪还会以特定的形式爆发出来,放大社会风险,因此,要想从源头上消解这些负面情绪,最好的办法仍然是让各方,尤其是项目所在地民众参与对话论证,宣泄其心中的负面情感,从而为后续行动赢得良好的感情和社会心理基础。

再次,决策论证能够改善政府形象,提升政府公信力。决策论证的精髓是通过对具体政策方案的批评、质疑、澄清,实现利益相关者的实质性参与,取得共同行动。这有助于改善政府封闭决策的现状。如前所述,正是由于政府封闭决策,导致设施运营方案忽视民众诉求、脱离民意,招致其激烈反抗。因此,让民众实质参与决策过程可以弥补这一缺陷,改善政府形象,提升政府公信力。

最后,在决策论证阶段吸收利益相关者参与是成本最低的决策方式,因为一旦决策方案被各方接受,一般情况下不会轻易更改。对邻避设施来说这尤其重要,因为通常情况下,项目立项论证阶段的投入和成本只

---

① 例如,什邡钼铜事件发生后,2012 年 7 月 3 日下午,什邡市委书记李成金接受人民网记者采访时表示,由于前期宣传工作不到位,造成了部分群众对该项目的不了解、不理解、不支持。

② E. Cascetta, F. Pagliara, "Public Engagement for Planning and Designing Transportation Systems", *Procedia-Social and Behavioral Sciences*, Vol. 87, 2013, pp. 103 – 116.

③ M. E. Vittes, P. H. Pollock III, S. A. Lilie, "Factors Contributing to NIMBY Attitudes", *Waste Managemet*, Vol. 13, No. 2, 1993, pp. 125 – 129.

占整个项目成本的 1% 左右，[1] 而这极小的投入可有效避免设施建设出现重大缺陷或失误，保证设施如期建设、顺利交付使用。

5. 决策论证简便可行

其一，决策论证并不是要否定邻避设施建设，而是主张将利益相关者集合起来，共同探讨既科学又能为各个利益相关者接受的建设方案和实施计划。决策论证符合政府和项目方的预期、诉求。因为政府的目的就是建设邻避设施，解决民众面临的共同问题。决策论证不反对这一点，只是强调在项目立项决策时吸收民众参与，商讨公认的建设运营方案，这与政府的预期相符，操作相对简便。

其二，现有制度已为决策论证提供了较好的基础和经验。当前，中国在决策中已经采用了论证制度。2004 年印发的《国务院工作规则》指出，各部门提请国务院讨论决定的重大决策建议，必须以基础性、战略性研究或发展规划为依据，经过专家或研究、咨询、中介机构的论证评估或法律分析。2013 年修订通过的《国务院工作规则》指出，"国务院各部门提请国务院研究决定的重大事项，都必须经过深入调查研究，并经研究、咨询机构等进行合法性、必要性、科学性、可行性和可控性评估论证"[2]，这是对 2004 年开始采用的论证制度的第二次修订完善。2018 年修订的《国务院工作规则》重申了相关规定，2023 年将其概化为"全面落实重大决策程序制度，加强……科学论证，广泛听取各方面的意见和建议。涉及社会公众切身利益的重要规划、重大公共政策和措施、重大公共建设项目等，应当充分评估论证，采取论证会、听证会或者其他方式听取专家和社会公众意见。"可见，近 20 年来对重大事项进行论证已是各级政府决策的必经步骤，这为邻避设施运营引入决策论证提供了实践基础和制度保障。

综上，决策论证既能改变政府、项目方主导邻避设施运营，专家和民众无法实质性参与的状况，实现邻避设施的民主治理，又能弥补当前

---

①　耿永常、王光远：《工程项目可行性论证的理论、方法与应用》，高等教育出版社 2007 年版，第 4 页。

②　《国务院关于印发〈国务院工作规则〉的通知》，2017 年 6 月 18 日，http：//www.gov. cn/zwgk/2013 - 03/28/content_ 2364572. htm。

问题解决手段的缺陷,从源头和根本上化解邻避设施社会稳定风险,实现科学精准治理,因而是最佳防范工具。

三　研究意义

(一) 理论意义

基于决策论证的邻避设施社会稳定风险防范程序研究有助于弥补既有研究的如下缺失。

一是弥补已有理论研究对程序重视不够,导致邻避冲突研究较少关注参与决策程序的缺陷。如前所述,目前中国邻避研究虽然注意到风险源于决策并探讨了相关的民主参与、协商、政策过程、话语等议题,但是没有详细指明利益相关者"如何民主、怎样参与、怎么协商、何以达成共识以防控风险"。基于决策论证的邻避设施社会稳定风险防范程序研究探讨利益相关者参与论证的程序,思考如何将程序嵌入已有制度,发挥维护社会稳定的作用,有助于解决目前研究较少关注民主参与程序的不足,丰富邻避设施研究的民主参与路径。

二是弥补较少从重大决策程序制度角度研究邻避冲突的缺陷,拓展重大决策程序研究。邻避冲突决策论证程序从属于决策风险评估程序,而决策风险评估制度是重大决策程序制度的一个环节。正如前文所提到的,邻避冲突的解决高度依赖实质民主参与,而强调决策民主性也正是重大决策程序制度的内在要求。因此本书设计的论证程序保证了论证参与主体和论证议题的代表性,保证参与主体充分表达诉求,通过约束机制保证民主论证结果平稳落地,实际上让民主贯穿决策论证全过程。这与重大行政决策程序的要求一脉相传,完善了相关研究,提供了约束权力的新视角。

(二) 实践意义

一是引入决策论证程序,弥补了当前民众参与邻避设施决策论证缺乏规范、标准程序的不足,为民众参与邻避设施决策提供了程序保障。无论是从利益相关者视角或者是风险视角、空间规划视角等出发,乃至本书强调的决策论证视角都是从不同的角度提供邻避设施风险防范的具体措施,在实际应用中都需要依照一定程序展开。决策论证程序能够提供一套规范标准的程序，为政府、项目方、当地民众等利益相关者提供参与指南，明确具体角色、任务安排，更好发挥自身优势恰如其分地参与，表达诉求，阐明理由，形成共识，为邻避设施民主自治效能提升提供新路径。

二是引入决策论证程序，有助于降低社会稳定风险，实现事前预防型维稳目标。邻避冲突的生成原因复杂多样，主要包括民众的风险认知偏差、民众的参与缺失、政府的专断决策，以及不同主体的利益冲突等，这些原因还会随着时代发展而不断变化。以环境设施邻避问题为例，目前公众反对方式更加隐蔽，不再到现场闹事，参与群体类型复杂且超越地域属性，环境诉求与非环境诉求叠加，与网络舆情共振。[1] 本书聚焦的决策论证程序有助于上述问题的解决。一方面，决策论证使民众实质性参与邻避设施决策过程，经过信息公开、现场论证等环节获知邻避设施的详细信息，在参与中加深对项目的了解，理解政府和项目方的决策依据，配合项目的实施。另一方面决策论证强调在严密科学的程序保障下吸纳民众、专家、项目方、政府等与邻避设施利益相关的多元主体平等参与议题讨论，理性表达各方主张，冲突对立的观点在规范的论证程序下进行对话和讨论，达成共识，这为民众表达意见提供了渠道，能够减少邻避设施决策中因忽视民众诉求而引发的冲突，防范政府封闭决策，更好聚合公意，实现源头上预防和化解邻避设施社会稳定风险的目标，践行事前预防型维稳。

三是引入决策论证程序，有助于落实重大决策程序制度。邻避设施建设是涉及重大公共利益和社会公众切身利益的重大事项，邻避冲突则是需要通过重大决策程序解决的多元利益冲突问题，决策论证程序作为邻避冲突的重要解决程序，是重大决策程序制度在邻避领域的具体应用，是重大决策程序制度的进一步细化和落实。2019 年中国发布《重大行政决策程序暂行条例》，对重大行政决策中的决策启动、公众参与、专家论证、风险评估等做了具体说明，为落实重大行政决策制度提供了指南。美中不足的是，条例缺乏实施细则。而本书提出的论证程序对参与者选取及规模、论证前准备和参与论证过程等做了详细操作说明，是对暂行条例的细化完善，有助于更好落实重大行政决策制度。

---

[1] 王璇、郭红燕、靳颖斯等：《环境基础设施"邻避"问题的趋势特征及治理建议》，《世界环境》2022 年第 5 期。

四　研究思路与研究方法

（一）研究思路

本书的主要目的是设计邻避设施社会稳定风险防范的程序，因此首先梳理相关理论渊源和内容，分析对本书研究的启发，作为研究的理论基础。其次根据相关理论，设计具体的论证程序，思考这些程序在邻避设施社会稳定风险防范中的适用场景和具体用法。最后提出相关制度保障，包括制度的要素、制度的运行机制、如何与已有制度衔接、如何合理运行。概言之，全书后续章节主要遵循"理论基础—程序设计—具体应用—制度保障"的分析逻辑。详见图 1 - 3。

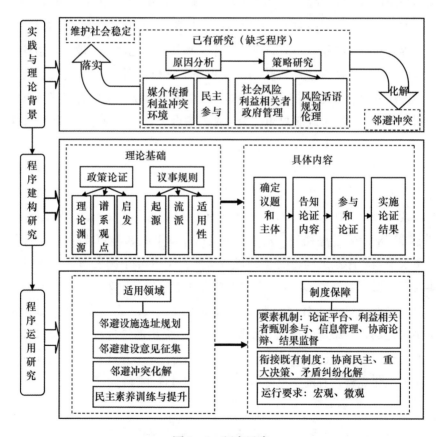

图 1 - 3　研究思路

（二）研究方法

为了更好地实现上述目标，本书主要采用如下三种研究方法。

一是文献法，即首先收集邻避治理、决策论证等理论文献，了解研究现状，然后搜集相关邻避冲突案例，尽可能丰富实践素材。在此基础上，根据收集到的二手资料进行归纳总结，得出相关结论。

二是案例分析法，通过对 2003 年以来公开发布的邻避冲突案例进行整理，发现邻避冲突的一般规律，结合研究需要，对部分案例进行深入剖析，佐证研究结论。

三是规范分析法，即依据公认的民主公开、科学理性等价值标准，按照"理论基础—程序设计—具体应用—制度保障"的逻辑，分析邻避冲突决策论证程序的内涵、应用、保障，对邻避设施治理状态做出规范的主观价值判断，力求回答"应该是什么"的问题。

第 二 章

程序的理论渊源

一　政策论证理论

（一）理论渊源

政策论证源于拉斯韦尔所倡导的"民主的政策科学"，兴起于 20 世纪 60 年代实证主义范式的衰微，彼时，政策科学"重视经验主义的研究设计、对结果的测量、用抽样技术收集数据，以及建立具有预测能力的因果关系模型"①，将政策分析导向专家治国论的方向，"既没有发现隐藏于事务背后的普遍规律，也没有成功预测人类的行为，还导致专家将注意力放在社会控制而不是实际问题的解决上"，② 因此一些学者在非形式逻辑等理论中寻求突破。正如弗兰克·费希尔所总结的，政策论证的兴起与英国的日常语言分析、法兰克福学派的批判社会理论、法国后结构主义和美国实用主义复兴密切相关，根植于从利益相关者分析、参与研究到公民陪审团和有限协商会议等政策分析家和计划者们进行的实践实验。③ 总体而言，政策论证主要受语言哲学中的实践论辩、哈贝马斯的真

---

① ［美］弗兰克·费希尔：《公共政策评估》，吴爱明、李平译，中国人民大学出版社 2003 年版，第 10 页。

② 林丽丽、周超：《参与性政策分析与政策科学的民主回归》，《广东行政学院学报》2004 年第 2 期。

③ Frank Fischer，"Deliberative Policy Analysis as Practical Reason: Integrating Empirical and Normative Arguments"，in *Handbook of Public Policy Analysis: Theory, Politics and Methods*，Edited by Frank Fischer，Gerald J. Miller，and Mara S. Sidney，CRC Press，Taylor Francis Group，2007，p. 225.

理共识论、埃尔朗根学派的实践商谈理论和佩雷尔曼的论证理论启发。[①]

1. 语言哲学中的实践论辩

在实践论辩中，最简单的模式是两个人就如下问题进行讨论：到底 a 应不应该去做，或 a 是不是善的？达成一致有两种方式：一是证成，即一方向另一方证明其主张是真实的、可靠的；二是心理学方式，即采取任何其他手段使另一方同意你的观点。前者更有逻辑意义，因此此时的问题是：证成是否可能？如果可能，它是怎么实现的？[②] 对这些问题的回答有以下两大流派。

一是不强调规则的自然主义、直觉主义与情感主义，它对政策论证的贡献在于，论证离不开可描述型陈述和经验直觉，论证需要一定的规则，因此存在一定的方法、形式。

二是强调规则有效性的实践论辩理论，这一流派的代表者主要有维特根斯坦、奥斯汀、黑尔、图尔敏、拜尔、梅森和米特洛夫。维特根斯坦认为，语言用法具有惊人的多样性和家族相似性，它受规则支配，为了维持其有效性，我们必须遵守这些规则。[③] 而奥斯汀则认为，语言用法不是多样的，因此需要发展出精确的概念框架——言语行为理论，言语行为有以言表意行为、以言行事行为和以言取效行为三种类型，其中，以言行事行为处于核心地位。所谓以言行事行为，是指言说者在言说过程中完成了某项行为，我们可以用"适当与不适当、真与假"这两个维度对之进行评价。[④] 作为哲学家，黑尔的理论对政策论证的贡献在于：第一，谁要表达一项判断，就应以规则为前提条件，这些规则决定了判断的理由；第二，表达道德判断时必须以规则为标准摈弃利益的限制；第三，道德论辩是与经验科学处于同等地位的一种理性活动。

在论证时，我们通常先提出一个主张或结论（claim），然而人们并不会轻易接受我们的主张，他会问："你有什么根据?""你是如何得到那个

---

① 雷尚清：《公共政策论证类型》，吉林出版集团股份有限公司 2017 年版，第 36 页。

② ［德］罗伯特·阿列克西：《法律论证理论——作为法律证立理论的理性论辩理论》，舒国滢译，中国法制出版社 2003 年版，第 40—41 页。

③ ［英］路德维希·维特根斯坦：《哲学研究》，涂纪亮译，北京大学出版社 2012 年版。

④ ［英］J. L. 奥斯汀：《如何以言行事——1955 年哈佛大学威廉·詹姆斯讲座》，杨玉成、赵京超译，商务印书馆 2012 年版。

结论的？"对这两个问题的回答就是资料（data）和正当理由（warrant）。图尔敏的理论即关注这一问题——什么是构成某一特定事实的充足理由，为此，他提出如下论证过程（见图2-1）。

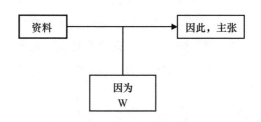

图2-1　图尔敏论证的基本模式①

由于图尔敏"注意论辩中扮演关键部分的论证形式，强调支持的不同类型，并使分析家能给出复杂辩论结构的图景"②，因此对政策论证具有极大意义。不过图尔敏模式的缺陷是"正当理由""有效性"混乱使用，"论证领域"概念含糊、没有什么价值和相对主义色彩，没有突破古典的修辞范畴。③ 这一缺陷在拜尔和泰勒那里得到了完善。

拜尔认为，最好的行为是"由最好的理由支持的行为"，那么，什么是最好的理由？它可以在商谈的过程中加以解决。商谈既可以是单个人的思考，也可以是多个讲话者间的商讨，它包括两个层面：事实考量和理由权衡。拜尔的理论不仅能够从事实过渡到主张，更重要的是能够从根本上追踪相关的事实，确立一些优先规则，这是与图尔敏相比的进步之处。那么，证成有哪些规则呢？在形式上，必须：第一，受规则而不是个人利益决定的意图支配；第二，对每个人都有效；第三，必须是公开的、可普遍传授的。在实质上，必须：第一，有利于每个人的共同利益；第二，被受其影响的人所承认；第三，产生坏的结果的行为应被禁

---

① Stephen E. Toulmin, *The Uses of Argument* (*updated edition*), Cambridge University Press, 2003, p. 92.

② 武宏志、周建武、唐坚：《非形式逻辑导论》，人民出版社2009年版，第186—187页。

③ 莫晓红：《图尔敏论证模式研究》，硕士学位论文，华南师范大学，2004年。

止。① 与此同时，保罗·泰勒（Paul Taylor）也对图尔敏模式进行了修正，他提出了一个完整的、为合理依据 B 进行辩护的模型。同时，泰勒还关注：规范的评估意味着什么，这样的评估怎样才能被证明有道理。泰勒认为，全面的评估必须回答四个不同但相互联系的问题：证明问题、证实问题、辩护问题及理性选择问题。

总体上看，语言哲学中的实践论辩对政策论证具有以下启发：第一，论证语言是多种多样的，既有描述性的，又有经验性的，还有情感上的；第二，论证是受规则支配的、以理性的方式平衡利益的独特活动，其最重要的任务是阐明支配该活动的规则，为此，必须区分论证之经验的、分析的和规范的类型；第三，论证规则和论证形式是不一样的；第四，论证规则应该是可普遍化的，正如拜尔提出的形式与实质的区分那样。

2. 哈贝马斯的真理共识论

哈贝马斯认为，真理是指"我们将其与记述性言语行为结合在一起的有效性要求。只有当言语行为之有效性要求是有证成根据的时候，一个命题才是真实的"②。而言语行为的有效性包括：话语表达的可理解性、命题构成要素的真实性、行为部分的正确性（或恰如其分）、言谈主体的真诚性③。因此，要想获得真理，必须进行论证，"论述就是证立，它应该说明我们为什么要去承认某个主张或某个命令以及某个评价的有效性要求"④。如何实现这一目的？哈贝马斯认为必须保证实践理性的可普遍化。可普遍化建立在如下基础上：其一，从操作程序（论证步骤）看，要能够实现各个阶段间的自由转换，这个阶段是——将主张、命令等问题化，呈交一个论述，对语言系统的合适性进行论辩，反思该语言系统。其二，可普遍化离不开"理想的言谈情境"，"理想的言谈情境"是指"交往活动既不受外界因素的干扰，也不受来自交往结构自身之强迫的阻

---

① ［德］罗伯特·阿列克西：《法律论证理论——作为法律证立理论的理性论辩理论》，舒国滢译，中国法制出版社 2003 年版，第 116—124 页。

② 转引自［德］罗伯特·阿列克西《法律论证理论——作为法律证立理论的理性论辩理论》，舒国滢译，中国法制出版社 2003 年版，第 131—132 页。

③ ［德］尤尔根·哈贝马斯：《理论与实践》，郭官义、李黎译，社会科学文献出版社 2010 年版，第 14 页。

④ 转引自［德］罗伯特·阿列克西《法律论证理论——作为法律证立理论的理性论辩理论》，舒国滢译，中国法制出版社 2003 年版，第 141—142 页。

碍"，也即所有的言谈者具有平等的权利，其中没有任何强迫予以宰制。理想的言谈情境为论证提出了如下要求①：第一，所有潜在的论证参与者必须具有同等的机会来应用交往的言语行为，以便他们能够随时启动论证，并通过演说与反诘、提问与答辩将此持续下去；第二，所有的论证参与者必须有同等的机会提出解释、主张、推介、说明和证成，将它们的有效性要求加以问题化、予以证立或反驳，以便没有任何观点可以长期保持游离于客体化及批评；第三，只有下列言谈者才允许进入论证：他们作为行为者有同等的机会来应用表白性言语行为，即表达他们的态度、情感和意图等；第四，只有下列言谈者才允许进入论证：他们作为行为者有同等的机会来应用调节性言语行为，即发布命令、提出反驳、允许、禁止，做出和接受承诺，做出辩解和说明，等等。

哈贝马斯的真理共识论对政策论证有以下借鉴意义：第一，哈贝马斯提出了话语表达的可领会性、真诚性、正确性和真实性要求，按照这一要求，我们可以总结出"普遍的证立规则"，这有助于分析公共政策论证的理性程度。第二，哈贝马斯"理想的言谈情境"为政策论证的理性化提供了直接借鉴，据此，政策论证的理性化应包含如下三项原则②：一是平等权利原则——任何能够讲话者均允许参加论证；二是普遍化原则——任何人均允许对任何主张加以问题化，任何人均允许在论证中提出任何主张，任何人均允许表达其立场、愿望和要求；三是无强迫原则——任何言谈者均不得在论证之内或论证之外由于受到统治强迫的阻碍而无法行使平等性和普遍性要求中所确立的权利。第三，从哈贝马斯理论中我们可以看到论证的可普遍化原则，③ 即任何满足每个人需求的规范造成的结果，必须能够被所有人所接受，它既不能依靠直觉主义，也不能依靠自然主义，而只能依靠论证框架内的批判的生成过程，这引出了可普遍化原则的第二点：作为应普遍接受的需求解释必须能够在批判

---

① 转引自［德］罗伯特·阿列克西《法律论证理论——作为法律证立理论的理性论辩理论》，舒国滢译，中国法制出版社2003年版，第150—151页。

② 转引自［德］罗伯特·阿列克西《法律论证理论——作为法律证立理论的理性论辩理论》，舒国滢译，中国法制出版社2003年版，第163—164页。

③ 转引自［德］罗伯特·阿列克西《法律论证理论——作为法律证立理论的理性论辩理论》，舒国滢译，中国法制出版社2003年版，第166—168页。

的生成中经得起检验。总之，以三个理性规则和两个证立规则为核心的真理共识论为政策论证理论提供了较好的借鉴，有助于提升政策论证实践的理性水平。

3. 埃尔朗根学派的实践商谈理论

该理论由洛伦岑、施韦默尔提出，主要是将建构方法用于伦理学，因而也叫建构主义伦理学。建构主义伦理学受制于两大原则：一是理性原则，二是道德原则。[①] 理性原则也叫商谈原则，包括三方面内容：第一，必须确保讲者和听者有共同的语词使用；第二，任何言谈者必须能够随时过渡到语言分析的论辩；第三，语词、语句要使任何一个人都可以接受。[②] 道德原则是指在冲突的场合，对于那些被用作相互不协调目的之理由的规范，应确立相互协调的上位规范，根据这些上位规范来确立相互协调的下位规范。[③] 尽管道德原则表达了一些基本的想法，但是对解决规范证立问题还是不够，因此洛伦岑和施韦默尔根据黑格尔和马克思的辩证法思想提出了规范体系的批判生成理论，该理论解决了为什么论证能够被他人所接受这一问题——"在论辩中提出的任何一个规范必须既能够经得起其社会生成的检验，也能够经得起其个人生成的检验"[④]。这就是埃尔朗根学派带给政策论证理论的精神财富。

4. 佩雷尔曼的论证理论

佩雷尔曼论证理论的核心概念是听众，即讲话者想通过其论证来影响人的总称。佩雷尔曼认为，论证的目的在于获得或强化听众的认同。如何获得听众的认同？第一，要区分劝说与说服、实效性论证与有效性论证这两组概念。如果只想得到某个特定听众的认同，那他是在从事劝说；如果他想得到普世听众的认同，那他就是在进行说服。与此对应，劝说仅具备实效性，说服能获得有效性。

---

① 转引自［德］罗伯特·阿列克西《法律论证理论——作为法律证立理论的理性论辩理论》，舒国滢译，中国法制出版社2003年版，第179页。

② 转引自［德］罗伯特·阿列克西《法律论证理论——作为法律证立理论的理性论辩理论》，舒国滢译，中国法制出版社2003年版，第180—184页。

③ 转引自［德］罗伯特·阿列克西《法律论证理论——作为法律证立理论的理性论辩理论》，舒国滢译，中国法制出版社2003年版，第185页。

④ 转引自［德］罗伯特·阿列克西《法律论证理论——作为法律证立理论的理性论辩理论》，舒国滢译，中国法制出版社2003年版，第192页。

第二,如何进行论证?佩雷尔曼将之分为论证前提和论证技术两部分。论证前提包括现实和偏好两类,事实、真理、认定都是现实,而价值、价值阶、偏好域则属于偏好。论证技术包括联合的和分离的等论证形式,以及通过论述证立结果的互动。

第三,如何判断论证的合理呢?首先,连讲话者自己都不相信或接受的主张与建议应排除在论证之外,即真诚性和严肃性标准;其次,如果有谁想说服一切人,那他必须是无派性的,即无偏向性;再次,任何论证都是在一定的历史和社会语境中进行的,因此要想保持其长久有效性,必须诉诸批判的开放性和宽容性,即任何一个结果都只能是暂时的,不能称为唯一正确的解决方案;最后,过去一度被承认的观点,若没有足够的理由就不能加以抛弃,换言之,如果谁想对此加以批判,必须提供令人信服的理由,这对禁止漫无边际的怀疑是有利的。①

佩雷尔曼的理论对政策论证有如下借鉴意义:第一,提出了普世听众的概念,将注意力集中在论证所影响的人身上,这开创了论证的全新视角;第二,佩雷尔曼认为,听众的同意与认同是论证有效性的最终标准,这尤其符合民主条件下的公共政策论证,因为公共政策是对社会价值进行权威性分配,分配过程中必须赢得民众同意、认同,而不能只考虑特殊利益集团和政府自身的偏好;第三,佩雷尔曼提出的四项判断论证有效性的标准对描述公共政策论证的理性有很大帮助。

受这些理论指导,政策科学家和政治学家们对现实公共政策问题进行了深入研究,形成了"早期研究、政策论证模型和政策对话分析"三个高峰。

(二) 政策论证的谱系与观点

1. 早期研究

主要代表人物有保罗·迪森 (Paul Diesing)、韦斯特·丘奇曼 (West Churchman)、马丁·瑞恩 (Martin Rein)。基本观点如下:第一,政策论证主体是多元的,且具有反思性和利益互惠性;第二,政策体制是开放

---

① [德] 罗伯特·阿列克西:《法律论证理论——作为法律证立理论的理性论辩理论》,舒国滢译,中国法制出版社 2003 年版,第 212—216 页。

的、包容的；第三，政策议题也是相对开放的，即在既定的议题下，政策参与者可以就相关议题进行开放的讨论，政策制定者把某个集团或个体排除在外是不完整的，因此在既定议题下其内部结构和边界是变化的、可渗透的；第四，政策论证话语具有情景性和主题性，即叙事、辩论、展示问题、阐明观点和反驳对方都是以论证主体所在的工作情境和对问题的判断为依据的，不能任意脱离这一情境；第五，强调将政策问题引导到民主辩论的路线上来，通过各方的论辩和讨价还价达成公共利益；第六，决策过程是渐进的而非一蹴而就的，这不仅是由问题性质决定的，更重要的是受论证的本质决定的。①

早期学者具备公共政策论证意识，但相关阐释是零散的、琐碎的，没有说明如何进行论证，而这是由理查德·梅森和伊恩·米特洛夫、威廉·邓恩、弗兰克·费希尔完成的。

2. 政策论证模型

在这一阶段，政策学家运用图尔敏等的论证模型，勾勒政策论证的基本结构、主要程序。

（1）理查德·梅森和伊恩·米特洛夫的论证分析框架②

梅森和米特洛夫认为，虽然有很多学者涉及论证这一主题，但是迄今为止还没有人开发出能够分析复杂的、无限开放的政策论证的模型。借助论证理论和符号逻辑的最新成果，尤其是图尔敏的论证结构理论，梅森和米特洛夫发展出了论证分析的基本框架（见图2-2）。

如图2-2所示，论证由数据（Data）、主张（Claim）、根据（Warrant）、支持（Backing）、反驳（Rebuttal）五个要素组成。其中，主张是论证想要得出的政策结果。数据是论证的信息、证据或事实，它证明主张为什么成立。根据是数据和主张之间的桥梁，是说明为什么能够从数据推导出主张的规则、原则和前提，通常以普遍的、假设性话语的面目出现。支持是根据的潜在支持力量，一旦需要，它就会为根据辩护，其功能在于证明根据所固有的假设是合理的、正当

---

① 雷尚清：《西方公共政策论证理论的早期知识谱系》，《甘肃理论学刊》2012年第3期。

② Richard O. Mason, Ian I. Mitroff, "Policy Analysis as Argument", *Policy Studies Journal*, Vol. 9, No. 4, 1980, pp. 579 – 585.

的，即当根据可疑，或受众质疑其正当性时，支持就会出来为根据辩护。反驳有两大功能，一是作为安全阀，证明根据与主张是站不住脚的；二是证明论证对手、其他的政策和利益相关者对根据或主张的挑战、反对是客观的、出色的，需要加以重视。梅森和米特洛夫认为，该模型能够解释组织战略和政策制定的基本状态，可以作为一种政策分析工具加以使用。

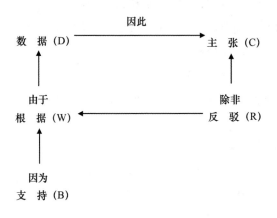

图 2 - 2　政策论证的一般分析框架①

（2）威廉·邓恩的政策论证模型

在梅森与米特洛夫论证理论的基础上，结合图尔敏、艾宁格与布罗克里德的分析，邓恩提出了一个包含政策信息（Information）、政策主张（Claim）、立论理由（Warrant）、支持（Backing）、反证（Rebuttal）和限定词（Qualifier）的政策论证模型（见图 2 - 3）。邓恩对政策论证模型的贡献在于：第一，他将政策主张区分为指示性、评价性和倡议性三种类型，认为指示性主张涉及事实问题——"某种政策的结果是什么？"，评价性主张涉及价值问题——"政策有价值吗？"，倡议性主张涉及行动问题——"应采纳哪一种政策？"。② 第二，在政策相关信息与政策主张之间

①　Richard O. Mason, Ian I. Mitroff, "Policy Analysis as Argument", *Policy Studies Journal*, Vol. 9, No. 4, 1980, p. 580.

②　［美］威廉·N. 邓恩:《公共政策分析导论》（第二版），谢明、杜子芳译，中国人民大学出版社 2002 年版，第 106 页。

增加了限定词 Q，用以表达政策分析者对某一政策主张的确信程度，如"很可能""可能""有点可能""完全可能"。第三，邓恩认为，反证也有自己的支持理由，这是在梅森与米特洛夫的论证模型中所没有的。第四，邓恩认为，有 11 种从政策信息推导出政策主张的模式：权威、方法、归纳、分类、直觉、原因、符号、动机、类比、相似案例和伦理。[①]在权威模式中，政策论证的基础是权威，某个专家或政策制定者的成就、地位成为政策主张被接纳的理由。[②]方法模式来自对方法或技术的认可，即因为有产生信息的方法，所以主张是有价值的。归纳模式的信息转换以这样的假设为基础："对于样本成员真实的东西，对于样本外的成员也同样真实。"[③]在分类模式中，政策主张以来自成员身份的资格为基础，信息被转换成主张基于"某类别中的多数组成分子具有某一特征，该种类中某一组成分子将具有该特征"[④]。如果政策论证者以其洞察力、判断力作为政策主张的信息来源，那么他是在使用直觉模式；如果论证者从相关资料中分析其因果关系，由逻辑推理取得证据，再提出具体的政策主张，则他是在使用原因模式；如果论证者通过某一符号推理它所指代的事务，那么他是在运用符号模式；如果支持建议的意图、目标或价值被用来确保行动被接受的理由，则是在运用动机模式。类比与相似案例模式中，论证者以相同案例或类似案例作为论证的基础；而在伦理模式中，论证者以伦理价值或道德规范作为评价政策好坏对错的基础。第五，邓恩提出了辨别无效论证及谬论的准则，如虚假类比、虚假类似、草率的归纳等[⑤]。

---

① 〔美〕威廉·N. 邓恩：《公共政策分析导论》（第四版），谢明、伏燕、朱雪宁译，中国人民大学出版社 2011 年版，第 268 页。

② 丘昌泰：《公共政策：基础篇》，台北：巨流图书公司 2004 年版，第 215 页。

③ 〔美〕威廉·N. 邓恩：《公共政策分析导论》（第二版），谢明、杜子芳译，中国人民大学出版社 2002 年版，第 117 页。

④ 〔美〕威廉·N. 邓恩：《公共政策分析导论》（第二版），谢明、杜子芳译，中国人民大学出版社 2002 年版，第 118 页。

⑤ 〔美〕威廉·N. 邓恩：《公共政策分析导论》（第四版），谢明、伏燕、朱雪宁译，中国人民大学出版社 2011 年版，第 287—288 页。

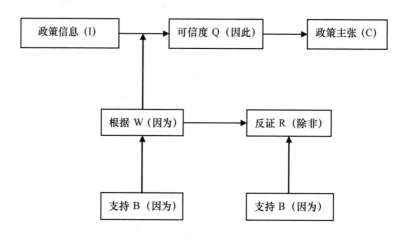

图2-3　邓恩的政策论证模型①

（3）弗兰克·费希尔的后实证主义政策论证模型

由于政策科学已经背离了拉斯韦尔设定的民主主义理想，因而费希尔等人呼吁建立参与性的政策分析框架，在运用哈贝马斯、图尔敏和泰勒等理论的基础上，费希尔提出了自己的政策论证理论（见图2-4）。

费希尔认为，从资料推导出政策主张需要经过四个专业验证步骤：项目验证、情境确认、系统论证和社会选择。前两个步骤主要考虑政策项目的实施效果，后两个步骤主要考虑政策项目的社会后果。费希尔认为，这四个步骤可以让参与者澄清问题，互相理解，在每个辩论阶段寻求理性的对话和共识，因而标志着政策评估理论的进步。②

理查德·梅森和伊恩·米特洛夫、威廉·邓恩、弗兰克·费希尔关于公共政策论证的理论主要有以下贡献：第一，以图尔敏论证框架为基础，进一步发展出一个包含政策相关信息、政策主张、根据、支持、反证、可信度等要素的政策论证模型，并勾勒出这些要素是如何相互作用

① ［美］威廉·N. 邓恩：《公共政策分析导论》（第二版），谢明、杜子芳译，中国人民大学出版社2002年版，第76页。

② ［美］弗兰克·费希尔：《公共政策评估》，吴爱明、李平译，中国人民大学出版社2003年版。

以完成政策论证过程的，这是对复杂的政策论证现象的抽象和概括。第二，这些模型能够解释诸多具体的政策论证现象，具有较强的影响力。例如，邓恩发展出的11种政策论证方式都能够在现实世界中找到诸多例证。再比如，费希尔的模型虽然主要用于政策评估领域，是对政策评估理论的发展，但是其中蕴含的政策论证逻辑也是不可忽视的。总之，在政策论证理论发展的第二阶段，学者们以图尔敏论证模式为基础，结合其他相关理论，围绕政策论证是如何进行的这一核心议题发展出了一些极具解释力的模型，将政策论证理论推向了新的高度。

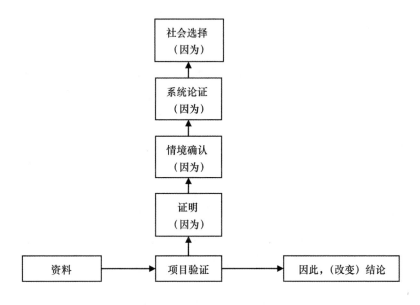

图 2-4　费希尔的"非形式的政策论证逻辑"①

3. 政策对话分析

虽然第二阶段学者们发展出了刻画政策论证现象的具体模式，但是以图尔敏论证模型为基础发展的政策论证模式具有三个缺陷：一是该模式仅适用于相同意见的单一论证，无法分析有反对意见的复杂论证。二是图尔敏模式隐含着相对论的看法：凡事都是相对的，找不到进行论辩

---

① ［美］弗兰克·费希尔：《公共政策评估》，吴爱明、李平译，中国人民大学出版社 2003 年版，第 232 页。

时的明确运作规则和指导纲领——究竟如何发展政策主张？如何寻找政策相关信息？如何建立确信的标准？如何解决立论理由、支持与反驳的问题？三是该模式忽略了不同类型的参与者在政策论证中的作用，例如主席、协调者与裁判者、支持者与回应者、讲演者与听众等都应该列入论证模式中，以便政策论证更符合社会实际。①

事实上，在上述学者构建政策论证模型的同时，一些研究者就将目光转向话语分析。例如，早在 1986 年，埃普索普（Apthorpe）就分析了政策话语的前提、对象、风格、任务，指明了政策话语分析面临的挑战。② 政策话语研究主要从以下几个方面展开。

第一，探讨政策论证的价值，认为它是除实证主义科学途径之外的一个有用的政策分析工具。例如，德赖泽克（Dryzek）认为，传统的政策分析对普通行动者视而不见，因此我们应该转向论证的视角，用法庭辩论的模式指导政策分析，这也是公共政策沟通伦理的应有之义。③ 希利（Healey）指出，在政策规划中，参与、讨论、审议是核心，因此哈贝马斯的理论有助于平息不同团体间的争议，在此过程中对话越来越重要，只有它能够解决多元主体、多元政治中的讨价还价和利益分歧现象。④

第二，关注政策论证中形成决策、协商过程的方式。主要包括：技术专家围绕特定议题进行争论，这种争论最终趋向政治化，即通过技术专家的政治化形成决策；⑤ 借助话语联盟和科层化、制度化的政策程序，

---

① Duncan MacRae, Jr., "Guidelines for Policy Discourse: Consensual Versus Adversarial", in *The Argumentative Turn in Policy Ananlysis and Planning*, Edited by Frank Fischer, John Forester, Durham and London: Duke University Press, 1993, pp. 293 – 294.

② Raymond Apthorpe, "Development policy discourse", *Public Administration and Development*, Vol. 6, 1986, pp. 377 – 389.

③ John S. Dryzek, "Policy Analysis and Planning: From Science to Argument", in *The Argumentative Turn in Policy Ananlysis and Planning*, 2002, pp. 213 – 232.

④ Patsy Healey, "Planning through Debate: the Communicative Turn in Planning Theory", *The Town planning review*, 1992, pp. 233 – 253.

⑤ Frank Fischer, "Policy Discourse and the Politics of Washington Think Tanks", in *The Argumentative Turn in Policy Ananlysis and Planning*, 2002, pp. 21 – 42.

两个相互冲突的团体实现对某一政策的讨论、决策、执行过程;① 政治判断;② 政策商讨。③

第三，关注分析者在论证中如何构建、形成政策问题。学者们认为主要途径有两个：修辞的和叙事的。斯洛格默顿（Throgmorton）认为，政策分析本质上是修辞性的，如果将它所影响的目标群体和公共政策的沟通模式排除在外，我们就不能完全理解政策分析。政策分析中的修辞主要指相互说服的共同体中或共同体之间的劝导性语言，政策分析者面对的是由科学家、政治家和倡导者互动所产生的复杂话语情境。在这种情境中，每一个主体都有自己的正式话语，都有劝说中达成共识的传统习俗，如果在分析中没有涉及任何一个主体的劝说性行为，这种分析都是不完美的、不切实际的、不具有合法性的。④ 在此基础上，托格森（Torgerson）指出，作为政治语言，政策分析有三个特性：作为一门科学之学，它是科学社群的意愿，必须具备科学方法与思考逻辑；作为一门咨询之学，它是雇主之耳目，必须为他们提供某项政策的建议；作为一门评论之学，它是大众的守门员，必须要向民众提供某项政策的评论意见。因此，科学、咨询与评论就构成了政策对谈（话语）的重要内容。⑤

叙事途径阐释政策议题的叙事形式，认为在政策论证过程中形成了明确的公共政策对话空间，这个空间是观测人们讨论什么、对什么有争议以及哪些部分逐渐被忽视的场所。在这一空间内，讲故事十分重要，它是命令、构建共同意义和组织现实的本质方法。为什么这么说呢？因为个体行动者插入某个"故事"，但是它能否形成政策领域取决于他人如

---

① Marten A. Hajer, "Discourse Coalitions and the Institutionalization of Practice: the Case of Acid Rain in Great Britain", in *The Argumentative Turn in Policy Ananlysis and Planning*, 2002, pp. 43 – 76.

② Robert Hoppe, "Political Judgment and the Policy Cycle: the Case of Ethnicity Policy Arguments in the Netherlands", in *The Argumentative Turn in Policy Ananlysis and Planning*, 2002, pp. 77 – 100.

③ Bruce Jennings, "Counsel and Consensus: Norms of Argument in Health Policy", in *The Argumentative Turn in Policy Ananlysis and Planning*, 2002, pp. 101 – 116.

④ J. A. Throgmorton, "The Rhetorics of Policy Analysis", *Policy Sciences*, Vol. 24, No. 2, 1991, pp. 153 – 179.

⑤ Douglas Torgerson, "Power and Insight in Policy Discourse: Post-positivism and Problem Definition", *Policy Studies in Canada: The State of the Art*, 1996, pp. 266 – 298.

何反应、如何建构和如何行动。①

　　第四，关注政策对话的类型、理论视角与模式。关于政策对话的类型，麦克雷（MacRae）认为有两种：一是共识型对话，二是冲突型对话。前者指对话者具有共同的目标与价值，专家和民众对公共政策主张有共识，没有争议，此时，如何将所提出的各种政策建议方案说清楚并做合理化的说明是关键工作，这一过程也叫推理性的建议选择。后者的价值与目标是相互冲突的，专家本身有共识，但民众并不认同或有不同主张，此时论证者最重要的工作是说服那些与他看法不同的民众。② 关于政策对话的理论视角，怀特（White）将之总结为三个：一是分析性话语视角，强调理论和数据来源的多元性；二是批判性话语视角，强调批判性回应，认为价值讨论应该与其证据相结合；三是劝导性话语视角，强调意见的角色、作用，以及政策企业家的劝说性功能。怀特认为，分析性话语对政策分析影响最大，但是其他两种途径也有一些影响，产生了一些重要议题。其中，批判性话语重视政策研究中的结构性偏见，劝导性话语将政策领域中的分析活动与机会联系在一起。③ 关于政策话语的模式，德利昂（DeLeon）认为有两个，一是传统的政策研究者喜爱使用的实证主义途径，二是当前一些研究者开始使用的后实证主义途径。虽然这两个途径有所区别，但德利昂认为研究问题而不是研究方法偏好决定研究途径，因此实证主义和后实证主义途径都是政策话语分析的有益模式。④ 张世贤认为对话式政策论证是对话人在论证现场通过口语交流，对有争议的议题进行建构、论证，以争取对方支持其政策方案的过程，包括起始、发展、会集、激起、限定无论点等阶段，具有提供资讯、界定议题、使提

---

① Maarten Hajer, David Laws, "Ordering Through Discourse", in *The Oxford Handbook of Public Policy*, Edited by Michael Moran, Martin Rein, and Robert E. Goodin, Oxford University Press, 2006, p. 260.

② Duncan MacRae, Jr., "Guidelines for Policy Discourse: Consensual Versus Adversarial", in *The Argumentative Turn in Policy Ananlysis and Planning*, Edited by Frank Fischer, John Forester, Durham and London: Duke University Press, 1993, pp. 295 – 300.

③ Louise G. White, "Policy Analysis as Discourse", *Journal of Policy Analysis and Management*, Vol. 13, No. 3, 1994, pp. 506 – 525.

④ Peter DeLeon, "Models of Policy Discourse: Insights versus Prediction", *Policy Studies Journal*, Vol. 26, No. I, 1998, pp. 147 – 161.

议合理化、影响权力关系、处理认同等功能。①

总之，与政策论证模型相比，政策对话分析强调话语在政策过程中的核心地位，将政策论证看作各个主体围绕话语而进行的对话辩论过程，这将政策论证引向崭新的领域。正如拜克（Bacchi）所总结的，政策话语没有正确与错误之分，主要取决于它所代表的政治行为，我们不仅要关注拥有较强政策话语的团体，更要关注背后的冲突和多元化，分析话语的限制条件，只有这样，它才是真正的分析工具。②

无论是早期的论述，还是政策论证模型和政策话语分析，国外政策论证研究有以下共性点。其一，以逻辑学、修辞学与语言哲学为理论基础。无论是邓恩的六段式论证模型还是费希尔的后实证主义评估模型，其理论基础都来自语言哲学中的实践论辩理论，尤其是图尔敏的论证理论。作为修辞学家和逻辑学家，图尔敏提出的由资料推导出主张的论证模式得到了公共政策论证研究者的一致认同，无论这些学者的理论是如何建构的，其基础和精髓都是图尔敏的论证模式。此外，泰勒、哈贝马斯等逻辑学家和哲学家的著述也为公共政策论证理论的发展提供了有益借鉴，例如，语言哲学中强调论证语言的多样性和论证规则的重要性的观点得到了公共政策论证的研究者的认可。再比如，一些具体的论证模式和评价论证有效性的标准也是以这些学者的理论为基础提出来的，它们构成了公共政策论证研究最直接的精神营养。

其二，关注日常生活，强调论证的实践价值。这与图尔敏强烈反对形式逻辑将自己变为纯粹知识的做法有关，从图尔敏开始，逻辑学拥有了实践倾向，注重与实际生活进行真正的沟通和对话，并遵循法律辩护的基本图式：提出问题、陈述依据、理性抗辩，直到取得共识。事实上，政策科学自诞生起"所关注的主要不是政府的结构、政治主体的行为，也不是政府应该或者必须做什么……而是政府实际做什么"③，恰如拉斯

---

① 张世贤：《政策论证对话模式之探讨》，《中国行政评论》1996 年第 4 期。

② Carol Bacchi, "Policy as Discourse: What does it Mean? Where does it Get Us?", *Discourse: Studies in the Cultural Politics of Education*, Vol. 21, No. 1, 2000, pp. 45–57.

③ ［美］迈克尔·豪利特、M. 拉米什：《公共政策研究：政策循环与政策子系统》，庞诗等译，生活·读书·新知三联书店 2006 年版，第 4 页。

韦尔所倡导的,政策科学"是一门具有明确问题导向和历史情景性的学科"①,"对时间和空间非常敏感"②。在这两股力量的引导下,公共政策论证十分关注日常生活中的具体事件,期望通过对这些事件进行分析发掘出公共政策论证蕴含的实践价值,促使公共政策论证不偏离于丰富多彩的社会生活世界,因而具有强烈的实践导向。

其三,视论证(辩论)为核心要素。正如梅耶所说的,"政客知之甚详,但社会科学家却经常忘记,公共政策是由语言所构成的,无论是书写的还是口语的,在所有政策过程的各个阶段中,辩论是其核心"③。因此政策论证理论始终将论证看作公共政策过程的本质与核心,强调讨论和辩论是论证的基本手段。例如,丘奇曼认为,系统辩论是以讨论的形式进行的,各方提出不同看法反对别人的提案,对其背后的假设进行探讨、比较,"有效的政策主张一定来自七嘴八舌争论不断最终达成共识的辩论过程"④。瑞恩也认为,由于大家的意识形态与价值观各不相同,政策充其量只能是设法论证、说服。⑤

那么,如何论证呢?费希尔指出,这个过程包含两项挑战:第一,分析阶段,想要论辩的政策内容是什么,政策论证者须将政策内涵加以理性分析;第二,说明阶段,如何让民众知道政策内容,政策论辩者必须透过沟通与演说技巧说服民众,让其知悉政策内容,接受其正当性。⑥政策论证理论的集大成者邓恩和费希尔都提出了政策论证的具体模式,根据该模式,政策论证有如下要素:政策信息、政策主张、正当理由、支持、反驳、限定词,而论证的具体推导过程如图2-5所示。

---

① 周超、林丽丽:《从证明到解释:政策科学的民主回归》,《学术研究》2005年第1期。

② 宁骚:《公共政策学》,高等教育出版社2003年版,第44页。

③ Giandomenico Majone, *Evidence: Argument and Persuasion in the Policy Process*, New Haven, CT: Yale University Press, 1989, p. 1.

④ [美]弗兰克·费希尔:《公共政策评估》,吴爱明、李平译,中国人民大学出版社2003年版,第226页。

⑤ 丘昌泰:《公共政策:基础篇》,台北:巨流图书公司2004年版,第208页。

⑥ Frank Fischer, John Forester, *The Argumentative Turn in Policy Analysis and Planning*, Durham: Duke University Press, 1993.

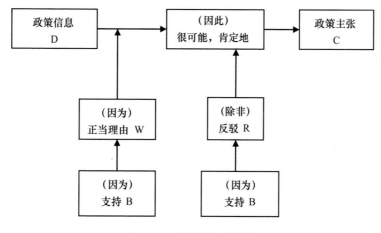

图 2 - 5　政策论证的模式

资料来源：笔者自制。

（三）对邻避设施风险治理的启示

政策论证理论对丰富多彩的政策论证现象进行了较好的概括和提炼，其关注现实的意识和对现实的解释决定了相关观点能够嵌入邻避设施社会稳定风险防范，而政策论证理论提出的论证程序则可以直接借鉴到邻避设施社会稳定风险，用于构建相关的论证程序。

一方面，政策论证理论强烈关注政治现实和政策实践，这为嵌入邻避设施社会稳定风险防范提供了良好前提。如前所述，早期政策论证理论主要提出了论证意识，但并没有指明如何进行科学论证，以威廉·邓恩等为代表的第二代政策论证学者基于公共政策现实，提出了政策论证的操作步骤和具体模式，能够帮助我们了解、描绘纷繁复杂的政策论证现象。随着理论不断发展，政策话语分析又替代了政策论证的理论模型，逐渐成为政策论证的主流范式。该范式对现实世界的观照更甚于政策论证模型，不仅解决了该模型不适用有反对意见的复杂论证、无法发展政策主张、忽略不同类型参与者作用等弊端，更实现了论证理论从静态模拟到动态世界的转变，主要聚焦决策协商、政策对话、民主参与式政策分析，所提出的技术专家参与、话语联盟与科层制度、商讨、修辞与叙事、共识对话和冲突对话等理论，对纷繁复杂的政治现象进行了深刻描述，进一步表明了政策论证根植于民主政治和政策实践的立场。邻避设施问题是中国发展历程中不可避免的现实问题，需要借鉴这些基于现实推理演绎出的理论模型，从而找到更加科学的解决之道，因此可以嵌入相关实践，从中寻找理论源泉。

另一方面，政策论证理论提供了丰富的理性论证思想，有助于构建邻避设施社会稳定风险的防范程序。正如费希尔等人所指出的，由于政策论证这一概念有待系统澄清，政策论证现象也常常与民主参与、话语分析、互联网、协商民主、决策过程等交织在一起，因此对政策论证及其类型的研究仍然处在不断丰富扩展阶段，有待继续努力。① 目前，中国学者做了不少努力，研究了中国常见的政策论证现象，通过案例分析、理论建构，初步构建了政策论证的中国理论体系。② 遵循此思路，可以将政策论证中论证程序等思想引介到邻避设施社会稳定风险治理。对此，可以借鉴费希尔和邓恩的政策论证逻辑，构建基于现实情境的利益相关者参与论证理论，厘清邻避设施社会稳定风险的现实情境、利益相关者，探讨其参与论证过程，总结典型行为模式，从而为丰富中国政策论证理论，解决邻避设施社会稳定风险提供新思路。

事实上，中国有大量与政策论证相关的政策实践，如社会主义协商民主、重大行政决策程序、矛盾纠纷化解机制、社会稳定风险评估等，这些制度或政策如何嵌入邻避设施社会稳定风险防范，体现利益相关者参与论证，是值得深入研究的话题之一。以重大行政决策程序为例，该程序要求，重大决策必须经过公众参与、专家论证、风险评估、合法性审查和集体讨论决定五个步骤，这五个步骤实际上包含了政策论证的要素，但是没有明确提出这一概念。这导致运行中五个程序不能无缝衔接，常常聚焦某一个程序而忽略另一个程序，例如专注专家论证而忽略公众参与，但如果引入政策论证，则可以解决这样的困境，因为论证区分主体、内容、方式，重大行政决策程序之所以陷入困境，是因为

① Fischer, Frank, and Herbert Gottweis, eds., *The argumentative turn revisited: Public policy as communicative practice*, Duke University Press, 2012.
② 详见雷尚清《公共政策论证类型》，吉林出版集团股份有限公司2017年版，第18—23页。

没有厘清这些元素，导致现实中相互纠缠不清，制度初衷难以真正显现。因此政策论证有助于完善邻避设施社会稳定风险防范制度，提高制度参与论证效能，进而提升制度民主化和科学化水平，真正有助于社会稳定。

二　民主议事规则理论

（一）理论起源

哈贝马斯曾讲："民主是一种通过程序进行自主性决策的实践。"从这个意义上讲，民主政治就是程序性政治，是按照一定的议事程序规范开会、议事和决策的政治。现代社会中亟待解决的现实问题日益复杂，程序在解决问题的过程中几乎无所不在，构成了社会秩序的一个基础。特别是在当今发展不平衡和冲突加剧的状况下，人们不断思考，能否追求一种使得社会和谐发展的程序性架构。① 当今中国经济发展和法治建设也进入新阶段，社会公平、议事公正、民生福祉等都离不开程序公正。这种关于程序至上的理论主要源自罗伯特议事规则和罗尔斯的程序正义理论。

1. 罗伯特议事规则

"议事规则"这一概念起源于古希腊，由日耳曼人手里经过萨克逊人带入英格兰。这个词的原意是指英国议会协商议事时所遵循的规则和惯例，起初是为了解决议会特权和国王特权之间的冲突，克服议事活动的粗鲁、混乱等弊病而设计的。规则的内容包括：一次只能有一个议题、辩论双方必须围绕之前的议题、意见对立的双方应轮流获得发言权并由主持人推进流程、禁止人身攻击等。② 后来随着代议制度的确立和发展，会议对规则的要求越来越强烈，人们开始对议事规则进行专门研究，并逐渐发展成一门独立的学问，在美国尤甚。

---

① 丁建峰：《罗尔斯与哈耶克的程序正义观——一个基于社会演化理论的比较与综合》，《北京大学学报》（哲学社会科学版）2020 年第 4 期。

② ［美］亨利·罗伯特：《罗伯特议事规则》，刘仕杰译，华中科技大学出版社 2017 年版，第 3 页。

美国的自治传统和日常民主实践为议事规则繁荣发展提供了肥沃土壤，极具标志性的事件有第一次大陆会议的《权利宣言》、第二次大陆会议的《独立宣言》以及费城制宪会议的《联邦宪法》。之后，议事规则也向着更规范、更全面、更广适用性迈进：1801年，时任美国副总统托马斯·杰斐逊编撰了一套《议会规则手册》，专为规范国会的议事规则所用；1845年，法学家路德·库欣参考了许多政府机构和民间团体的议事规则，撰写了《库欣手册》，以适应各种形式会议的需求；1876年，美国陆军工程兵长官亨利·马丁·罗伯特在搜集、整理、总结前人研究的基础上，写成了历史上极具权威、极经典的议事规则——《罗伯特议事规则》。

罗伯特将军一生参与了无数次会议，他在主持会议或参加教会和社团组织活动过程中，经常受到规则和程序问题的困扰，他感到人们开会中讨论问题和开展合作，在议事规则上达成一致是十分必要的，而当时又缺乏这方面的有效材料。于是，罗伯特结合自己的经验和体会，开始研究欧洲大陆尤其是英国议会的各种议事程序，并参考美国国会的运行机制，起草了一套新的基本规则，以便各类组织和社团开会时能有一个统一完整的议事规范。

罗伯特议事规则的核心要义在于"它是在竞争环境中为公平平衡和正当维护各参与方利益而设计的精妙程序"[①]，以程序正义保证和达到平衡各方利益博弈的均衡，主要原则是"谨慎仔细地平衡组织和会议中个人和群体的权利"。它体现了民主法治精神、权利保护与权力制衡精神、自由与制约精神等；它完美地把握规则，实现了会议的公平与效率，至今仍广泛运用于世界各地的议事组织中。

2. 罗尔斯的程序正义理论

以罗伯特议事规则为代表的民主议事规则主要是对现实状况的概括提炼，真正将其上升到哲学正义高度的是罗尔斯。罗尔斯在论述正义理论时把程序正义作为一个独立的范畴来分析，他把程序正义分为三种类型：纯粹的程序正义、完善的程序正义和不完善的程序正义。纯粹的程

---

① ［美］亨利·罗伯特：《罗伯特议事规则》，刘仕杰译，华中科技大学出版社2017年版，第3页。

序正义，指"不存在对正当结果的独立标准，而是存在一种正确的或公平的程序，这种程序若被人们恰当地遵守，其结果也会是正确的或公平的，无论他们可能会是一些什么样的结果"①。这是一种近似于公平游戏规则的设置，通过这种设置，罗尔斯让所有人在一个共同的基础上展开决策与商谈过程，在这一过程中社会成员会基于自身的理性计算和道德本能，选择"两个正义原则"：基本自由权的平等原则；机会的公平平等原则和分配领域的差别原则。② 而完善的程序正义指"首先，对什么是公平的分配有一个独立标准，一个脱离随后要进行的程序来确定并先于它的标准。其次，设计一种保证达到预期结果的程序是有可能的"③。可见，完善的程序正义须满足两个要素：结果公正的独立标准、保证结果公正的程序。而不完善的程序正义是指"虽然在程序之外存在着衡量什么是正义的客观标准，但是百分之百地使满足这个标准的结果得以实现的程序却不存在。"④

在这三种类型的程序正义中，罗尔斯最推崇纯粹的程序正义。他认为需要设计符合正义标准的程序来保证公正的结果。因此，民主要通过开会的形式完成议事与决策，会议程序是否具有正当性就成为判断结果是否公正的依据，故而一套符合实际的、正义的程序规则就成为民主议事的必需。

（二）民主议事规则在中国的发展脉络

1. 民国时期议事规则的引入与发展

自 1840 年以来，在西方对议事规则的研究正如火如荼地进行时，中国却处在国力孱弱、屡遭压迫的艰难时刻。后来由孙中山先生所领导的资产阶级革命最终推翻了清王朝的统治。相关研究表明，"从清末新政开始，国人就已经间接注意到了《罗伯特议事规则》，1908 年商务印书馆曾译有《日本议会法规》，其中就有日本明治时期的《众议院规则》，其内

---

① ［美］罗尔斯：《正义论》，何怀宏译，中国社会科学出版社 1988 年版，第 82 页。
② ［美］罗尔斯：《作为公平的正义——正义新论》，姚大志译，上海三联书店 2002 年版，第 70 页。
③ ［美］罗尔斯：《正义论》，何怀宏译，中国社会科学出版社 1988 年版，第 85 页。
④ ［美］罗尔斯：《正义论》，何怀宏译，中国社会科学出版社 1988 年版，第 80 页。

容多参考《罗伯特议事规则》。而同年清廷颁布的《各省咨议局章程》中的议事规则部分，亦参考日本《众议院规则》。《罗伯特议事规则》在近代中国的正式实践则始于民国初年，当时国会参众两院立法活动的议事规则多采用《罗伯特议事规则》"①。1917 年前后，孙中山先生编著了《民权初步》一书，该书以《罗伯特议事规则》为蓝本，专门教国人如何开会。孙中山认为，中国人缺乏民主程序训练，带来了一系列恶性后果，因此要让人们践行民主，第一步就是教导他们学习基本的政治生活技能，其中最基本的就是学习如何开会。为此他设计了包括集会、动议、修正、权宜等细则在内的开会议事规则，为人们上了一堂超前完备的民主程序训练课，与议事规则有关的研究也被称为"议事之学"，简称"议学"。

然而，在近代中国急剧转型的社会背景之下，民众规则意识的欠缺成了议事规则发挥实效的重要障碍。② 因此，如何为推行议事规则营造良好的社会环境，规避独裁专制者的徇私枉法，比单纯理解《民权初步》的学理内容更加重要，只有这样，中国的民主议事规则理论才能得到实质性发展。

2. 在中国共产党民主实践中成长的议事规则理论

1945 年，中共七大将民主集中制写入党章，并将民主与集中的关系概括为"在民主的基础上集中，在集中指导下的民主"，这标志着中国共产党在组织原则和议事规则上走向成熟。

1949 年 9 月 29 日，中国人民政治协商会议第一届全体会议通过的两部宪法性法律文本——《中国人民政治协商会议共同纲领》和《中华人民共和国中央人民政府组织法》，虽然确立了人民代表大会制度为中国的根本政治制度，但是既没有设置全国人大常委会这一组织机构，也没有制定与全国人大有关的议事规则，所以新中国成立后最早的议事规则是包含在中国人民政治协商会议的议事规则中的。中国人民政治协商会议第一次全体会议已经初步展示出完整的议事规则的结构。其中，由主席团提议设置的分组委员会、提案审查委员会的审查报告和分单位讨论模

① 王翔：《全国人大常委会立法议事规则研究》，博士学位论文，厦门大学，2019 年。
② ［美］亨利·罗伯特：《罗伯特议事规则》，刘仕杰译，华中科技大学出版社 2017 年版，第 6 页。

式，实际上分别是现在的专门委员会、专门委员会对提案的审查意见和分组会议的前身。

3. 改革开放后全国人大常委会议事规则的制度建设

1978 年 12 月党的十一届三中全会以后，中国开始实行对内改革、对外开放的政策，确立了健全社会主义民主和加强社会主义法制的任务，民主议事规则的制度建设也进入科学化、正规化阶段。1987 年 11 月 24 日，《全国人大常委会议事规则》通过并实施。1989 年 4 月 4 日，《全国人民代表大会议事规则》通过并实施。虽然这两套议事规则对人员的配置、时间的规定、开会的大致步骤予以确定，但是缺乏一般议事规则中必要的技术性规定，如辩论规则、主持人权力等。2009 年出台的《全国人大常委会关于修改〈中华人民共和国全国人民代表大会常务委员会议事规则〉的决定》，对《全国人大常委会议事规则》进行了修订。其中，对发言权的限制、主持人的权利有了更为系统的规定。有研究认为，与议事规则的蓝本《罗伯特议事规则》相比，目前中国人大及其常委会议事规则仍然"概而不全、简而不详"，[①] 很多程序性规定在议事规则中虽有提到，但只是简单概括，没有细则说明，一些重要程序也尚未纳入议事规则中来。

4. 基层协商民主议事规则的演进与发展

与人大常委会民主议事规则相对应，中国的基层治理中也有民主议事规则。基层民主议事规则根植于中国协商民主的思想政治传统，在中国学界的日常话语中，"协商民主"更多地指向受西方思潮影响、基于本土实践、体现在政治场域中的"大民主"，即政治协商。新中国成立初期，毛泽东对以协商民主理念为基础的中国特色制度的重要性进行了探讨，他认为人民政协制度是跳出"人亡政息"周期率的有效途径；之后的几任国家领导人均对协商民主做出过不同角度和深度的阐释，党的十九大报告指出，"发挥社会主义协商民主重要作用。有事好商量，众人的事情由众人商量，是人民民主的真谛"，更是强调了在基层社区中进行民主议事的重要性与必要性。至此，学者也对基层协商民主议事做出了概念界定：它是指人民在合理合法的程序和平台上，通过积极参与、共同

---

① 王燕燕：《检视我国民主议事规则》，《人大研究》2011 年第 11 期。

商讨,小到社区内事务的参与、决策与解决,大到国家发展和政策改革的建言献策,以达至符合集体意愿共识的讨论过程。①

在基层社区的议事进程中,议事规则显然占有重要的指导地位,它能够促成社区共同体文化的形成,提高社区决策效率,促进社区组织治理,重建社区秩序环境。② 但在目前的基层议事实践中,尚缺乏权威文件的指导,社区议事也多以本土化、传统化的规则运行。《罗伯特议事规则》因其对各种会议类型的适用性和其岁月积淀后的科学性和权威性,也在逐步嵌入中国的基层协商民主议事规则中,助力解决程序性协商民主的操作化问题以及繁杂细微的社区治理事务。

那么以罗伯特议事规则为代表的民主议事规则理论和中国的民主议事规则实践主要有哪些内容呢?

(三) 民主议事规则的主要内容

1. 罗伯特议事规则

罗伯特议事规则一经诞生,就被广泛应用于政府机构、企业组织、民间团体的议事活动中,现已演变为美国立法机构运作与发展的基本原则,并在世界范围内有效推广。中国近代史上最早讨论议事规则的《民权初步》一书,也以《罗伯特议事规则》为蓝本。当前《罗伯特议事规则》被应用于校园教学、③ 法官会议制度规范、④ 医疗纠纷调解⑤、社区事务治理⑥⑦等领域,成为商讨议事规则、巩固协商民主的重要理论工具,故而了解《罗伯特议事规则》的主要观点有助于我们理解民主议事的内

---

① 任文启、袁嘉:《基层协商民主议事的演进与发展趋势》,《社会治理》2022 年第 1 期。

② 文小勇:《协商民主与社区民主治理——罗伯特议事规则的引入》,《河南社会科学》2021 年第 7 期。

③ 庞勇:《从罗伯特议事规则看党校学员议事能力的培养》,《理论学习与探索》2018 年第 6 期。

④ 王春业、张忱子:《罗伯特规则视角下我国专业法官会议制度的完善》,《福建行政学院学报》2019 年第 2 期。

⑤ 晏英:《罗伯特议事规则对院内医疗纠纷调解程序构建的启示》,《医学与法学》2021 年第 1 期。

⑥ 牛煜麒:《"罗伯特议事规则"的社区实践》,《群众》2017 年第 10 期。

⑦ 文小勇:《协商民主与社区民主治理——罗伯特议事规则的引入》,《河南社会科学》2021 年第 7 期。

涵根基。

根据《罗伯特议事规则》，会议程序大致分为如下基本环节：第一，提议（又译作"动议"）；第二，附议；第三，主席阐释会议主题；第四，辩论；第五，提请表决；第六，主席宣布表决结果。

（1）提议

"提议"，是会议中正式的主张或建议，意味着议事程序的开始，任何一位会议成员都可以就任意事项，以"提议"的方式向会议组织提出，而会议必须对一项"提议"予以处理。提议环节也因此成为利益冲突最多的一个步骤，直接关系着会议结果的成败。

"主提议"（main motion）是"提议"的基本形式，也是唯一的一种可以将一项实质性事项提交会议处理的提议形式。当然，还有一些其他类型的提议，它们所提请会议讨论的某项事项是与"主提议"所谓的"实质性事项"相区别的，通常是针对程序性问题的处理。但无论是哪种类型的提议，它们都提请会议采取某种形式的行动，这就要求"提议"的内容必须明确具体，能够采取实际上的行动，并且在理解上没有歧义，也只有这样才能便于会议对其进行辩论与表决，确保会议不会将时间浪费在不能采取行动的事项上，从而确保议事效率。

（2）附议

是参加会议的人员认为会议应当考虑其他成员的提议之时，以"我附议"或"附议"的表达形式开展的会议程序。附议不能表达是否赞同，只是表达参会人员也觉得会议应考虑该项提议。一项提议在没有人附议，且与会成员均听清该提议的情况下，会议主持者可以决定不考虑该项提议。这个环节可以保留更有价值的提议，从而提高会议的效率，因而蕴含着兼顾公平与效率的意义。

（3）主席阐释会议主题

一项提议经过附议之后，主席通过"陈述议题"将该提议正式交由会议考虑。主席必须准确地陈述相关提议，然后表明可以就此开始辩论。这其中也蕴含着《罗伯特议事规则》的一个重要规则——"主席保持中立规则"，即会议主席必须遵守规则，不得发表意见，不得总结成员的发言，保持中立与公正。主席陈述议题的最重要作用，是让成员清楚接下来辩论的主题是什么，避免出现讨论方向的偏颇，增强主席对辩论环节的掌控力，保证会议进程的效率。

（4）辩论

该环节是就议题展开辩论的环节，在主席陈述议题之后即可开始。《罗伯特议事规则》制定了众多重要规则来规范该环节。主要有以下几项规则。

一是围绕待决议题辩论规则。辩论发言必须围绕待决议题的利弊进行，不能跑题；发言要克制情绪、保持礼貌，尤其是在意见相左的时候，特别要注意的是，绝对禁止攻击其他成员的动机。

二是面对主席发言规则。会议成员必须面向主持人发言，参会者之间不能直接讨论——这对于维持良好的讨论氛围有重要作用。

三是限时限次发言规则。对于同一问题，同一成员应当遵守会议组织关于发言次数以及每次发言时间限制的规定。

四是发言完整规则。不得打断他人的正当发言。

五是正反方轮流发言规则：意见相反的双方应轮流取得发言权，以防一方"造势"而对对方不公平，这也体现了权利平等与权利制衡思想。

六是机会均等规则。尚未发言的成员的发言权，优先于已经发言过的成员。

通过这一系列的议事规则，《罗伯特议事规则》充分保障了会议各方平等的表达权，为获得公正、理性、民主的讨论结果奠定了基础。

（5）提请表决

当辩论看起来接近尾声时，在确保无人再发言的情况下，主席再一次陈述议题，确保全体成员都准确理解了当前要表决的事项是什么，然后将该事项提交会议进行表决。

提请表决要遵循三个原则：一是充分讨论原则，即在会议发言的次数用完时，或无人发言时，主持人才可以提出表决；二是正反方表决原则，不管结果如何，主持人都要在正方表决之后让反方进行表决。三是表决比例原则，也就是说当同意的票数达到指定数目时，提议才可以通过。普通提议只要有一半的与会人员同意就能通过，但是比较重要的提议则要2/3的与会人员同意才能通过。

（6）主席宣布表决结果

宣布表决结果通常是在主席"请反方表决"并等待一段时间让大家

响应之后立即进行的，这一般也意味着一个议事流程到此就结束了。关于已经表决过的事项，这里有一个重要的规则，即在结果宣布之后，要改变投票规则需要会议的"一致同意"，即改变会议组织已经做出的决定，要比通过一个新提议难度更大，这是为了保证会议决策的稳定性。

从以上《罗伯特议事规则》的主要观点中，我们可以发现，要在实践中保障民主权利，平衡各方利益，实现公平公正，良好的议事规则或者说良好的民主技术性工具是必不可少的，其水平高低直接关系公共议题解决效率和民主质量。

2. 中国人大及其常委会议事规则

我国的人大常委会会议是一种重要的民主议事性会议，其根本原则和本质特征是民主讨论、民主表决。民主讨论是指出席会议的所有成员都有权并能够平等地发表自己的意见，民主表决是指对会议议题的决策由符合法定人数的出席会议的所有成员按平权原则投票决定。这是民主议事性会议与行政首长主导的工作会议等非民主议事性会议的本质区别。为保障民主议事功能要求，需要提供平等的诉求表达和投票表决机会，通过充分讨论获得尽可能好的决策。① 而为达到充分讨论的目的，议事规则需要满足以下四个要素：第一，所有想发言的人都能平等地发言；第二，发言者能够充分地发表自己的意见；第三，让全体出席人员及时周知所有发言者的发言；第四，可以在全体成员之间进行辩论。但早期中国各级人民代表大会及其常务委员会以代表团会议和代表团分组会议为主要审议方式，不符合民主议事性会议规则的基本要求。

2009 年 4 月 24 日，全国人大常委会修订了相关议事规则。此次修改主要集中在四个方面：一是规范发言顺序，赋予会议主持人安排发言顺序的职责和列席人员发言权利，提高了议事效率，会议发言更有秩序。二是规定发言时间，确保议事"不跑题"。三是进一步扩大列席人员范围，部分专门委员会委员和常委会副秘书长能够参加常委会。四是任免案均附有拟任免人选的基本情况和任免理由。② 这些修改体现了从细节和

---

① 崔建华：《民主议事性会议的若干规则及我国各级人大常委会会议的形式问题——以四川省人大常委会为例》，《人大研究》2008 年第 3 期。

② 虞崇胜：《罗伯特议事规则与全国人大常委会议事规则的完善》，《新视野》2009 年第 6 期。

程序上加强和完善人大制度的有益探索，标志着人大制度建设迈入新阶段，但总体上属于"微调"，尚有巨大完善空间。① 与《罗伯特议事规则》相比，中国人大及其常委会议事规则议案提出过程规定不详细，未对议案处理情况做说明;只有概括性的审议程序，而缺乏深入的细则;在发言时间和规则确立上很薄弱;对不同议案应采用不同表决方式没有做出明确指示，② 因此亟待进一步完善。

3. 基层民主议事规则

前文已经提到，基层协商民主议事是指人民在合理合法的程序和平台上，通过积极参与、共同商讨，小到社区内事务的参与、决策与解决，大到国家发展和政策改革的建言献策，以达至符合集体意愿共识的讨论过程。在实践中，它表现为基于协商民主精神的会议过程，在平等的商讨中解决基层的大小事务。学界现有对基层民主议事规则的研究大多基于典型个案，如文小勇基于对浦东社区"七不"（即"不打断、不超时、不跑题、不攻击、不扣帽子、不贴标签和不质疑动机"）议事原则的研究，发现这种对议事规则的详细规定改变了过去公共议题谈论中的难题，实现了由"争吵谩骂"向"让所有人都能好好说话"的转变，真正建立起了民主协商平等对话的议事规则;与会者之间辩论方式、民主平等发言制度、共识方案达成的民主流程以及解决议题的最终方案等一系列程序性环节，帮助大家有效地找到社区共同议题的解决方案，真正体现了社区治理的合作共赢理念和"共治"途径。③ 牛煜麒则展现南京江宁托乐嘉花园小区议事的详细规程，以业主代表选举、议题提出、表决和执行等规范过程，有效解决小区内的大小事务。④ 王诗宗等则通过对余杭区街道民主协商议事会议制度的研究，强调了政府在构建有效社会治理体制中介入的必要性和基层社会协商民主相对于代议制民主的独特性。⑤

---

① 金晓伟:《我国人大议事规则研究:回顾、反思与展望》,《人大研究》2021 年第 2 期。

② 王燕燕:《检视我国民主议事规则》,《人大研究》2011 年第 11 期。

③ 文小勇:《协商民主与社区民主治理——罗伯特议事规则的引入》,《河南社会科学》2021 年第 7 期。

④ 牛煜麒:《"罗伯特议事规则"的社区实践》,《群众》2017 年第 10 期。

⑤ 王诗宗、吴妍:《城镇化背景下的基层社会治理创新——杭州市余杭区街道民主协商议事会议制度分析》,《北京行政学院学报》2017 年第 4 期。

总体而言，在借鉴《罗伯特议事规则》等民主议事规则的基础上，设立保证与会人员发言权、促进有价值的议案讨论度、保障程序正义的议事规则，同时兼容中国基层社区独特的人文特征和公序良俗，是基层民主议事规则不断完善和革新的方向。对此，2015 年 7 月 13 日中共中央办公厅、国务院办公厅办发布《关于加强城乡社区协商的意见》，明确指出，社区协商的一般程序是：村（社区）党组织、村（居）民委员会在充分征求意见的基础上研究提出协商议题，确定参与协商的各类主体；通过多种方式，向参与协商的各类主体提前通报协商内容和相关信息；组织开展协商，确保各类主体充分发表意见建议，形成协商意见；组织实施协商成果，向协商主体、利益相关方和居民反馈落实情况。对于涉及面广、关注度高的事项，要经过专题议事会、民主听证会等程序进行协商。通过协商无法解决或存在较大争议的问题或事项，应当提交村（居）民会议或村（居）民代表会议决定。跨村（社区）协商的协商程序，由乡镇、街道党委（党工委）研究确定。这指出了社区协商步骤，为政府介入、民众参与提供了操作指南，是基层民主议事的基本制度框架，有助于实现基层议事从问题解决到参与自治的功能转变，夯实国家治理现代化根基。[①]

（四）对邻避设施风险治理的启发

邻避设施是指在城市发展建设的过程中，在满足城市发展的同时，却给设施附近公众的生活环境和生命财产带来一定危险的公共设施，如垃圾焚烧厂、火力发电厂、变电所等。因其收益和成本不平等，常常遭到附近公众的抵制，陷入社会需求与公众反对的困境，邻避设施的治理更是一项重要议题。研究表明，邻避设施选址过程中公民参与十分重要——它可以给决策者呈现不同公众的要求与视角，为决策提供工具性和规范性知识，促进决策质量；它能使选址过程更加公平，提升公众对规划决策的接受度，从而增加邻避设施选址的成功机会。[②] 然而现实中民

---

①　任文启、袁嘉：《基层协商民主议事的演进与发展趋势》，《社会治理》2022 年第 1 期。

②　马奔、李珍珍：《邻避设施选址中的公民参与——基于 J 市的案例研究》，《华南师范大学学报》（社会科学版）2016 年第 2 期。

众抗议事件时有发生，致使项目建设中止或停建，究其原因，主要是政府封闭决策，民众自上而下被动参与。① 因此，要想真正走出邻避事件困境，除了完善利益补偿等机制外，实质性的公众全程有序参与决策是关键，这就为民主议事规则嵌入邻避设施风险治理提供了空间。

中国的民主主要是协商民主，建立有效的民主议事规则要"承认多元社会的多元利益冲突、分歧，在参与主体讨论共同问题的过程中，各种利益能够自由表达并得以充分考虑。同时，协商过程的参与者对公共利益具有强烈的敏感性，愿意为了公共利益而适度牺牲个人利益"②。以《罗伯特议事规则》为代表的民主议事规则从民主系统与民主边界的理性化、程序过程的正义性与民主协商结构多元化以及民主的操作技术等不同层面为程序性协商民主提供了一套可操作的程序，为接近或达到理想化民主协商程序，促进以公开、平等、包容性民主辩论为中心的协商民主和基层民主提供了规范标准，③ 能够更科学、更高效地组织民众参与，汇集民众意见，发现民众诉求，提炼共识需要，找到解决办法，制衡政府决策，将民主参与落到实处，实现从源头上化解风险的目的。④ 这对当前的邻避冲突治理至关重要。

① 李杰、朱珊珊：《"邻避事件"公众参与的影响因素》，《重庆社会科学》2017 年第 2 期。

② 陈家刚：《协商民主：概念、要素与价值》，《中共天津市委党校学报》2005 年第 3 期。

③ 文小勇：《协商民主与社区民主治理——罗伯特议事规则的引入》，《河南社会科学》2021 年第 7 期。

④ 陈宝胜：《公共政策过程中的邻避冲突及其治理》，《学海》2012 年第 5 期；张利周：《协商民主视角下邻避设施选址困境的治理路径——以杭州九峰垃圾焚烧厂为例》，《广东行政学院学报》2020 年第 2 期。

第 三 章

程序的具体内容

前文所述制度如何转化为实际行动呢？邻避设施决策论证如何运行？这需要一套科学有效的论证程序做保障。早在一百多年前，中国民主革命的先行者孙中山先生就深刻认识到中国人缺乏民主程序训练带来的恶性后果，倡导制定人民开会的议事规则。在他的建国方略《民权初步》中，系统论述了集会、动议、修正、权宜等细则，为我们上了一堂超前完备的民主程序训练课。由此可见，民主程序是民主参与的核心和重中之重，离开了有效的程序，民主就可能沦为形式，成为决策者掌权的工具，民意无法全面系统地收集、反映。那么，邻避冲突防范化解中，以论证为基础的民主参与程序是怎样的呢？

按照公民参与对决策过程的影响程度看，参与的形式有：信息告知（information）、在场（presence）、发出声音（voice）、谈判与协商（negotiation & deliberation）、合作（collaboration）、同意（consent）。① 笔者认为，这个形式划分指出了参与论证的基本程序，具体到邻避设施，首先应该保证民众的知情权；其次，民众应该在场，表达自己的意见诉求；最后，通过一定的机制和方式将这些意见诉求集中起来，形成共识，决定邻避设施该不该建设，怎么建设，如何对周边居民进行补偿。因此，论证参与的程序可以界定为：知情、在场、表达、决定。不过，上述程序主要站在一般民众的立场思考问题，忽略了其他利益相关者。一般而言，民主参与不仅仅是民众的事，与政府、专家等其他主体也有关。在中国，民主参与的形式之一是社会主义协商民主，2015 年 7 月 13 日中共

---

① 朱德米：《建构维权与维稳统一的制度通道》，《复旦学报》（社会科学版）2014 年第 1 期。

中央办公厅、国务院办公厅发布的《关于加强城乡社区协商的意见》中明确指出，社区协商的一般程序是：村（社区）党组织、村（居）民委员会在充分征求意见的基础上研究提出协商议题，确定参与协商的各类主体；通过多种方式，向参与协商的各类主体提前通报协商内容和相关信息；组织开展协商，确保各类主体充分发表意见建议，形成协商意见；组织实施协商成果，向协商主体、利益相关方和居民反馈落实情况。对于涉及面广、关注度高的事项，要经过专题议事会、民主听证会等程序进行协商。通过协商无法解决或存在较大争议的问题或事项，应当提交村（居）民会议或村（居）民代表会议决定。跨村（社区）协商的协商程序，由乡镇、街道党委（党工委）研究确定。这套程序十分详尽，为社区协商提供了可操作的步骤，可以为邻避设施决策论证提供借鉴。仔细分析发现，《意见》中提出的协商程序有四个步骤，它既适合政府部门又适合民众参与，因此相对知情、在场、表达、决定更为宏观，适用性更强，因此知情、在场、表达、决定可以融入四个步骤——告知协商内容就是满足知情权，在场表达决定就是协商的具体步骤，这样可以把邻避设施决策论证分为四个前后相连的环节：确定论证议题和主体—告知论证内容—参与论证—实施论证结果，四个环节构成了一个循环链条。

一　确定议题和主体

确定议题和主体即确定邻避设施建设运营的重大议题，明确参与者。不同类型和规模的邻避设施，其议题扩散范围是不同的，论证主体也不尽相同。具体而言，根据涉及面大小和后果影响程度等标准，对邻避设施进行分类分级。分类分级的标准是：设施性质、受影响区域的面积大小和人口分布情况、设施风险等级。据此标准，确定相关项目是否要向当地民众公布，如果需要公布，公布的范围多大，民众参与的规模多大，应该怎么分布。

（一）议题设定

主要围绕邻避设施建设运营设定。这里的议题不应该区分机密等级，应该直接纳入民众参与范畴。因为邻避设施虽然有利于公共利益，但损害的是所在地周边民众的权益，没有哪个群体的民众希望它建在自家门口，因此，凡是与邻避设施相关的议题，都应该纳入利益相关者参与论证的范畴，不能有例外。这些议题包括：设施建设的必要性、效用、可行性，选址在哪里，占地多少，是否需要拆迁安置，直接影响多少人，这些人对设施建设怎么认识，对相关风险怎么判断界定，认为这些风险能否接受，如果不能接受应做哪些解释说明，补偿安置的范围多大、标准多高，如何补偿安置，设施对环境有哪些影响，怎么克服，设施建设周期多长，干扰民众正常生活怎么弥补，设施建成后如何运营、管理，扰民怎么办，安全风险防控措施怎么样，等等。

可以看出，由于邻避设施不同于一般的设施项目，因而其有别于一般的政府管理、企业经营和民众参与。一般的政府管理产生大量内部事务，经由内部程序处理后，并不需要民众参与。邻避设施事关公共利益，但这是站在政府立场上判断的结果，民众并不认为这与自己有关，相反，他们更关注自己的切身利益是否得到保护。虽然这是典型的私人利益行为，但处理不当也会造成公共利益受损。所以无论怎么看，政府都没有理由将邻避设施当成日常管理事务加以处理，而应该认识到，它超出了日常事务的范畴，与民众私人利益直接相关。与企业经营相比，这也不是一般的建设运营项目，因为它的性质比较特殊，既事关公共利益，又事关私人利益，需要在二者间取得平衡，因此简单地把邻避设施当作一个项目的做法忽略了邻避设施的这种特性，会为建设运营留下隐患。例如，研究表明，经济补偿、利益感知影响公众对邻避设施的接受度，其中房屋置换影响最关键，能显著提升民众接受度。[1] 民众反对邻避设施的核心问题是设施建设与小区的关系问题。[2] 民众对邻避设施的反对主要集中在心理因素、公平性、利益受损、政府漠视等方面，即心理上恐惧邻避设施，害怕造成健康生命威胁；为什么建在我这里而不是他处，造成环境污染，影响地方形象和房地产价值，政府不重视环保工作。[3] 或者个

---

① 崔彩云、刘勇：《邻避型基础设施项目社会风险应对：公共感知视角》，中国建筑工业出版社 2021 年版，第 142 页。

② 吴涛：《城市化进程中的邻避危机与治理研究》，格致出版社 2018 年版，第 81 页。

③ Dear, M., "*Gainning Community Acceptance*", *Princeton*, NT: The Robert Wooe Johnson Foundation, 1990, pp. 59 – 62.

人安全感、小区舒适性降低。① 因此,与常规的工程项目不同,在建设运营邻避设施时,企业应特别注意倾听民众声音,而不是仅仅与政府达成一致,获得他们的支持。

最后,邻避设施相关的议题与一般的民众参与也有很大不同。一般的民众参与中,很多事项的特殊指向性并不明确,民众可参与,也可不参与,但是,邻避设施一般要么蕴含着技术风险,会威胁民众的生活工作秩序;要么承担着污名化风险,让民众心里感觉不愉快;要么本身污染水平高,不可接受,一旦听说要在自家周围建设,民众参与的热情肯定很高,强烈要求参与。对基站抗争案例的考察发现,抗争过程包括"动员""投诉""施压"三个阶段,不同阶段的风险编排有所不同,分别形成了基于"辐射""违建""不作为"议题的风险网络。风险网络会限定抗争者的资源与机会结构,正是网络聚合与重构过程中居民营造出有效的机会空间,取得了抗争成功。② 这意味着邻避设施相关的议题没有隐私,没有秘密,公开程度高,因此应全部纳入论证范畴,不过每一次论证需要聚焦若干个主题,逐步解决相关问题,直到全部议题得到讨论,取得共识。

(二) 论证者选拔

可代表性是影响公众程序公平感知的另一关键因素,③ 因此明确了论证议题,还需要从数量众多的当地民众中选拔论证参与者,这时首先要分清利益相关者的种类。一般而言,邻避设施的利益相关者类型多样,分布在不同的群体和地域中。以生活垃圾焚烧项目为例,常见的利益相关者主要有政府、公众、运营商、研究人员、非政府组织、媒体等。政府分为设施所在地政府、设施服务区政府,从部门看包括市容环卫部门、建设部门、环境保护部门、国土资源部门。公众也包括设施所在地和服

---

① Dear, M., "Understanding and Overcoming the NIMBY Syndrome", *Journal of the American Planning Association*, Vol. 58, No. 3, 1992, pp. 288 – 300.

② 张海柱:《编排风险:科技风险型邻避抗争的行动逻辑——以一起基站冲突事件为例》,《社会学评论》2022 年第 2 期。

③ 李艳飞、陈洋、陈映蓉:《公平感知对邻避项目社会接受度影响的实证研究——以垃圾焚烧项目为例》,《项目管理技术》2021 年第 6 期。

务区。① 在农村和城市也有所不同，农村国家权力通过权威、关系和利益嵌入社会网络，乡村社会通过宗族组织、权威人物和传统文化反嵌，从而形成了特殊的社会网络。② 在城市呈现出典型的复合治理经验，从要素看包含多主体的治理结构、多层次的治理资源和复杂的互动策略，从机制看党领导下的基层治理体系具有刚性集中和柔性适应相融合的制度优势，通过整合多层次治理资源及动态组合差异化治理策略，实现制度优势向治理效能转化。③ 从话语角度看又包括"推动者""反对者""扩散者"，④ 呈网络化模式，相互联系较为松散。⑤ 研究表明，邻避事件中公众和政府并不总是意见一致，而是经常发生冲突。民众冲突的核心焦点是利益博弈，官员冲突集中在科层组织内部，而非官民二元之间；发生在决策之前，而非公示之后；相对温和拖延，而非激进短暂；依赖权力解决冲突，而非利益协商。⑥ 因此，如果邻避项目规模不大，或计划选址地比较偏僻，则不用选拔，相关人士都应该参与。如果邻避设施规模较大，涉及的民众较多，则需要进行抽样，以确定论证参与者，这时需要根据利益相关者情况进行分类抽样。

抽样有以下几个目的：一是人数众多时，不需要每个人都参与，否则是对决策时间、决策成本等的浪费，科学抽样能够对大数量总体做出科学回答；二是一定的抽样方式可以对邻避设施涉及的民众进行科学划分，因为邻避设施涉及的民众通常具备不同的特征，例如职业不同、身份和社会地位不同、居住地不同、受教育水平不同，为了精准地了解不同群体的真实态度，可以设计目的抽样或比例抽样，因为完全随机抽样

① 周丽旋、彭晓春等编著：《邻避型环保设施环境友好共建机制研究——以生活垃圾焚烧设施为例》，化学工业出版社 2019 年版，第 49—60 页。

② 唐兵、黄冉：《嵌入性理论视角下农村邻避设施中的社会网络结构分析——以江西省 F 市 L 镇公墓项目为例》，《中共福建省委党校（福建行政学院）学报》2022 年第 6 期。

③ 王琼、吴佳：《化解邻避效应的中国经验：基于复合治理的田野考察与理论建构》，《学海》2022 年第 6 期。

④ 胡象明、高书平：《邻避风险沟通场域中的话语之争、现实困境及对策研究》，《郑州大学学报》（哲学社会科学版）2022 年第 4 期。

⑤ 毛庆铎、程豪杰、马奔：《邻避设施社会风险演化及应对——基于网络分析视角》，《上海行政学院学报》2022 年第 6 期。

⑥ 文宏、韩运运：《"不要建在我的辖区"：科层组织中的官员邻避冲突——一个比较性概念分析》，《行政论坛》2021 年第 1 期。

会忽略身份群体的不同,不一定反映群体内不同亚群体的特质。因此抽样是较好的选拔论证参与者的方式。

抽样前,应确定总体和样本的数量,以便样本能够更接近总体,说明总体的特征。一般情况下,对于任何一次随机抽样来说,样本的统计值落在总体参数值正负 1.65 个标准差之间的概率是 90%,落在总体参数值正负 1.96 个标准差之间的概率是 95%,落在总体参数值正负 2.58 个标准差之间的概率是 99%。[①] 因此,在抽取论证参与者时,要事先确定样本的总数,也即参与者的规模。规模过大,会造成浪费;规模过小,不能完全反映所有民众的意图,得出的意见诉求就不全面。对于邻避设施而言,由于设施直接关系着周边民众的切身利益,因此论证参与者至少应覆盖 90% 的民众,也即达到正负 1.65 个标准差的标准。如果时间和成本允许,还可以覆盖 95% 的民众。抽样时,不具备自主判断的个体不应列入总体的范畴,这些人通常是 18 岁以下的未成年人,以及年老失去表达能力的人。

抽样有随机抽样和非随机抽样两种方式。随机抽样是指完全按照随机的方式选择参与者,每一次选择都是独立的,不受其他任何因素影响,选择的结果组成参与者。随机抽样最大的好处是事先不清楚哪些民众会被选中,过程和结果完全是随机的,选择的样本(参与者)能真正代表当地民众。随机抽样有以下几种方式。

(1)简单随机抽样。这是最基本的随机抽样形式。按照等概率原则直接从所有受影响的邻避设施周边民众中选择若干个民众组成参与者,最简单的办法是抽签。先将受设施影响的民众编号,写在纸条上,然后放在一起,搅拌均匀后,从中任意抽取,选中的汇总,即可得出最终参与者。这些被选中的人就代表设施所在地民众表达意见。除了编号直接抽取,还可以利用随机数表,闭上眼睛随机选择,选中的民众就是代表所有民众参与决策论证的人。

(2)系统抽样。也叫等距抽样或间隔抽样。首先对所有民众进行编号,然后根据论证参与者规模,用民众总数除以参与者总数,得出抽样间距,紧接着随意选取一个起点,从该起点开始,每隔一个抽样间距,

---

① 风笑天:《现代社会调查方法》(第五版),华中科技大学出版社 2016 年版,第 54 页。

得到一个被选者，以此类推，直到达到参与者总数的要求。最后把抽取的编号汇总，找到真正的民众，形成论证参与者。例如，邻避设施影响的民众共 9500 人，抽样规模为 3000 人，则抽样间距为 3.17，四舍五入后为 3，假设从编号 2 开始抽样，则编号 6、10、14……为抽中者，这些编号代表的民众应参与论证。

（3）分层抽样。将设施周边民众按性别、年龄、职业等划分成若干类型，然后按类型进行简单随机抽样或系统抽样，最后将所得样本汇总，得出论证参与者。这种抽样方式可以增加抽样的精度，了解设施周边民众不同群体的态度，从而更加精确地把握设施周边民众对邻避设施的态度和诉求。当然，怎么分层，每个层次的比例是多少，是分层抽样最关键的问题。关于分层标准，不同的标准分出来的层次肯定不一样，因而需要选择一种最适宜的标准，否则样本的代表性会受到影响。一般情况下，有三种备选办法：一是根据事先掌握好的、收集好的影响邻避设施建设的关键因素进行分层，例如，研究发现，补偿标准是影响邻避设施项目能否顺利建设的重要因素之一，但是现实中不同群体的补偿标准是不一样的，因此可以根据群体的补偿诉求进行分层。收入水平比较高的群体所期望的补偿标准也会更高，因此应该进行区分。二是根据民众固有的内在结构变量作为分层依据，例如，设施影响的民众有可能是一个个的居民家庭，也可能是企业事业单位等有组织的群体，分层的时候应该考虑这些因素，确保抽样结果全部覆盖这些异质性强的群体。三是根据常见的变量进行分层，如性别、年龄、文化程度、职业等。研究表明，男女风险感知存在重要差异，男性更倾向于把风险判断得更小、更不成问题，女性更加关注健康和安全[①]，这意味着根据性别进行分层是有科学意义的。关于分层比例，实际上跟样本总量有关系，也就是说，每个层次应该抽取多大的规模取决于要抽取的样本的总量，只有确定了样本总量，才能确定每一个分层的具体数量。可以根据样本总量和分层类型，确定每种类型分层的具体规模。例如，要抽取 1000 个设施周边居民，这

---

① ［美］保罗·斯洛维奇：《信任、情绪、性别、政治和科学：对风险评估战场的调查》，载［美］保罗·斯洛维奇编著《风险的感知》，赵延东、林垚、冯欣等译，北京出版社 2007 年版，第 445 页。

些居民可以分为4种类型，则每种类型的居民可以暂定为250名。当然，简单地根据样本总量确定分层规模并不科学，还应该考虑内部的差异，必要时进行加权处理。

（4）整群抽样。从总体中随机抽取一些小的群体，由这些小群体代表设施周边居民，不考虑小群体内部的所有元素，只要是该群体的成员，都纳入论证参与者。这种抽样的前提，是将设施周边民众分为不同的小群体，然后对小群体进行抽样。例如，将设施周边民众分为单个的家庭户和有组织的成员两种类型，如果抽到了单个的家庭户，则把所有家庭户列为论证参与者；如果抽到了有组织的成员，则将所有组织列为论证参与者。当然，这种抽样方式抽取的结果可能不能代表所有周边民众的特点，因此运用时应特别小心。例如，如果只将家庭户列为论证参与者，则有组织的成员会全部被排斥在参与之外，不能表达自己的意见，反之亦然。很明显，这样的论证参与者抽样方式是不科学的，覆盖面不广，代表性不强。

（5）PPS抽样。也叫概率与元素的规模大小成比例抽样，是为了解决总体内不同群体的分布规模不均匀导致的抽中概率不均等问题而设计的一种抽样方法。该方法是指，用阶段性的不等概率换取最终的、总体的等概率。具体做法是，首先，将邻避设施可能影响的周边民众分为不同的群体，每个群体被抽取的概率不同（群体越大，抽中的概率越大），然后，不管群体规模大小，每个群体抽中同样的元素。通过这种方法，可以实现最终的等概率。

（6）户内抽样。即以家庭户为对象进行抽样，这在邻避设施论证参与者取样时也可使用。一般情况下，是在抽中的家庭户中选择一位成年人作为调查对象，了解他们对邻避设施的看法，征求他们的意见，这个调查对象的意见就代表着该家庭户的意见。现实中，邻避设施社会稳定风险评估常以家庭户为单位进行调查，说明该抽样方法具有较广的应用性。户内抽样有两种简便的操作方法：一是掷骰子，它特别适合家庭内合格的访谈调查对象不多于6人的情形，一般情况下，就是该家庭18岁以上的成员不多于6人。操作时，先将这些合格成员编号（如：1. 父亲；2. 母亲；3. 儿子；4. 女儿），然后掷骰子，根据骰子朝上的数字决定被调查对象是谁。二是生日法，首先，随机确定一年中的某一天为标准日期，为便于计算，通常选择某个月的第一天，如 3 月 1 日、4 月 1 日，等等。然后，确定抽中的家庭户中 18 岁以上的人口数，以及每个人的生日是哪一天。紧接着，计算出每个人的生日距离标准日期的天数。然后，选择生日距离标准日期最近或最远的人为调查对象。将所有抽中的访谈对象汇总，即可得出所有的参与论证者。

现实中，还可以用多段抽样法确定具体哪一户接受调查，但在该户接受调查的具体人选上，Kish 选择法更加科学。这种方法的做法是，先将调查问卷编号为 A、B1、B2、C、D、E1、E2、F 八种，每种表的数目占调查问卷总数的 1/6、1/12、1/12、1/6、1/6、1/12、1/12、1/6。同时印制若干套选择卡发给调查员，每人一套。选择卡形式如下（见表 3 – 1 至表 3 – 8）。

表 3 – 1　　　　　　　　　　A 式选择卡

如果家庭户 18 岁以上人口数为	被抽选人的序号为
1	1
2	1
3	1
4	1
5	1
6 人以上	1

表 3 – 2　　　　　　　　　　B1 式选择卡

如果家庭户 18 岁以上人口数为	被抽选人的序号为
1	1
2	1
3	1
4	1
5	2
6 人以上	2

表 3 – 3   B2 式选择卡

如果家庭户 18 岁以上人口数为	被抽选人的序号为
1	1
2	1
3	1
4	2
5	2
6 人以上	2

表 3 – 4   C 式选择卡

如果家庭户 18 岁以上人口数为	被抽选人的序号为
1	1
2	1
3	2
4	2
5	3
6 人以上	3

表 3 – 5   D 式选择卡

如果家庭户 18 岁以上人口数为	被抽选人的序号为
1	1
2	2
3	2
4	3
5	4
6 人以上	4

表 3 - 6 　　　　　　　　　　　　E1 式选择卡

如果家庭户 18 岁以上人口数为	被抽选人的序号为
1	1
2	2
3	3
4	3
5	3
6 人以上	5

表 3 - 7 　　　　　　　　　　　　E2 式选择卡

如果家庭户 18 岁以上人口数为	被抽选人的序号为
1	1
2	2
3	3
4	4
5	5
6 人以上	5

表 3 - 8 　　　　　　　　　　　　F 式选择卡

如果家庭户 18 岁以上人口数为	被抽选人的序号为
1	1
2	2
3	3
4	4
5	5
6 人以上	6

调查员首先对每户家庭中的成年人进行编号、排序，排序时男性在前、女性在后，年龄大的在前、年龄小的在后，即最年长的男性排第一，次年长的男性排第二，以此类推；最年长的女性排在最年幼的男性后面，其他女性按年龄大小依次排列（见表3-9）。

表3-9 家庭内成年人排序表

序号	年龄和性别特征
1	最年长的男性
2	次年长的男性
……	……
n	最年幼的男性
$n+1$	最年长的女性
$n+2$	次年长的女性
……	……
$n+m$	最年幼的女性

然后调查员随机选择一种调查问卷，按照调查问卷上的编号找出编号相同的那种选择卡，根据家庭人口数目从选择卡中抽出相关个体的序号，最后对这一序号对应的那个家庭成员进行访谈。

这种方法的好处是，可以收集到样本家庭和家庭内个体的资料，抽取的样本在年龄、性别、文化程度等方面的分布与总体分布十分接近。当然，这种方法也有局限。一是按照等概率原则抽取家庭后，家庭内的每个成年人被抽取的概率不相等，通常家庭成人数少的成人抽中的概率大。当然，如果家庭规模相对集中，这个缺陷可以忽略不计。二是，成人数是5的家庭，每个成员被抽取的概率不相等，一般第3个人和第5个人被抽中的概率大一些。三是成人数如果多于6人，则第7、8、9……个成人永远不可能被选中，这些人主要是更年轻的女性。①

---

① 曹阳、陈洁、曹建文等：《Kish Grid抽样在世界健康调查（中国调查）中的应用》，《复旦学报》（医学版）2004年第3期。

简单随机抽样、系统抽样、分层抽样、整群抽样、PPS 抽样、户内抽样都是很好的随机抽样方式，也各有利弊。具体调查时，一方面要考虑成本因素，另一方面要考虑邻避设施公众意见征求想要达到的目的。成本因素中，主要考虑抽样调查所花费的时间、费用，如果公众征求意见覆盖面广，则样本规模可以扩大，方式可以更科学。

邻避设施运行中，多数通过了稳评、环评等环节的项目仍然激起民众的反抗，酿成冲突事件，这说明稳评、环评公众征求意见环节不够科学。造成不科学的主要原因，是出于节省成本、加快进度等考虑，调查对象的选取没有严格遵守随机抽样的方法，而是采取了非随机的抽样方法，例如偶遇抽样、判断抽样、定额抽样，这种方法获取的样本，由于覆盖面不足，造成大量民众没有机会表达意见，因此现行的建设方案忽略了他们的诉求。而非随机抽样还有一个缺陷，就是样本总量通常不大，这也是目前邻避设施项目经常遭遇抗争的原因之一。大量民众等待着表达意见，但是样本获取忽略了他们，因而他们事实上被代表了。更有甚者，一些邻避设施立项决策根本没有征求普通民众意见，连基本的程序都省略了，政府和项目方替民众做主。可以看出，是否让民众参与，让哪些民众参与，直接决定着项目命运，应该重点关注。总体上，应该优先选择随机抽样的方式选取论证参与者。

当然，随机抽取参与者并不排斥非随机的选取方式。非随机的选取方式适合特定的主体，如企业、社会团体、政府部门。如果这些组织也处在邻避设施影响的范围内，在选择参与者时也不能忽视他们的意见。对这些主体而言，合适的方式是目的抽样，以保证样本中没有遗漏。虽然样本中不能忽视这些主体，但是具体的对象选择中，还是应该遵循随机的选择方式。

明确了论证议题和论证参与者，接下来就是为参与论证做准备了。首先，需要提前告知参与者每一次论证的具体议题，向参与者通报相关内容，保障参与者的知情权。

二　告知论证内容

告知论证内容的目的是保证参与者的知情权。知情的目的是让民众了解政府、项目方、专家在做什么,以便在决定上马邻避项目时,能够真正参与决策过程,维护自身合法权益。为了保证民众知道邻避设施其他利益相关者的行动、意图,有必要确保政府政务公开工作的质量,保证项目方及时公开相关项目的详细信息。因此知情的主要环节是信息公开、科学宣介和适当的动员。

(一) 信息公开

主要指政府发现辖区内有邻避设施建设需求后,应该及时将相关情况向社会公布,让民众、社会团体、专家等知晓。这是因为,正式和非正式的信息披露对邻避冲突治理有正向影响,非正式信息披露效果更明显;而且信息披露在构建信任和邻避冲突治理中起中介作用。① 因此及时、完整、科学的信息公开十分重要。信息公开的目的是让辖区内的民众了解设施建设的必要性和紧迫性,认识邻避设施对公共利益的好处,了解自己的损益状况,防止因利益受损等引发反对抗议。一般而言,向公众公布相关信息可以选择合适的方式,如传统的报纸、电视、杂志、公报等媒体,也可以通过新兴的政务 App、互联网等推送。例如,法国核安全局主要通过以下方式公布相关核设施信息:一是官方网站、Twitter账号、Facebook 账号等;二是每年举行 20 余次新闻发布会,接受采访100 余次;三是出版各类图书和文件,包括年度报告、宣传手册、核安全导则和技术审查文件等;四是与核安全与辐射防护研究院合作举办巡回展览。放射性废物管理局基本类似。② 总体而言,应尽可能扩大信息公开渠道,丰富公开形式,让更多民众了解邻避设施建设情况,打消疑虑,赢得民心支持。

(二) 科学宣介

民众获知相关信息后,会根据损益情况、风险大小等判断自身损

---

① 刘玮、李好、曹子璇:《多维信任、信息披露与邻避冲突治理效果》,《重庆社会科学》2020 年第 4 期。

② 张秀志:《做好公众沟通,破解"邻避效应"——法国核电放射性废物处置设施公众沟通情况及经验启示》,《环境经济》2021 年第 14 期。

益，决定是否支持邻避设施建设。损益状况一般包括设施离居住地的远近、占地面积、是否拆迁、迁移补偿标准、补偿能否提高生活质量、是否公平等，风险大小一般依靠已有的知识经验、临时了解的信息，甚至道听途说，主要基于情感体验，较为主观、非理性和直觉化。研究表明，人们倾向于认为大多数活动当前的风险水平高得令人难以接受[1]，这与专家主要依靠计算得出的数字判断风险水平截然不同。因此，针对公众的风险宣传和介绍十分重要，相关工作应该在信息公开后迅速启动。研究发现，传统"决策—公布—辩解"模式易造成公众不信任，加剧其对邻避工程的反对情绪，政府部门对邻避工程的功能与潜在影响宣传不足，致使公众接收信息缺乏有效引导，以至于活跃人群起关键作用。[2] 工业项目中邻避风险沟通存在前期沟通不足、爆发后仓促被动、最后沟通效果不佳等问题，原因是政府与民众间角色对立、地位不平等，政府沟通技巧不娴熟，沟通渠道失当。[3] 针对这些问题，国外有较成熟的经验。

在法国，相关工作主要由国家放射性废物管理局和核安全与辐射保护研究院负责。[4] 国家放射性废物管理局在信息公开的基础上，重点做好公众交流讨论和深度融合工作。交流讨论主要依托设施公众开放日、制作教育材料、组织学生研讨会、举办放射性废物和环境会议、移动展览、科学文化节等形式。深度融合主要是与地方和利益相关方交流，包括举办地方特色文化活动，如放映电影，举办当地历史遗迹和风景名胜讨论会。与利益相关方交流主要是与民选官员举办年会，组织承包商和当地居民狩猎，组织纪念日聚会等，投资地方企业。核安全与辐射保护研究院除了依托社交网络、公众杂志进行信息公开，主要通过媒体服务、科普宣传、角色扮演、紧急响应等与公众沟通。媒体服务与专业舆

① ［美］保罗·斯洛维奇编著：《风险的感知》，赵延东、林垚、冯欣等译，北京出版社2007年版，第4页。

② 汪洋、叶胜男：《基于公众情境和理性行为理论的邻避工程公众接受研究》，《工程管理学报》2020年第5期。

③ 徐大慰、华智亚：《工业项目邻避冲突中的风险沟通困境研究》，《华北电力大学学报》（社会科学版）2021年第5期。

④ 张秀志：《做好公众沟通，破解"邻避效应"——法国核电放射性废物处置设施公众沟通情况及经验启示》，《环境经济》2021年第14期。

情监测公司合作，了解新闻动态，及时辟谣。科普宣传主要形式是巡回展览和科普游戏，巡回展览每年历时 8 个月，涵盖全国的社区、学校、医院；科普游戏包括了核裂变反应游戏，帮助公众了解中子、元素等知识。角色扮演主要是设计具体场景，让民众、医院等思考如何应对。紧急响应依托网络系统和软件模型模拟事故，考察各部门的快速反应能力。

可见，宣传介绍内容应围绕邻避设施的特性、利弊和对公众的影响、如何预防展开，尤其是要向公众详细介绍邻避设施的科学属性、本来面目，讲清楚设施的风险概率和后果，纠正民众对邻避设施的不准确认知，内容应通俗易懂，符合民众认知模式。宣介中不应该隐瞒真相、扭曲事实，应真实介绍邻避设施蕴含的风险、发生概率，帮助民众客观权衡利弊，做出合理判断。宣介以达到效果为目的，最好由专业第三方机构进行，这样立场更客观，更易获得民众信任。方式也应多样化，如发放宣传册、在醒目处张贴公告、上门进行介绍等，并根据效果及时调整。宣介中需特别注意不能通过关系控制，孤立反对者，摆平①，进而达到既定目的，因为这种利用强权影响民众认知和判断的方式只能获得表面支持认可，真正的风险并没有排除，反而会埋下新的隐患，程度与后果更加严重。因此，宣介一定是客观讲述设施项目的利弊，让民众从懵懂无知者成为"行家里手"，能够做出科学理性的判断，而非被情绪左右，主观盲目地反对质疑。一旦目的达到，相关活动即可停止。

（三）动员

公众了解了邻避设施的特性和利弊后，需要将他们对邻避设施的态度、需求综合起来，决定是否建设邻避设施、如何建设邻避设施，这需要动员他们参与决策过程。研究表明，民众对邻避设施有意见，并不一定会参与反对相关设施的集体行动。这与他们对集体效能的感知程度、对选址中不公平的感知程度、居住地与邻避设施的距离，对政府的不信

---

① 郁建兴、黄飚：《地方政府在社会抗争事件中的"摆平"策略》，《政治学研究》2016年第2期。

任、受害感、与社群中他人观点相似程度等有关。① 动员有两个目的：一是发现民众的真实需求；二是督促民众参与决策过程，表达需求，决定自己命运，决定是否建设邻避设施。动员时，应该向民众讲清楚利害关系，做到参与规模最大化，覆盖计划建设地所有民众，最好不遗漏，否则会埋下隐患。动员可以依靠传统的模式，比如走村入户的形式，也可以采用新型模式，比如利用微信群、App。对于当地的积极分子、意见领袖、社会名流等关键人物，应该重点对待，因为他们在当地社区中影响更大，如果缺少他们的参与，决策过程和决策结果都会出现瑕疵而不完美。动员工作结束后，设施可能影响的地区的民众已经做好了参与论证的准备，接下来就是现场参与论证了。

（四）为参与论证做准备

即论证参与者做好准备。首先，要确保抽中的参与者有意愿参与邻避设施决策论证；其次，参与者需掌握民主参与技巧，具备有效理性参与能力；最后，要事先将邻避设施项目的有关信息告知参与者，让他们事先学习消化，为现场参与做准备。

1. 抽中的人有意愿参与

这是参与论证的基础。如果抽中的人不愿意参与，则抽样方法再科学也没有实际意义。让抽中的人有意愿参与的方法，主要是动之以情，晓之以理，告知他们，邻避设施建设通常于公共利益有利，但也可能会影响他们的工作、生活，因此应该通过参与，表达自己的意见诉求，决定自己未来的生活福利。而且，被选中成为论证参与者，是经过科学的方式确定的，不是随意选择的。相关参与也是无上光荣的，每一个意见都代表着周围的民众，都对最终是否建设起决定性作用。邻避设施多数都是对公共利益有利、对私人利益不利的设施，相信讲清楚这些道理，抽中的论证参与者会参与后续的论证会。同时，邻避设施引起的冲突事件已经在中国广为关注，因此对设施影响的民众来说，赋予他们这样的参与权利是对他们的莫大信任和尊重，因此只要精心劝服，一定能够确保论证参与率。

---

① 参见柳婷《邻避设施选址中的居民心理及行为研究》，华中科技大学出版社 2020 年版。

如果确有少量不愿意参与的人,则可以通过替换的方式寻找新的论证参与者。替换时,根据缺口数量,剔除已经选中且愿意参与的人或其代表的家庭,从剩下的总体中,再次用随机抽样方法进行抽样,直到符合要求和目的为止。

2. 参与论证技巧培训

参与论证是一项专业性较强的活动,如果参与者没有掌握论证技巧,不具备论证素养,则即使愿意参与邻避设施论证,也无法充分表达自己的意见,因此对抽取的参与者进行技巧培训是必需的。根据西方广为接受的《罗伯特议事规则》的要求,培训内容应包括:民主议事的基本术语、根本原则、会议议程、发言规则、提问规则、动议规则、程序动议、辩论规则、表决规则。① 只有掌握这些规则,参与者才能真正表达诉求,反映自己的意愿。

民主议事中,基本的术语有:动议、实质动议、程序动议、待决动议、议题、决议、法定人数、一致同意、提问、自由评论、辩论、附议、修正案等,这些术语在实际参与论证中经常使用,参会者应熟练掌握,正确应用。一般而言,动议是明确而具体的行动建议。实质动议是会议要解决的问题、采取的行动、表达的观点、做出的决定。程序动议不包括内容,只涉及参与论证的程序。待决动议是正在讨论、尚未表决的动议。动议的内容称为议题。动议经过讨论表决最后通过形成的文字称为决议。法定人数是完成一项议题所需要的合法人数。一致同意是一种快速表决方式,即在表决时主持人询问是否有人反对,停顿后如果没有人反对,则可宣布"既然没有人反对,那就一致同意……",如果有任何人说"我反对",则必须进行正式的表决程序。提问是就客观信息提出问题,并请求回答,回答的内容必须是客观信息,不能涉及观点、评价、感想、情感。辩论是就待决动议提出赞成或反对的意见,并阐述理由。附议意味着刚刚提出的动议值得马上在会议上讨论,如果有人动议有人附议,主持人必须把这个动议提交会议讨论。参与论证者应该通过听课、讨论等方式明白这些民主议事术语的基本含义、使用场合、具体要求,

---

① 参见〔美〕亨利·罗伯特《罗伯特议事规则》(第10版),袁天鹏、孙涤译,格致出版社、上海人民出版社2012年版。

为真正参与论证做准备。

民主议事的根本规则是每个民主参与者应该遵守的基本规则，一般包括：应该尊重每个参与者表达意见的权利；每个参与者有权利把自己的意见努力变成会议意愿，但要遵守约定的规则和程序；每个议题应该在参与者充分表达、讨论和修改后才可进行表决；如果有不同意见，应该承认多数方的意见为会议意愿；会议授权主持人分配发言权、提请表决、维持秩序、执行会议程序，主持人主持期间不得参与内容讨论；把动议作为建设性讨论的必备程序，先动议后讨论，无动议不讨论，讨论只讨论当前动议，避免没有动议的发散讨论；动议应该是明确具体的行动建议，不能是模糊的想法；参会者应该在会前仔细阅读相关资料。

会议议程决定了会议的程序，直接关系着参与论证者如何表达自己的意见诉求。一般而言，会议议程顺序如下：宣布主持人和记录人；主持人宣布参会者总数，实际出席人数，有多少人委托别人出席，出席人数是否符合法定人数；主持人宣布会议议题及程序；主持人征询参与者对议题和程序的建议，如果需要修改，提交会议讨论表决，修改动议需要过半数通过；记录人宣读上一次会议纪要与决定；如果有人对会议纪要有疑问，可以提问，由主持人指定解释人，或主持人自己解释；陈述工作总结报告以及相关动议表决情况；对新提出的动议进行讨论、表决；当场打印表决结果并签字确认；会议结束后主持人对会议过程及最终决定进度进行回溯总结。在会议过程中，如果对议题及程序提出修改动议，应实行三分之二表决。每一个报告在陈述之后应立即处理，然后再陈述下一个报告。会议主持人可以指定或提议选举临时主持人。

发言规则主要规定参与者会议过程中发言的要求。发言过程中，可将参会者分为主持人、发言者和其他非发言者三类，他们的义务和权利各有不同。主持人主持发言，主持会议，宣布发言者，分配发言权，维持会场秩序，必要时回避。主持人不应发表任何意见，除非执行和解释议事细则。如果需要，主持人应让出主持之位，指定一位临时主持人，直到本动议得到处理。发言者应该明白，发言前应向主持人申请发言，不能未经允许就开始发言。最先举手并称呼主持人的人最先获得发言资格，主持人应宣布"请×××发言"。如果发言没有完毕其他人就举手要求发言或已经开始发言，主持人不予理会，或裁定无效。如果几个人同时举手发言，那么：如果没有待决实质动议，最先举手者获得发言权；如果有待决实质动议，动议人在主席刚刚陈述完议题后，有一次优先发言权；针对同一动议，尚未发言者优于已经发言者；在连续两个人发表同一意见后，主持人应当询问有没有不同意见，持不同意见者优于持同样意见者，主持人应尽量让意见不同的双方轮流得到发言权，以保持平衡。除以上情况外，主持人可以请最先举手者发言。发言人取得发言权后，应起立发言，发言前要先介绍自己，发言人坐下来意味着发言完毕。参会者如果认为主持人分配有问题，可以提请主持人纠正，如果主持人不纠正，参会者还可以进一步申诉，请会议表决决定。参会者取得发言权后可以提问，如果没有待决的实质动议，应该动议，不能既不动议也不提问，随意发表感想，如果有待决实质动议，应该就该动议表达意见，如提出修改或其他程序动议。发言时，应面向主持人，以防止发言者之间产生冲突，宣读文件或报告时除外。如果发言出现混乱，主持人应该要求恢复秩序，如喊"秩序"，拍掌让参会者安静，等等。非发言者应该尊重主持人和发言者，并积极参与发言，如提出动议，为发言做准备。

提问规则主要界定发言者和非发言者如何提出问题。提问首先需要获得发言权，不能随意打断别人的发言，提问不需要附议。提问要面向主持人，但可以指定其他人回答。如果提问人没指定回答者，主持人应询问谁可以回答问题，请知情者回答，主持人不应回答规则之外的任何问题。取得一次发言权只能提出一个问题，最多由一个人回答；如果提问人认为回答者对问题理解有误，可以澄清问题，要求重新回答，主持人应根据自己的判断允许最多一次澄清和重新回答，重新回答时可以请不同的人回答。主动补充问题的答案，或未经安排主动介绍情况，需以动议形式得到过半数参会者同意。对回答不满意者可提出动议处理，但必须在没有其他待决动议的前提下。提问、发言、动议的时间不能过长，应该在会议一开始就约定。

动议包括六个程序：提出动议—附议—陈述议题—辩论—表决—宣布结果。提议人取得发言权后，提出动议，"我动议……"，提出动议时不需要解释理由（主持人也可以根据自己的理解允许解释一句或两句），动议人在辩论阶段有权选择第一个发言以解释自己动议的理由。动议应该是明确具体的行动建议，是书面语言。如果动议措辞不明确，主持人可以要求动议人继续整理，或帮助其措辞，但必须询问是否符合动议人的本意。主持人不能提动议，程序方面的除外。附议时，除主持人和动议人之外，任何其他成员如果认为现在应该讨论这个动议，则不用取得发言权，直接举手喊附议。如果动议之后没有人附议，主持人应该只询问一遍"有人附议吗"，如果仍然没有人附议，则动议无效，自动忽略，不用处理。在动议提出过程中和刚刚提出后，动议的反对者应保持沉默，因为如果没有人附议，动议自然无效，如果有人附议，可以发表反对意见，或者申请动议搁置。动议得到附议后，主持人必须请会议讨论，相关动议成为当前动议或待决动议。主持人陈述完议题后，动议成为所有参会者讨论的对象，参会者只能针对动议发表意见，不能对动议人或提议人发表意见。如果针对动议出现了反对意见，双方应该进行辩论，辩论围绕动议的利弊展开，应遵循发言规则和辩论规则。辩论完毕后，主持人提请会议就是否通过当前议题进行表决。表决结束后，主持人宣布结果：动议得到通过，或被否决。

程序动议说明修改、委托、表决、搁置、调整辩论限制、申述、休息、休会、重新考虑等程序如何在参与论证过程中使用（见表3-10）。

表3-10　　　　　　　　　程序动议详情

动议	用途	可否辩论	可否修改	表决额度
修改	修改实质动议的措辞	可以辩论	不可再修改	过半数
委托	把实质动议委托给一个委员会研究后在指定时间回来汇报	可以辩论	可以修改委员会成员和汇报时间	过半数
表决	不再讨论修改，立刻表决	不可辩论	不可修改	三分之二

续表

动议	用途	可否辩论	可否修改	表决额度
搁置	如果希望忽略该实质动议,搁置后下次会议不再讨论	正反两方可各辩论一次	不可修改	三分之二
	如果希望先处理其他议题,以后再继续讨论本实质动议,搁置后可随时以"过半数表决"取消搁置并继续讨论			过半数
调整辩论限制	调整每人就每个议题可以发言的次数和时间	不可辩论	可以修改次数和时间	三分之二
申述	对主持人的某个裁定提出质疑,改由会议重新裁定	每人可辩论一次,包括主持人	不可修改	过半数
休息	休息几分钟,可以用来展开自由讨论	不可辩论	可以修改休息时间长短	过半数
休会	结束本次会议	不可辩论	可以修改下次会议时间	过半数
重新考虑	重新考虑同一天内已经表决过(无论是通过还是否决)的实质动议	只能辩论为什么应重新考虑,不能涉及该提议本身的利弊	不可修改	过半数

资料来源:寇延丁、袁天鹏:《可操作的民主:罗伯特议事规则下乡全纪录》,浙江大学出版社 2012 年版,第 209—210 页。

一般情况下，修改的方案必须是明确的文字，直接、准确地描述如何修改。对于实质动议而言，辩论本身就是修改，因为辩论过程中会提出多种方案，修改的过程可以让它被更多的人接受，这也是辩论本身的意义。调整辩论限制只能在待决的同意可以辩论或没有待决的动议两种情况下提出。申述只能在主持人做出某项裁定后提出。休息可以在任何时候提出，休息的时候可以进行自由讨论，以帮助大家整理思路，这时可以随意发言，不受发言权、发言次数和时间的限制，当然主持人应该确保会场不混乱，并及时恢复正常会议秩序。休会可以在任何时候提出，并且优于休息，休会是参与者的权利，如果过半数的参会者希望休会，任何人不得强制会议继续进行。如果没有待决动议，任何人可以提出重新考虑某个当天表决通过的实质动议，如果会议决定重新考虑，那么立即回到实质动议的辩论阶段，但同一天内每个人对同一动议的辩论不超过两次。取消或修改已通过的决定要求三分之二表决。被否决的动议，可以在下一次会议上重提，并按照新动议处理。

参会时如何辩论呢？辩论规则主要说明这一点。同一天内，对同一个动议，每个人的辩论发言不得超过两次，每次发言时间根据约定确定，个人不能无限占用其他参会者的时间。发言时应首先表明自己的立场——赞成或反对，然后陈述理由，如果发言人的立场难以分辨，主持人可以询问。辩论必须切题，发言必须与是否应通过当前的动议有关，如果内容与该动议无关，主持人应该制止。发言时禁止人身攻击，禁止质疑或评价他人动机、习惯或偏好。如果对已经发生的事实存在争议，应展开调查，而不是辩论。如果对未来某项行动的可行性存在争议，也应展开调查，为辩论提供客观依据。

辩论结束后，参会者应该进行表决，以决定动议是否通过。表决有前提条件，主持人提议，没有人再要求发言，所有人都用尽了发言权，或者刚刚通过了立刻表决的动议。表决时应先请赞成方表决，再请反对方表决，不要请弃权方表决。默认的表决方式是举手表决，且不需要计数。主持人说"现在表决的动议是……所有赞成这个动议的请举手"，观察举手者的数量，请举手者放下；然后主持人说"所有反对的请举手"，观察数量。然后判断是否达到表决所需要求。参会者有权质疑主持人对表决结果的判断，只要有一位参会者要求重新表决，会议就必须进行计数的起立表决,也就是请赞成方起立,待工作人员统计人数后,请就座,再请反对方起立,计数后请坐下。注意,表决时不能问"不同意的请举手",而应该说"反对的请举手",因为不同意包含反对和弃权。表决时主持人需要保持中立,不参与表决,除非正反双方表决后发现主持人这一票可以改变表决结果。主持人可根据自己的判断,在会场气氛比较一致的情况下采取一致同意的简化表决方式提高会议效率。表决时参会者不能要求对投票进行解释,因为辩论已经结束。在主持人宣布表决结果之前,任何人可以改变自己的投票,之后则不可以。

培训需要当地领袖人物的支持,因此可以与当地社区、村自治组织联络,寻求他们的帮助,否则很难深入当地社区,赢得民众的支持。培训也应针对当地民众的特点,采取不同的形式,对上述基本内容做适当精简优化。例如,如果当地民众受教育水平普遍不高,则应把论证议事规则简化成耳熟能详的顺口溜,帮助民众接受、理解。如果当地民众受教育水平较高,则可以做简单的介绍,然后指定阅读资料,由他们自学。当参训者能够熟练掌握相关论证规则后,就意味着他们能够代表民众行使参与权、表决权了。

3. 主持人培训

上述论证技巧培训表明,主持人十分重要。娴熟的主持技巧,能够提高论证效率,提升参与效能,取得事半功倍的效果;主持人技巧不熟练,不懂得激发参与者热情和潜能,参与论证就会流于形式。现实生活中常见的违背论证要求的现象,多数也是因为主持人不了解民主议事规则,给了投机者可乘之机,因此还需要对主持人进行专门培训。总体而言,主持人就是负责主持每一次论证的,除了严格按照议事规则要求进行主持外,不能轻易发表意见,不能表达自己的偏好,主持人只是扮演程序控制者、现场秩序维护者的角色。但是,很多主持人并不懂得这一点,不仅主持论证,还表达自己的立场,影响决策结果,这是应该杜绝的。对主持人的培训除了上述议事规则外,还应该增加其他内容,比如心理学的内容、领导学的内容。心理学是研究人的心理活动和社会行为的一门科学,论证现场每一个参与者的微妙心理活动都不能逃脱主持人的"法眼",都应该被主持人观察到、捕捉到,给予适当的反应。例如,如果发言者语无伦次,则表明该发言者心情紧张,主持人应该给予鼓励,例如用微笑示意，提议其他参与者给予掌声，等等。领导学是研究领导科学和艺术的一门科学，主持人在某种程度上就是现场的领导者，因此领导艺术至关重要。领导艺术掌握得好，就能够成为参与论证的凝聚力和润滑剂，调节气氛，激发更多的创造性；领导艺术不够高超，好的想法就不能充分表达出来，众人的灵感就无法充分激发出来。主持人的培训也应该单独进行。一般情况下，主持人应该来自与邻避设施建设关联不大的部门，因为直接相关的部门难以保证地位超脱。可以适当扩大培训对象，以备不时之需。

4. 信息说明

主持人和参与者都掌握参与论证技巧后，还需要明确每一次论证的具体议题，让主持人和论证者有充分准备，这就需要提前告知相关信息，即进行信息说明。信息说明应该专门组织，或者与技巧培训等同时进行，例如培训结束时用专门的时间发放相关文字、视频材料，由政府代表、企业代表现场做专题说明，解惑释疑。

研究表明，邻避事件中专家和公众在概念认知、风险评估和开放决策三个层面均存在认知差距；工艺流程信息直接或间接提升公众支持态度；景观规划信息可显著改善公众风险感知和收益感知，但对公众邻避态度无显著影响；恐惧诉求信息对公众风险感知和邻避态度均无显著影响。[1] 因此信息说明需要主次分明，重点突出。说明的内容应包括设施的科学知识，建设的必要性、可行性、紧迫性，项目建设对民众生活、工作、健康等的影响，这些影响是否致命，如何消除这些影响（配套设施、工程等），需不需要对民众进行搬迁，如果需要，哪些人可能列入搬迁范围，搬迁的补偿标准和实施细则是怎样的，搬迁后如何做好新社区的配套设施，保证搬迁者生活工作质量不降低，如何消除没有搬迁的人的疑虑，设施建设可能对周围环境产生哪些影响，如何消除这些影响，等等。概言之，信息说明的目的是消除政府和民众间的信息不对称，让民众掌握项目建设的来龙去脉，了解项目对自己的影响，以便真正决定自己的命运。当然，每次论证的信息不同，侧重点也不同。

---

① 黄河、王芳菲、邵立：《心智模型视角下风险认知差距的探寻与弥合——基于邻避项目风险沟通的实证研究》，《新闻与传播研究》2020 年第 9 期。

三　参与论证

参与论证即针对具体的或既定的议题进行论证，表达意见，陈述理由，进行辩驳，逐渐取得共识。从程序看，它包括三个环节：参与者在场、参与者表达论证、参与者决定。

（一）在场

设施周边民众在场的目的是，确保相关民众不缺席，有机会表达意见。这是参与论证的前提。在场的核心要义，是关系自身切身利益，或事关邻避设施重大事项的参与论证活动中，民众通过各种媒介、方式不缺席。这里的关键问题是，在场人士的规模有多大，哪些人士必须在场，如何选拔这些人士，获选后应该做哪些准备工作。事实上，参与主体选拔已经解决了这个问题，告知具体议题，进行技巧培训和信息说明，都是为在场做的前期准备工作。当然，在每一次具体的议题论证过程中，在场人士构成可能不同，因此在场除了确保前述抽取选拔的代表能真正到论证现场外，还意味着要根据议题的不同对论证参与者进行细分，逐一加以管理。这项工作一般由倡导邻避设施建设的政府负责，因为政府在邻避设施公共理性表达构建过程中主要发挥议程设置、方案规划论证抉择、项目利益协调作用，是程序控制者和公共决策平台维护者。①

很多时候，这项工作是与日常事务管理、会议管理重合的，因为会议管理也会涉及参会者告知、议题告知、场景。通常，获得所有参与论证者的名单后，邻避设施的建设部门或主管部门应成立专门的工作小组，小组下设秘书办公机构，负责选择每一场议题的具体参与者，通知他们论证的具体时间，提前告知论证议题，通过当地居委会、村民委员会，确保参与者亲临现场，表达意见诉求。如果确有事不能出席，可以委托其他利益相关者出席。

---

① 雷尚清：《重大工程项目自主决策式稳评的操作性偏误与矫治》，《中国行政管理》2018年第3期。

（二）表达论证

这是邻避设施决策论证的核心环节，意味着论证参与者在参与现场表达自己的意见和诉求，决定邻避设施的命运。由于事先经过培训，因此参与者都掌握了民主议事规则。一般情况下，主持人应该宣布本次论证会的目的、主要议题、议程、议事规则、时间长短，让与会者心中有数。其中议事规则最为重要，因为每一次论证场景不同，议题不同，目的也不同，需要将通行的议事规则具体化，提高论证效率，这些规则主要是：如何发言，怎么提问，如何提动议，怎么通过辩论达成共识，完成论证目标。

1. 发言

发言前要先向主持人申请，不能未经允许擅自发言，或者在别人发言时窃窃私语，影响正常的论证进程。别人发言时要耐心倾听，等没有人发言的时候再向主持人申请，或者等上一位发言人发言完毕后，第一时间举手，称呼主持人，待主持人宣布"请××发言"时，再起立发言。起立发言的好处是表示对与会者的尊重，显得更加正式。发言前要先介绍自己。发言要遵守既定的时间，不能故意拖沓而占用别人的时间。也不能顾左右而言他、冷嘲热讽，应该明确自己的观点，说明持有该观点的理由，对事不对人，态度平静客观，不能做人身攻击。如果发言时没有明确的观点和理由，随意漫谈，乱发议论，主持人应该及时制止，待再次获得发言资格后再发言。一位发言者发言完毕后，主持人应征询其他与会者的意见，谁先举手，并称呼主持人，谁就优先获得发言权。不同的发言者针对同一个议题发言完毕后，或者能够归纳出比较明确的结论时，主持人应该提示后来的发言者，针对这一结论表达赞成或反对的意见，并说明理由。如果时间不允许，主持人可以做出结论，阐释理由，询问其他与会者是否赞成。如果多数成员都赞成，没有异议，则这一议题的讨论可以暂停，待最终表决。如果有人表达异议，则请有异议的与会者发言，阐述其观点和理由。发言时如果出现混乱，主持人应该及时制止。

2. 提问

发言过程中，与会者可以向发言人提问，提问也要先得到主持人允许，不能随意打断别人的发言。提问可以面向主持人，也可以针对发言人。如果提问没有明确谁回答问题，主持人应该询问谁可以回答问题，并请该知情者进行回答。回答的时间等遵守论证开始前的约定。每次提问应该限定问题数量，比如只能提一个问题，或者不超过两个问题。主持人应该要求提问者明确表达自己的问题，防止提问者喋喋不休，随意发表感想。提问也要有时间限制。如果问题没有表述清楚，主持人可以要求提问者澄清。提问完毕后，主持人可以宣布被提问者回答问题。如果回答者没有达到提问者的要求，可以要求回答者补充回答。补充回答一般不超过一次。如果还不能达到提问效果，则应通过动议解决。

3. 动议

动议包括两个方面，一是程序动议，二是内容动议。程序动议一般包括修改、委托、表决、搁置、申述、休息、修护、重新考虑，它从程序方面规定动议。事实上，动议是指提出动议，提出动议是因为现有的发言、提问不能表达自己的立场，或者违背自己的立场，需要通过动议，合法地表达自己的观点。程序动议的目的是有机会表达内容动议。一般情况下，动议需要得到与会者同意，必要时可以辩论、修改。内容动议主要针对现有的发言和提问内容，希望借此表达自己的观点，通常是对现有观点进行反驳。内容动议需要主持人认可，在获得发言权后，可以提出"我动议"，提出动议时要明确表达自己的立场、行动建议，并陈述理由。如果措辞模糊，主持人可以要求明确措辞，或帮助其整理，征询动议者意见。动议提出后，与会者可以表明自己的立场，如附议，一般直接举手喊"附议"，主持人统计附议的人数。该项动议成为待决动议，为所有与会者所有，供他们讨论、辩论、修改。如果动议过后没有人附议，主持人应该询问一遍"有人附议吗"，如果仍然没有人附议则动议无效，自动忽略。因此，当有人提出动议后，反对者不必急于站出来表明自己的立场，因为如果没有人附议，则动议自然无效；如果有人附议，则可以申请发言，提出自己的观点。通常情况下，无论是动议针锋相对，还是提问、发言内容得不到圆满回答，抑或是双方各执一词，则都需要进行辩论，以澄清疑惑，讲清缘由。否则，相关议题僵持不下，难以决断。

4. 辩论

辩论一般在正反双方间进行，一般的程序是一方表明观点，说明理由，另一方据此反驳，也提出自己的理由，因此辩论是对观点和理由的辩论，辩论的目的也是让观点和理由更加清晰，从而帮助与会者认识自己的观点。例如，如果被对方驳倒，则意味着自己的观点和理由是站不住脚的。可以看出，辩论实际上有规律可循，其基本逻辑如图 3 - 1 所示。

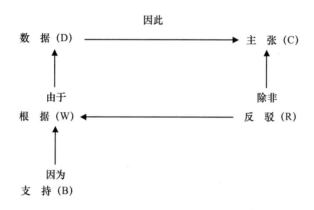

图 3 - 1 论证（辩论）的一般分析框架①

因此，辩论包含数据（Data）、主张（Claim）、根据（Warrant）、支持（Backing）、反驳（Rebuttal）五个要素。数据是辩论的信息、证据或事实，它证明主张为什么成立。主张是辩论想要得出的政策结果。根据是数据和主张之间的桥梁，说明为什么能够从数据推导出主张，通常以普遍的、假设性话语的面目出现。支持是根据的潜在支持力量，一旦需要，它就会为根据辩护，其功能在于证明根据所固有的假设是合理的、正当的，即当根据可疑，或受众质疑其正当性时，支持就会出来为根据辩护。反驳有两大功能，一是作为安全阀，证明根据与主张是站不住脚的；二是证明辩论对手、其他的政策和利益相关者对根据或主张的挑战、

① Mason R. O. , Mitroff I. I. , "Policy Analysis as Argument", *Policy Studies Journal*, Vol. 9, No. 4, 1980, pp. 579 - 585.

反对是客观的、出色的,需要加以重视。梅森和米特洛夫认为,该模型能够解释组织战略和政策制定的基本状态,可以作为一种政策分析的工具加以使用。

那么,辩论如何与邻避设施结合起来呢?或者说如何将辩论运用到邻避设施决策中呢?根据威廉·邓恩的政策论证模型,辩论应该有政策信息(Information)、政策主张(Claim)、立论理由(Warrant)、支持(Backing)、反证(Rebuttal)和限定词(Qualifier)。政策主张分为指示性、评价性和倡议性三种类型①,指示性主张涉及事实问题——"某种政策的结果是什么?",例如,修建垃圾处理厂的后果是什么,一方可能认为是破坏环境,让居住区臭不可闻,房屋贬值。评价性主张涉及价值问题——"政策有价值吗?",例如,邻避设施有价值吗?对我的生活有积极作用吗?倡议性主张涉及行动问题——"应采纳哪一种政策?",邻避设施要不要建?如何建?补偿多少?每一种主张都应该提出自己的理由,反驳一种主张也是如此。从本义看,辩论就是确定政策主张和政策信息之间的关系,说明为什么这些政策信息能够推导出某一主张。邓恩发现,借助权威、方法、归纳、分类、直觉、原因、符号、动机、类比、相似案例和伦理,②与会者可以让自己的主张更加令人信服。权威是指某个专家或政策制定者的成就、地位成为政策主张被接纳的理由③。方法来自对某种科学的方法或技术的认可——因为是用这种方法进行的推理,所以主张是有价值的。归纳借助的是统计学原理——对于样本成员真实的东西,对于样本外的成员也同样真实④。分类是指"某类别中的多数组成分子具有某一特征,该种类中某一组成分子将具有该特征"⑤。直觉、原因、符号、动机则分别借助论证者的洞察力判断力、因果逻辑推理、符号指

---

① [美]威廉·N. 邓恩:《公共政策分析导论》(第二版),谢明、杜子芳译,中国人民大学出版社2002年版,第106页。

② [美]威廉·N. 邓恩:《公共政策分析导论》(第四版),谢明、伏燕、朱雪宁译,中国人民大学出版社2011年版,第268页。

③ 丘昌泰:《公共政策:基础篇》,台北:巨流图书公司2004年版,第215页。

④ [美]威廉·N. 邓恩:《公共政策分析导论》(第二版),谢明、杜子芳译,中国人民大学出版社2002年版,第117页。

⑤ [美]威廉·N. 邓恩:《公共政策分析导论》(第二版),谢明、杜子芳译,中国人民大学出版社2002年版,第118页。

代的意义、内在意图和目标。此外，类比来自其他同类事务的经验，例如，厦门 PX 事件对当地环境造成了巨大破坏，当地居民成功使其停建，因此在我家周围也不能建设 PX 项目。伦理则以论证者的伦理价值或道德规范作为评价政策好坏对错的标准。如何判断政策信息推理出政策主张的程度呢？邓恩在政策相关信息与政策主张之间增加了限定词 Q，用以表达政策分析者对某一政策主张的确信程度，如"很可能""可能""有点可能""完全可能"。详见图 3 - 2。

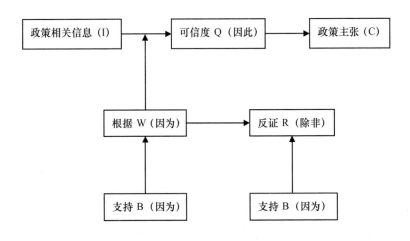

图 3 - 2　邓恩的政策论证模型①

　　辩论过程中，发言人必须明确自己的主张和理由，如果立场难以分辨，主持人可以询问。每一次辩论必须针对当前的议题、动议，不能转换话题，如果出现与议题无关的内容，主持人应该及时制止。辩论过程中也不能进行人身攻击，质疑他人的动机、习惯、偏好，更不能发生肢体冲突。如果辩论过程中对事实了解不清，应该停下来，进行调查，而不是做无谓的争论。当然，完全做到有效客观辩论并不容易，现实中我们经常犯错误，例如，虚假类比、虚假类似、草率的归纳②，诡辩、狡

---

　　①　［美］威廉·N. 邓恩：《公共政策分析导论》（第二版），谢明、杜子芳译，中国人民大学出版社 2002 年版，第 76 页。

　　②　［美］威廉·N. 邓恩：《公共政策分析导论》（第四版），谢明、伏燕、朱雪宁译，中国人民大学出版社 2011 年版，第 287—288 页。

辩，这些都需要辩论者不断汲取经验，提升论证素养，加以避免。

（三）决定

辩论结束后，或者没有人再要求发言，或者所有人都用尽了发言权，刚刚通过了立刻表决的动议，则可以对相关议题进行表决。表决时，先请赞成方举手，再请反对方举手，弃权方不管。如果能清晰地区分出双方的力量对比，例如赞成者明显多于反对者，则主持人可以根据表决规则，确定相关议题是否获得通过。如果参会者对表决结果有异议，则必须进行重新表决，即使有异议者只有一位。这时一般采用起立表决的方式，即支持者起立，计数完毕后再请反对者起立。表决过程中，主持人中立不参与，除非双方票数刚好相等，主持人可以决定最终结果。邻避设施关系多数人的切身利益，因此表决规则至少应该是三分之二通过，甚至可以四分之三通过，因为过半数通过，则可能出现51%的论证者支持建设，49%的论证者反对建设的情况，两者不相上下，而且反对的人较多，实际上留下了后患。当然，如果参会者对议题结果意见高度一致，则不需要设定这一表决通过规则，而且程序上还可以直接使用一致同意的简化表决方式，以提高论证效率。表决结果一旦确定，任何人都不能随意改动，且必须遵守。但是在表决结果确定前，任何参会者都可以表示异议，只要时间允许，大会都应该考虑。

经过发言、提问、辩论、表决，本次相关议题已经有了结果。如果邻避设施规模较大，涉及的人较多，则论证参与不止一轮，相关主建部门应该组织多轮论证，详细记录每一次论证的情况和表决结果，最终汇总，作为邻避设施建设的主要依据。

四　实施论证结果

即根据辩论和决定结果决定邻避设施是否建设，如何建设，怎么补偿。如果设施周边民众强烈反对建设邻避设施，则相关政府部门应该立即告知企业方结果，停止前期准备工作。如果少量民众反对，多数民众支持建设邻避设施，则相关部门和企业应继续做好准备工作，加快建设步伐，例如启动补偿工作，进行施工设计、准备等，同时做好少数反对者的说服工作。如果支持和反对的双方僵持不下，而项目又对当地至关重要，则应暂时停止相关工作，通过信息说明、宣传动员、科普等方式，逐渐减少反对者，提高赞成的比例。

需要注意的是，政府部门和企业方应该完全尊重民众的意见，不能将参与论证的结果束之高阁，继续我行我素。这不仅违背当前邻避设施建设的国际经验，更是对民众参与的不尊重。因为一旦民众发现政府和项目方违背自己意愿强行上马邻避设施，必然会感到被愚弄、被侮辱，愤而转入反抗维权的行列，相关设施必然不能顺利建设，前期投入多半会打水漂。这也是"立项—抗议—辩驳—停止"模式的主要演化轨迹，其结果是各方损失巨大，政府形象受损。因此，尊重民意，尊重科学论证的结果，尊重设施周边民众的意志，考虑他们的需求，是邻避设施源头治理的关键一环。

需要说明的是，上述四个程序并非机械地从确定议题开始，现实中可以根据实际情况灵活调整。而大型邻避设施建设涉及的利益相关者种类较多，议题比较丰富，因此需要利用上述程序对每一个具体议题达成共识，汇集民意，然后逐步推进，直到相关议题全部达成共识，设施建设最终取得共识为止，这样，四项程序就呈现循环形态，而非单一的递进状态（见图3-3）。

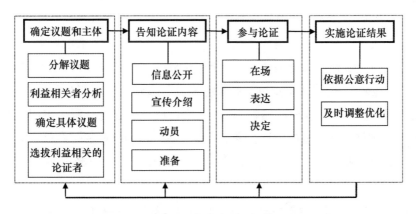

图3-3　邻避设施社会稳定风险防范的论证程序

第 四 章

程序的适用领域

上述论证程序如何在邻避设施社会稳定风险治理中运用呢？本章主要回答这个问题。从防范化解风险的角度看，邻避设施建设中选址规划、意见征集、冲突化解三个环节最重要，因此决策论证程序应首先运用在这三个环节。在此过程中，民众能够经受参与洗礼，学会如何参与论证，从而习得民主参与技能，因此相关程序的运用能够帮助普通民众提升参与素养。

一 邻避设施选址规划

邻避设施选址规划是确定邻避设施选址、布局安排和建设规模等工程参数的具体方案的过程[1]，是邻避设施建设的第一个环节，关乎项目是否符合民众预期，是否契合民众诉求，会不会引发社会稳定风险。仿真研究表明，随着邻避设施与居民区距离变小，邻避行为程度加剧。民众抵抗度也随邻避设施与居民区距离的缩短而增强，增幅明显，这说明民众对邻避设施选址表现敏感。[2] 对核电项目选址争议的分析也表明，"空间"是邻避冲突生成的重要变量，存在"多重空间嵌入—邻避空间—空间想象—邻避情结—网络空间动员—环境邻避冲突"的内在机制。[3] 因此

---

① 王顺、包存宽：《城市邻避设施规划决策的公众参与研究——基于参与兴趣、介入时机和行动尺度的分析》，《城市发展研究》2015 年第 7 期。

② 刘菲、崔丽：《基于系统动力学的邻避行为仿真研究》，《河南科技》2023 年第 1 期。

③ 王刚、张霞飞：《空间的嵌入与互构：环境邻避冲突生成的新解释框架——基于核电站选址争议的个案分析》，《华东理工大学学报》（社会科学版）2022 年第 4 期。

选址至关重要。

在中国，邻避设施选址存在一些问题。一是邻避设施选址规划具有明显的封闭决策倾向，邻避设施建设的位置、如何选址，以及具体建设规划的决策权由政府和项目方操控，与设施建设利益密切相关的民众被边缘化，导致最终选址规划方案无法反映民众真实利益诉求，陷入"拟建设—民众抗议—建设计划搁浅"的困境。二是民众参与邻避设施选址规划的方式比较被动，缺乏广度和深度，没有规范的程序制度保障，表现在政府与项目方商定设施选址草案，向社会公开征求意见，征求意见时间有限，且多用复杂难懂的词语，导致民众无法真正表达诉求，难以提意见，因而只能实际上认可政府和项目方的草案。这种模式下主导权仍在政府手中，民众参与效果有限。这些问题使得邻避设施建设陷入"立项—抗议—辩护—停止"怪圈，需要拓展民众参与，进行优化。

实际上，邻避设施选址规划需要全面系统地考虑邻避设施的选址区位和用地规模、与周边其他设施的安全隔离间距、对受设施影响对象的补偿安置、设施投入建设的时序安排，以及设施建设引发的风险管理等内容，核心是设施建在哪里，具体规划是什么。程序决定了是法治还是恣意的人治[1]，因此要想解决上述问题，保证邻避设施选址规划民主科学，就应当将决策论证程序嵌入两大关键环节。

（一）确定邻避设施选址

邻避设施的负外部效应往往会对设施周边的民众造成利益损害。例如，对广州邻避设施布局的研究发现，邻避设施主要分布在房价较低的住宅区周边，对周边小区房价的影响与设施类型和所在区位相关，城市边缘区的邻避设施对房价造成了显著负面影响，而城市中心良好的区位条件、基础设施与公共服务配套一定程度上抵消了邻避设施的负外部性；污名化类的邻避设施对房价的影响程度明显小于污染类、风险聚集类和心理不悦类邻避设施。[2] 对成都和合肥的研究也发现，邻避设施损害住房

---

[1]　陈瑞华：《程序正义理论》，中国法制出版社 2010 年版，第 9 页。

[2]　谢涤湘、吴淑琪、常江：《邻避设施空间分布特征及其与周边住宅价格的关系——广州案例》，《地理科学进展》2023 年第 1 期。

价格，距离越近，损害越大。[1] 以北京市为例的分析发现，大型垃圾处理设施对周边房价影响的空间作用范围平均为 6 千米左右，远超市政建设要求的大型垃圾处理设施与居住区距离 500 米的邻避标准。[2] 因此民众对邻避设施建设在自家周围通常表现出强硬的抗拒态度，这时邻避设施选址不仅是选址技术问题，更是产生社会、经济、政治影响的公共政策问题。因此要想实现科学选址，就必须运用科学的论证程序，真正了解民意，吸纳民智，化解风险，否则极易引发社会冲突。

以广东惠州垃圾焚烧厂建设为例。[3] 2012 年 5 月，惠州市政府在官方网站宣布，新规划的垃圾焚烧生态园拟建设在惠州市龙丰街道龙潭底附近。2014 年 3 月，《惠州市环境卫生专项规划（2014—2020）（草案）》在官网第一次公示，公示未提及垃圾焚烧厂的具体选址信息，只表明选址在惠城区及其周边地区，原有选址规划被删除。6 月《惠州市环境卫生专项规划（2014—2020）（草案）》在官网第二次公示，此次规划方案增加了新垃圾焚烧厂的拟选址信息，包括博罗西金、龙丰街道龙潭底、汝湖三处。这次公示引起民众质疑和不满，认为垃圾焚烧厂选址毗邻新兴开发区，建设会阻碍该地未来良好的发展态势，原因是垃圾焚烧厂位于新开发楼盘和博罗县城的上风向，环境污染风险大。9 月 13 日，1000 多名群众自发上街游行反对政府在此处新建垃圾焚烧厂，不仅如此，他们还通过信访、发帖、聚众游行等方式表达不满。最终政府迫于压力，重新征求民众意见，将垃圾焚烧厂迁至博罗县湖镇新作塘村。

可以发现，选址中征求民众意见不及时不充分通常会引发社会抗争，进而演变为群众冲突，冲击原有结果，导致建设终止。从决策论证的角度看，这种模式至少有以下三方面缺陷。

一是选址的议题和主体界定不明确。垃圾焚烧厂选址中未充分考虑

---

[1]　袁晓芳：《环境污染型邻避设施对周边房价的影响分析——以成都苏坡立交桥为例》，《中国管理信息化》2021 年第 17 期；赵沁娜、肖娇、刘梦玲等：《邻避设施对周边住宅价格的影响研究——以合肥市殡仪馆为例》，《城市规划》2019 年第 5 期。

[2]　党艺、余建辉、张文忠：《环境类邻避设施对北京市住宅价格影响研究——以大型垃圾处理设施为例》，《地理研究》2020 年第 8 期。

[3]　赵晓佳：《邻避性公共设施选址困境与对策研究——以惠州垃圾焚烧厂为例》，硕士学位论文，华南理工大学，2017 年。

对周边民众生活健康、区域未来发展造成的影响等议题，未吸纳利益相关民众作为主体参与决策论证。重要议题的缺失和参与主体的狭隘，导致民众感到自身权益受损，进而通过非理性方式抗争，以争取决策参与权。

二是选址信息告知不到位。垃圾焚烧厂选址前未向民众公开相关信息，未公开宣传项目的具体情况，民众不了解垃圾焚烧厂的利弊和风险。在民众对垃圾焚烧厂了解模糊的情况下，政府直接公布选址方案极易引发民众质疑。

三是政府决策论证的规范性无法保障。在民众抗议后，政府对外宣称垃圾焚烧厂的选址尚在论证阶段，这里所谓的论证主要是政府内部对选址问题的讨论，并参考项目方、专家、民众的意见，是否严格遵照决策论证的规则和议程，真正符合重大决策的要求，普通民众难以知晓。

邻避设施选址是一项世界难题，西方国家对此进行了先期探索。例如在美国，邻避设施选址必须满足程序公正和结果公正两个基本原则。前者包括：构建广泛的参与过程，寻求共识，努力发展信任，通过自愿过程寻找可接受的选址，考虑竞争性的选址过程，设定切实可行的时间表，在所有时段均对多种方案保持开放。后者包括：在现状是不可接受的方面达成共识，选择能解决问题的最佳方案，保证执行严格的安全标准，充分说明设施的所有负面影响，改善选址社区的状况，制定应急预案，努力实现地理上公正。① 在中国，城市更新进程加快，伴随着这一进程，邻避冲突化解可以与之均衡统一，在微观上跳出无处可避的"冲突死结"，在中观上以空间腾挪调整城市部分空间定位，在宏观上以城市功能完善促进区域发展②，因此决策论证程序大有可为。

首先，应该科学分析邻避设施建设的利益相关者，邻避设施的直接利益相关者是受设施建设影响的周边民众，所以利益相关民众无疑成为参与的主体；邻避设施位置的确定需要使用科学方法测算合理区位，需

---

① Kunreuther H., Fitzgerald K., Aarts T. D., "Siting Noxious Facilities: A Test of the Facility Siting Credo", *Risk Analysis*, Vol. 13, No. 2, 1993.

② 王佃利、于棋：《高质量发展中邻避治理的尺度策略：基于城市更新个案的考察》，《学术研究》2022 年第 1 期。

要运用管理知识进行规划,借助分析技术评估社会稳定风险,因此需要吸纳具备相关知识的专家学者参与。在明确利益相关民众和专家学者两大参与主体后,还需要确定每场议题的具体参与人员。受设施建设直接影响的民众应全部参与现场论证,决定设施究竟建在谁家后院,其余间接利益相关民众可采用随机抽样的方式确定是否现场参与,具体规模视情况确定。参与论证的专家学者应首先考虑研究领域,如果同领域人数较多,可采用随机抽样,每个领域都应实现全覆盖。

确定了利益相关者,还需要考虑具体议题,因为这可以根据不同设施类型细分利益相关者,更好征求选址意见。以邻避设施中较为典型的垃圾焚烧发电厂和社区养老院为例,前者的议题应更关注项目对周边生态环境的破坏程度、对周边居民生活起居的影响,以及补偿安置是否令民众满意。2020年9月,河北大厂县拟在县域西部与廊坊三河市交界地带建立垃圾焚烧发电厂,但周边居民以及学校强烈反对,最终数次择址仍未确定具体建设地。① 这种情况并非个例,无锡、天津等地均出现了因居民反对而导致项目停建或重新选址的案例。因此在议题考量中不仅要关注邻避设施对普通民众身心健康的影响,同样要关注设施建设导致的意外后果,如导致房地产贬值。而诸如养老院这样的邻避设施则更需要科学宣介,告知周围群众养老院对地区经济以及社区公益事业的重要性,在此基础上选取代表人物进行精准动员。如果不重视这些议题,则项目难以顺利实施。以武汉东西湖花样城社区养老服务中心项目为例,该养老院负责人没有及时向当地民众介绍养老服务中心的建设效果以及管理方式,地方政府也没有科学地宣传养老服务中心对老龄化背景下老年人生活和情感需求的重要作用,导致该项目受到民众剧烈抵制,认为社区养老服务中心建设会降低日常生活质量,项目因此暂缓施工。② 可见,不同类型邻避设施的重点议题并不相同,需要细加斟酌,不能"一刀切"。

其次,更好公开、宣传、介绍邻避设施选址信息,减少民众误解、

---

① 《河北大厂新规划垃圾焚烧厂遭附近多楼盘居民联名反对 官方回复来了》,《每日经济新闻》2020年9月23日。

② 曾娅琴:《社区"嵌入式"养老服务邻避冲突的衍生机理及治理策略》,《重庆三峡学院学报》2023年第1期。

抵触情绪。关于信息公开，应坚持全过程公开，选址前面向全社会公开拟建设施信息，广泛征求意见；选址时及时利用线上线下平台介绍邻避设施选址方案，让更多民众全面了解项目的选址工作，做到过程透明公开。为此一要改变旧的认知，即不公开也能蒙混过关的观念。实践表明，民众之所以对邻避设施不满，是因为了解和掌握的信息不够全面，因此及时公开信息，不仅能使民众获得更多信息，帮助其理性判断利弊，更能减少刻意封锁信息带给民众的不信任感。二应广泛利用政府官网、社区布告栏、公告板及报纸、电视传媒等旧媒体，以及新媒体、自媒体、政务 App 等新渠道，及时全面地将相关设施的选址信息加以公开，让邻避设施规划选址信息"天下皆知"，更好满足民众信息需求。值得注意的是，专家学者由于身份更中立，专业知识更丰富，可以帮助政府进行信息公开。例如，通过专题电视栏目、微博等平台介绍邻避设施，对可能引发的风险进行客观说明，帮助民众做出客观全面的认识；或者通过培训志愿者，让志愿者上门介绍等方式，对非网民进行宣传引导，解答民众疑虑。三要注意引导民众负面认知。一般而言，人们面对邻避问题时总是首先想到对自身造成的负面影响，信息知识不健全又会放大这种认知，加之过程中难免滋生谣言，因而负面认知不断发酵，产生情感共鸣，放大对邻避设施的不满。在这种情况下，政府不仅要做好信息平台建设，还要注重公开的内容，要考虑民众的接受度，从民众认知思维和心理情绪入手，合理确定公开的内容，针对不同主体选择恰当的形式，从而满足民众信息需求。

关于做好邻避设施选址的科学宣传介绍工作，如前所述，科学宣介能为民众构建邻避设施的知识体系，帮助其更好理解获取的信息，从而建立自己的价值判断，提升民众理性素养，为后续环节奠定基础。如果只输出信息，忽视宣传和介绍，则不利于民众正确认知的构建，事倍功半。上述武汉东西湖花样城社区养老服务中心即是这样的典型，而2019年开启的山东裕龙岛炼化一体化项目则由于科学有效的宣传介绍工作顺利得到实施。总结该项目的宣介，发现一是形式较为丰富，既有项目宣讲、公众座谈会、专家论证会，又有公众实地参观，为公众提供了全方位信息，赢得了民众较大认可。二是宣介的针对性较强，一方面邀请了项目周边的专家、政府人员和社会精英参与，另一方面也在当地政府支持下邀请了相关群众代表进入裕龙岛实地观摩，亲身感受项目利弊。①

最后，科学论证，汇聚民意，确定选址。论证前需要通过信息公开、宣传介绍、技巧培训等准备工作，帮助参与者掌握邻避设施、选址规划等知识，具备现场论证能力。现场论证的核心议题是确定邻避设施建设的位置，需要注意围绕核心议题在决策论证规则的前提下鼓励论证参与者充分表达想法，讨论出为绝大多数民众所接受的邻避设施建设位置。一方面，可以对到场所有参与者进行随机分组，确保机会平等。每个小组的规模宜控制在一定数量内，人数不宜过多，否则不能充分表达交流。小组应设主持人、记录人。随后，各小组在约定时间内讨论邻避设施建设的位置，陈述理由、利弊，充分讨论，形成共识。紧接着，各小组形成的共识进入大组讨论，充分发言、提问、动议、辩论，即各组派代表陈述邻避设施建设位置以及理由，其他组对有异议之处进行提问，引发不同观点间的辩论，在辩论中理解和接受不同的邻避设施位置方案，这样逐一获得共识，确定备选方案，然后交由专家学者评估可行性和科学性。最后集体表决，赞成者数最多的方案成为邻避设施建设选址依据。通过这样的民主论证程序，利益相关者都能参与设施选址，表达意见，获得决策主动权，因而可以避免不满质疑。

（二）科学规划邻避设施建设

完成邻避设施的选址工作后，需制定具体的规划，包括确定建设规模、设施布局、建设周期、建设要求等细节，这决定着邻避设施如何建设，能否有效避免"立项—抗议—辩护—停止"困境。这里最关键的是厘清哪些议题应当由参与者进行现场论证，共同讨论确定。由于规划问题相较于选址问题更加复杂，需要考虑用地规模、资金投入、布局安排、施工方案、设施建设，细化实施细节，评估相关风险，优化补偿安置方案，因此必须明确具体议题。包括：第一，邻避设施需要建设多大规模、占地多少面积、投入多少资金；第二，邻避设施应当如何布局才能尽量减少对周边民众生活的影响，与周边其他设施的安全间距应当设置为多

---

① 王兆雪：《邻避设施决策中公众参与有效性研究》，硕士学位论文，大连理工大学，2021 年。

少；第三，邻避设施的具体施工方案、施工时限，对施工人员的管理要求；第四，邻避设施建设可能引发的风险如何，如何处理和应对这些可能存在的风险；第五，如何合理补偿受设施影响的民众。由于这些议题专业性强，民众并不一定具备参与能力，因此专家和民众参与的目的与要求有所差异。

首先是专家参与。专家应覆盖规划、环境、建筑、管理等领域，确保全部参与。同时要考虑其参与态度、参与能力、参与时间等要求，尽可能选择关心公益、参与能力强的专家。专家的核心任务是从专业角度提出意见，确保设施建设科学。

其次是民众参与，民众主要动机是维护个人基本权益，获得更多补偿，有时盲从，试图谋取非法利益①，但是民众不具备专业知识，因此也应该首先组织培训，帮助其掌握专业知识、参与技能，相关方式可灵活选择，现场讲授、案例教学、参观模拟等都可考虑，关键是符合民主特征，发挥实效。这里仍然要发挥专家学者的作用，借助其专业地位，对民众进行邻避设施知识培训，帮助他们掌握参与论证技能。

最后是专家、民众如何与政府、企业取得共识，这里的关键是四方均衡。需要注意的是，四方存在明显的不均衡情形，表现为政府最为强势，企业次之，专家和民众最次，因此需要明确各自的优劣，通过程序保障四方均衡。企业的特点是逐利性驱动，因而需要规避损害公共利益，尤其是民众合理合法权益；专家的特点是理论知识丰富，但结合实际不足；民众的弱点是比较分散，专业知识缺乏，参与技能缺失。因此保障均衡的程序应该规避上述缺陷。其中，政府的作用是搭建平台，创造稳定友好的制度环境，站在公共利益立场上统筹协调，解决主要问题，保证三类利益相关者平等高效参与。例如，动员民众参与，确保应参尽参。在安徽宿松县垃圾焚烧发电厂项目中，由于动员缺失，民众聚集在政府门前无序参与，导致现场人员受伤送医，过程中民众与执勤民警发生冲突，致使前来救援的120医疗车和政府办公设施等受到损伤、相关人员受伤。而前述山东裕龙岛炼化一体化项目就做得较好，科学宣介后政府并

① 王瑜：《基于主体行为动机的邻避事件分析》，《内蒙古大学学报》（哲学社会科学版）2019年第3期。

没有停止相关工作,而是做了以下具体动员措施:一是在企事业单位统一发放各类项目科普材料,精准打击谣言;二是由地方领导牵头,组织机关干部深入基层,在裕龙岛项目周边社区村落进行驻点,做到挨家挨户上门宣传,帮助民众了解化工知识和项目具体内容。通过这两项举措,项目进一步得到民众认可、理解。企业应帮助政府排忧解难,主动做好民众工作。专家应做好理论知识落地工作,例如,为提高论证议题的科学性和现场论证效率,在真正论证前进行预论证,从科学性和专业化角度讨论论证议题,对各议题形成初始答案,为民众参与做好准备;在现场论证过程中对民众观点进行专业分析、指导;在论证结束后对最终形成的规划方案进行可行性评估和风险评估,提出修订完善建议。民众应做好知识储备和技能准备工作,表达对选址规划的建议,通过民主议事规则,保障知情权、参与权、决定权,发出声音,解决诉求。

综上,将决策论证程序运用到邻避设施选址规划中,可以弥补政府封闭决策、民众参与缺失等弊端,让利益相关民众辩论商讨确定邻避设施建设在何处,如何选址,如何规划,从源头上遏制邻避冲突,进而提高决策的科学性和民主性,落实重大决策程序制度,更好维护国家安全和社会稳定。

二　邻避设施意见征集

邻避设施意见征集过程实际上就是让民众充分表达意见的过程。在中国,邻避设施建设引起官民冲突的一个主要原因是政府在邻避设施建设前期没有做好充分的意见征集工作,民众的意见得不到表达,政府不重视民众在邻避设施建设中的作用,也不关心民众的诉求,把邻避设施当成一般项目处理,没有解决好项目建设产生的利益纠纷。邻避设施是具有广泛正外部性和小范围负外部性的设施,住在邻避设施附近的民众会替所有能够享受正外部性的大众承担邻避设施产生的不良影响,因此,政府应充分认识到邻避设施建设已超出日常事务范围,仅仅把其当作一般项目的做法会为建设运营留下隐患。

（一）意见征集环节存在的主要问题

当下邻避设施项目的建设过程中，民众参与更多的是形式上的参与，了解民意"视而不见"、听取民意"听而不闻"、采取民意"采而不纳"时有发生，民众真正诉求被忽视。正因为如此，在邻避设施运行中，多数通过了稳评、环评等环节的项目仍然激起了民众反抗，酿成冲突事件，这说明稳评、环评、公众征求意见环节科学性不强。目前，意见征集环节存在的主要问题有以下几点。

一是了解民意"视而不见"。这在地方政府中普遍存在。由于中国政府在引进邻避项目时习惯使用"DAD"（决定—宣布—辩护）式的封闭决策模式，民众往往无法参与到项目论证过程中，如此决策就变成了政府企业的"一言堂"。民众只有在项目即将开工建设时才得到消息，这时项目建设已成定局，即便向政府表示反对，得到的回复也大多是承诺加强管理，对是否建设项目、如何建设只字不提。以2018年内蒙古新巴尔虎左旗政府侵占草原建设殡仪馆事件为例，当地政府为了建殡仪馆，直接将当地居民治沙工程的草原侵占，没有任何意见征集和公示环节，甚至没有完整的审批手续。尽管当地民众不断向政府表达反对意见，政府却选择"视而不见"，继续保持项目建设，最终导致当地居民十多年的治沙成果毁于一旦，而原本只被国土部门批准修建一年后就要拆除的临时建筑却一直保留下来。① 这种欺瞒百姓的行为引起当地居民强烈反对，民众将地方政府告上法庭，然而政府仅是承诺严加管理，对其他问题不做任何回应，违规建筑也没有拆除，最终该事件不了了之。这种独断专行的短视行为不仅破坏了当地生态环境，影响经济可持续发展，还严重损害了民众对党和国家的政治信任度，与以人民为中心的治国理政方针背道而驰。

二是听取民意"听而不闻"。许多地方政府在邻避设施意见征集环节做足了工作，发问卷、搞座谈、开信箱、下基层等，消耗大量人力、物

① 人民日报社：《呼伦贝尔草原被侵占建火葬场垃圾场　执法部门：没手续，政府认可》，2018年8月20日，https：//baijiahao. baidu. com/s？ id ＝1609269158880273569&wfr ＝ spider&for ＝ pc。

力和财力资源，也收集到许多群众意见，但是征集到群众意见后并没有听取民众的意见，仍然按照自己的意见一意孤行。这是因为多数情况下，政府的目标是拉动当地 GDP 增长，解决就业问题，创造政绩以获得升迁筹码，而民众要的是良好的生活环境和生活质量。当政府与民众的目标冲突时，政府具有权力优势，往往会以其意志为主，听取民众意见重"听"不重"取"，导致意见征集沦为形式。

三是采取民意"采而不纳"。意见征集环节还有一种情形，就是听取了民众意见，也进行了意见汇总，但只停留在纸面采纳环节，真正执行时又按照自己的意志行事，让民众觉得政府认认真真走过场，实际仍在糊弄自己，耍老把戏。这种情形虽然比前两种更好，至少汇总了民众意见，但主要的问题是这些意见没有被执行，采纳民意仅停留在形式上，缺乏实质执行。

（二）与决策论证程序相结合

为避免意见征集出现上述问题，应该将决策论证程序嵌入此环节，用程序保障民众意见真正被采纳。首先要确定相关的议题和利益相关主体，保证民众知情权，将有关信息通过多种途径全部公开，然后通过论证的形式让民众在场表达自己的意见诉求，最后通过一定的机制和方式将这些意见诉求集中起来，形成共识，决定邻避设施该不该建设，若该建设，怎么建设，如何对周边居民进行补偿等。程序是意见有效沟通的保证，决策论证程序给利益相关民众的参与搭建了平台，让民众有了全程参与邻避设施建设的程序遵循，确保了政府官员必须在民意基础上决策，能够改变"一言堂"局面。

1. 确定征集内容和主体

一方面，意见征集的内容主要是与利益相关者容易产生冲突的问题，即邻避设施选址在哪儿、怎么选、选好以后怎么建、是否愿意拆迁安置、是否能接受、邻避设施存在的风险、是否能够接受相应的补偿标准，若不能接受应对理想的补偿方式和标准做出解释说明等。这些事关利益相关者切身权益的问题并不是"机密"，如果政府简单地将其归为"机密"以避免大众质询，将会埋下风险隐患。因此，凡是可能损害公众利益的问题都必须纳入意见征集范畴，供众人商讨、权衡利弊。

另一方面，意见征集的对象主要是计划建设地附近的居民、党政机关以及企业。以往的研究大多笼统地把政府工作人员与普通抗争者看成是邻避冲突中主要的对立方。实际上，体制内的各部门、各层级之间可能存在分歧，因为不同部门、层级的利益和对邻避设施风险的预判存在差异。例如，有研究发现，支持修建邻避设施的当地党政一把手是有任期限制的外地人，而许多本地出身的政治精英会考虑其家人的健康和其他利益，因而反对建设邻避设施。① 另外，企业由于邻避设施带来的竞争或给企业经营带来的负外部性，往往也会成为抵制邻避设施建设的重要力量。因此，意见征集环节不仅要重视听取居民的意见，还要关注来自党政机关内部和地方企业的声音。

2. 项目说明

中国民众正处于一种"矛盾的困境"：他们既想参与公共事务，又在面临重大事项决策时过度依赖政府和专家，当决策不符合他们的利益诉求时，又只能通过上访等方式维护自己的利益。究其原因，民众缺乏对项目信息的充分了解和协商，以至产生了对政治参与过程的不信任。不仅如此，许多公共决策中，一些参与者一言不发，一些参与者对自己根本不了解的事情"高谈阔论"，主要原因也是大多数参与者不了解项目信息。这与中国传统的决策模式有关，在这种模式中领导提前听取报告，工作人员汇总，最后在表决前将相关材料发给群众代表，代表们投票时大都不甚清楚材料内容，只是履行投票程序。因此，要想提高邻避设施建设成效，就必须提前公布项目信息、进行科学介绍，让民众充分了解后再动员他们参与论证。

信息公开即政府召集项目负责人、专家学者等将相关材料汇总后所做的深度说明，解释语言应简单明了、通俗易懂，便于民众接受、理解。公布的方式可以是在报纸、电视、杂志、公报上发布详细通告，也可以通过政务 App、互联网推送。公布的目的是让辖区内的民众了解设施建设的必要性和紧迫性，认识邻避设施对公共利益的好处。同时，信息公开也能让民众了解项目选址、规模、周期以及带来的负外部效应，以便民

---

① 郑旭涛：《无组织的邻避抗争联盟与抗争共振效应》，《甘肃行政学院学报》2018 年第 6 期。

众针对邻避项目提出自己的意见,最终减少项目建设中的矛盾冲突。如果政府已与相关企业洽谈好了建造运营事宜,也应一并公布,用以征求民众意见。

信息公开后,民众会根据已掌握的信息对个人利弊进行评估,即权衡邻避设施的正外部效应、补偿与运营风险。其中,邻避设施运营风险的评估需要对邻避设施有较为全面的了解,对风险有正确的认识。但是大多数情况下,民众对风险的认识都是靠经验甚至道听途说,缺乏科学性和真实性,这就容易导致民众对风险做出错误的评估,进而影响民众对项目利弊的判断和立场。因此,政府组织科学的宣传介绍就显得尤为重要。宣介过程最好由专家学者进行,因为他们在项目中不存在利益纠纷,处于中立方,更容易获得民众信任,也就能更好让民众了解真实情况。宣介的主要目的是让民众对邻避设施形成正确认知,对邻避设施存在的风险有合理评估,在此基础上做出较为理性的个人决策,提出合理的意见建议。

3. 参与论证

参与论证是意见征集的核心环节,在很大程度上决定了意见征集工作的质量。过去发生群体性事件时,由于政府和民众都缺乏谈判技巧,又没有规范的程序做保障,因此意见表达成了民众"上门闹事",一些人由于情绪激动,另一些人由于有利可图,便采用"大闹大解决"的方式,致使事件持续发酵,演变成群体性冲突,政府不得不祭出权力,派武装力量维持秩序,整件事情也就从谈判协商被迫走向武力镇压。[①] 同样,村民大会上众多村民各抒己见,看上去十分热闹,但却常常各说各话,话题难以聚焦,共识更无从凝聚,难以为决策提供民意整合依据。

因此,为避免此类有"民"无"主"现象的发生,应对参与论证的人员进行培训。根据《罗伯特议事规则》,培训内容应包括:民主议事的基本术语、根本原则、会议议程、发言规则、提问规则、动议规则、程

---

① 韩福国:《我们如何具体操作协商民主——复式协商民主决策程序手册》,复旦大学出版社 2017 年版,第 21—22 页。

序动议、辩论规则、表决规则。① 只有掌握了这些论证技巧，论证参与者才能较好地反映自身诉求，论证才能有序、有效进行，收集到的意见才有价值，才能真正聚合民意。

参与论证主要包括在场、表达论证和决定三个环节。首先，在场是要确保选取的参与者不缺席，有机会表达意见。在场的核心要义是关系自身切身利益或事关邻避设施重大事项的参与论证活动中，民众通过各种媒介、方式，不缺席。其次，表达论证时要遵循一定的发言规则。先由参与者针对某项议题表达自己的意见，将意见阐述明确后，由主持人向其他与会者征求意见，不同参会者针对同一议题表达完意见后应归纳出凝聚共识的结论，并询问其他与会者，若大多数人都同意，则该议题的讨论应暂停，等待最终表决。若有异议，则可以继续阐明自己的观点和理由。在发言的过程中，与会者可以向发言人进行提问，若回答者没有达到提问者的要求，则应采取动议的方式解决。提出动议时要求参会者阐明自己的观点和理由，其他与会者对相关动议表达立场，若有人附议，则该动议成为待决动议，为所有参会者讨论、辩论、修改，若无人附议，则该动议无效。针对无法达成共识的动议，需要进一步进行辩论，辩论双方针对某项议题提出自己的意见和理由，反驳时也是如此。在辩论结束后，则可以对相关议题进行表决，由于邻避设施涉及多数人切身利益，表决规则应至少是三分之二甚至是四分之三论证者通过，主持人根据表决规则，确定相关议题是否通过。结果确定后任何人都不能对结果进行改动。

4. 实施论证结果

在参与论证环节汇总了民众表达的合理意见后，政府应积极回应民众的意见，尊重民众意见，建设设施时应以民众意见为主要依据——如民众意见是反对邻避设施建设，则政府和企业应立刻停止相关工作；若民众对此持有异议，则应重新选择建设地；如果反对意见较少，政府和项目方应尽快做好准备工作，启动补偿安置、规划施工等议程，同时做好少数反对者工作，通过信息公开、宣介动员，尽可能减少反对声音，

---

① ［美］亨利·罗伯特：《罗伯特议事规则》（第 10 版），袁天鹏、孙涤译，格致出版社、上海人民出版社 2012 年版。

着力解决直接诉求。对于民众的其他意见,如相关补偿标准、选址规划等,政府和企业应尽可能满足需求,不能"会上一套,会下一套",否则一旦民众发现政府和项目方违背自己的意愿,强行上马邻避设施,或者其他意见的落实与共同决议不符,民众必然感到被愚弄、被侮辱,愤而转入反抗维权行列,导致设施建设受阻,前期投入浪费。

三 邻避冲突化解

决策论证程序还可用于邻避冲突化解。现实中邻避项目导致冲突的现象并不鲜见,以四川什邡钼铜项目为例,该项目由宏达集团公司发起,能解决大量人员就业问题,带动 400 亿元的相关产业发展。因此什邡市政府大力支持,为项目建设提供绿色通道,保障项目实施。[①] 2010 年 10 月,什邡宏达钼铜项目开始投入运作,并于 2011 年 5 月开始公示,征求大众意见。在此期间,有部分民众在网络上对该项目的建设提出质疑和反对意见。2012 年 2 月 21 日,什邡政府通过"什邡之窗"回复群众的意见,称该项目已通过国家环保部门的审查,并将采取听证会和专家座谈会形式听取意见,但后来听证会和专家座谈会并没有召开,群众对政府的敷衍行为表示不满。2012 年 3 月,该项目通过国家最终审批,6 月举行开工典礼。宏达集团发布公示称该项目在环保方面达标,然而民众表示质疑,认为政府没有对该项目的利弊做出具体说明,隐瞒了许多事实。6 月 29 日晚,部分民众来到什邡市政府,希望市政府停止项目建设,政府工作人员进行了解释。次日十几位市民在市政府门口聚集,表达反对意见,后被政府工作人员劝回。7 月 1 日,近百名学生以及百余位市民来到市政府门口和宏达广场示威,抗议钼铜项目建设,反对拿环境换经济的短视决策。7 月 2 日上午,更多市民来到市政府门口示威,事态持续升级。2 日中午什邡市市长徐光勇、常务副市长张道彬出面解释,并表示即日起停止施工,然而该举措并未让群众满意,示威人群不断冲击市委办公室,打砸市政府设施。在此期间,民众同政府工作人员产生了冲突,局势失

---

① 李多萃:《四川什邡宏达钼铜项目群体性事件处置的案例研究》,硕士学位论文,电子科技大学,2016 年。

控，因此政府开始动用警力驱离压制示威人群，造成民众与警察的紧张关系。7月3日，迫于民众压力，什邡市政府宣布停止建设宏达钼铜项目，至此，该项目以停止建设终止。

在该事件中，冲突双方分别是以学生、家长为主的示威民众和以市政府、警察为主的权力部门。围绕是否建设钼铜项目，民众认为该项目极易造成环境污染，会影响当地生态环境；权力部门认为该项目经过了国家环保部门评估，各项标准均达标，不会对环境造成污染。因此可以将该事件中的冲突总结为两个方面：一是价值冲突，二是资源冲突。

价值冲突主要指利益相关各方的价值观冲突和认知冲突，主要包括民众与政府关于设施建设的价值冲突以及专家专业知识与民众普遍常识之间的认知冲突。首先，在邻避设施建设上，从政府的角度讲，"发展才是硬道理"，宏达钼铜项目在投产后年产值将达500亿元左右，税收超过40亿元，是什邡市的一项重大税收收入，且能创造3000多个就业岗位，同时吸纳大量人员就业，带动400亿元的相关产业发展，因此什邡市政府推出各种便利政策，开通绿色通道，确保项目快速落地。而从什邡市民的角度讲，在基本温饱问题已解决的情况下，他们不太关心钼铜项目能给当地经济带来多大发展、给政府带来多少税收，反而更加关心钼铜项目会给当地环境造成多少污染、对生态造成多大破坏、对自己和家人健康带来多大损害。加之什邡市政府缺乏信息公开，也未举行听证会，民众对该项目一无所知，更加怀疑项目"达标"是"政府独断""政企勾结"的结果，进而从思想上抵触该项目的建设。其次，民众与专家之间的认知冲突同样是形成邻避冲突的主要原因。专家在自身丰富的专业知识基础上对邻避设施风险有着较为科学准确的评估，而民众则基于普遍常识对邻避设施风险做出判断。由于关乎切身利益，民众对风险更为敏感，更容易放大风险。例如，在该案例中，市政府和宏达集团通过专业评估，表示经过先进技术处理后项目不会对环境造成影响。而民众则认为该项目存在的风险是难以避免的，再先进的技术也会有出差错的时候，一旦设施运营出了问题，对环境造成的影响将难以估量。因此，专家和民众对风险的不同认知路径，导致项目建设出现价值冲突。进一步分析表明，垃圾焚烧类邻避项目中，社会公众与地方政府、特许经营企业之间具有价值偏好高异质性、价值需求强冲突性和价值共识难达成等特征，导致项目决策由内而外在三个不同主体层次上出现公共价值失灵。①

资源冲突通常表现为信息资源与权力资源的不平衡。一方面，信息资源不平衡即政府与民众之间的信息不对称，相比政府，民众掌握的信息往往较少，且大多数是"小道消息"，真实性较差。在四川什邡宏达钼铜项目中，什邡市人民政府新闻办公室官方微博"活力什邡"发布的7条微博，无不都是赞美该项目对什邡地区的重要性，全然不谈项目潜在的环境污染风险。而该项目真正的参数以及指标是否合格，也只有政府与企业知道，民众无法获得。另一方面，政府与民众之间的权力资源不平等主要表现在话语权不平等和参与地位不平等。政府和企业有意识地将民众排除在核心决策过程之外，政府垄断决策权，使决策过程成为一个闭环。② 什邡宏达钼铜项目于2010年10月开始投入运作，直到2011年5月才征求公众意见即是这一特点的体现。此外，针对公众反映的意见，什邡市政府于2012年2月通过"什邡之窗"进行回复，但也只是表示该项目经过了国家环保部门的评估，不会造成污染。什邡市政府还表示将召开听证会和座谈会，然而直到冲突爆发，"两会"也没有召开。③ 项目从立项到建设的全过程中什邡市民都没能真正参与决策，即便表达反对意见也都被什邡市政府以"项目经过环保部门评估，所有指标均合格"搪塞过去，民众意见政府往往"听而不取""采而不纳"，结果"征求民意""民众参与"徒有虚名。

基于上海虹杨变电站事件的分析也有类似发现，居民与政府冲突主要体现为环评秘密咨询公众，报告简单不透明；抗议政府动机和对公众的认知；项目规划与城市发展不匹配；经济利益促使政府多次变更电站用地面积，强硬的慰问方式加剧冲突。④ 将决策论证程序嵌入冲突化解机制，可以很好地解决这两类冲突。

---

① 韩金成：《邻避设施决策的公共价值失灵危机及其治理——基于 J 垃圾焚烧发电项目的实证考察》，《公共管理与政策评论》2022 年第 6 期。

② 张乐、童星：《"邻避"冲突管理中的决策困境及其解决思路》，《中国行政管理》2014年第 4 期。

③ 徐佳：《四川什邡"7·2"群体性事件政府应对舆情危机案例研究》，硕士学位论文，电子科技大学，2016 年。

④ 孙琳琳：《城市邻避事件公众参与和政府职能研究》，同济大学出版社 2021 年版，第84—88 页。

首先，明确冲突聚焦的问题和相关主体。政府应先明白民众不满意的症结和具体诉求，对症下药，否则就会像什邡市政府那样，仅由市领导出面解释完全不起作用，反而让局面更不可控。在明确冲突症结后，应选取民众代表参与论证。由于利益相关者职业不同，身份和社会地位不同，居住地不同，受教育水平不同，为了精准了解不同群体的真实态度，可以设计目的抽样或比例抽样，并至少覆盖90%的民众，这样才能真正找到冲突所在。

其次，告知论证内容。政府要详细告知与项目有关的一切信息，让民众知道邻避设施带来的好处和存在的风险。在上述案例中，什邡市政府的官方媒体对宏达钼铜项目不吝赞美之词，反复强调该项目对当地的重要性，对环境污染等风险闭口不谈。然而这并不能消除民众心中的顾虑，只会让市民觉得这是"政企勾结"。因此，信息公开要做到真实、全面、透明，兼顾邻避项目带来的好处和存在的弊端。让民众清楚地了解收益与成本后更有利于民众做出判断，而不至于直接把民众推向对立面。此外，政府要在开始论证前一到两星期提前公布论证议题和材料，并通过线上线下等多种途径公开信息，以便民众能够便利地获取相关信息，为后面的参与论证做准备。

在做好前期准备工作后，就可以开启决策论证会了。决策论证的第一个环节是确保相关民众不缺席，有机会表达意见，这是参与论证的前提。此外，在每一次具体的议题论证过程中，在场人士构成可能不同，因此还要根据议题的不同对论证参与者进行细分，逐一加以管理。在完成这一环节后，就到了决策论证的核心环节，也即参与者表达意见诉求、解决冲突的环节。在这一环节，参与者们可以依次发言陈述自己的诉求，表明自己的立场，说明理由。同时，也可以对其他发言人的发言内容进行提问，对于存在争议的议题，可以通过动议和辩论的方式解决。在该环节，民众往往会提出自己最关心的问题。以上述宏达钼铜项目为例，民众最为关心的问题就是"该项目会对环境造成多大影响""该项目有没有价值、利大还是弊大""项目应不应该建、建在哪""我们能够获得多少补偿"等等，这些问题都要通过辩论进行解决。每一种主张都应该提出自己的理由，反驳一种主张也是如此。例如，对邻避设施居民进行补偿时，通常有经济补偿、制度补偿、心理补偿等方式，单纯选择一种方式并不一定获得他人认可，这时就需要进行辩论了。基于杭州中泰垃圾焚烧项目的实践表明，复合型补偿回馈政策能够收到良好效果。[1]

辩论结束后，就可以对相关议题进行表决了。表决的规则应设置为至少三分之二甚至四分之三论证者通过，因为如果只是过半数通过，则可能存在49%的论证者诉求未被考虑的情形，冲突化解仍有较大缺陷。经过了陈述、辩论和表决等过程，参与者对冲突化解达成了共识，就可以根据共识分而化之。这里需要注意的是，政府应充分尊重民意民志，尊重科学论证结果，尊重利益相关者需求，不能将民意和共识置之不理、出尔反尔，这不仅会大大损害政府的公信力，还会再次激化矛盾，催生新的冲突。

总而言之，决策论证能够通过程序，保障冲突双方民主参与，充分表达诉求，寻找利益交汇点，产生最大公约数，真正化解邻避设施建设冲突。实现邻避到邻里的转变，践行复合治理模式，符合中国现实，也是治理能力现代化的重要标尺。[2]

四　公众民主素养提升

决策论证程序不仅能用于邻避设施选址规划、意见征集、冲突化解，更能通过这些环节训练民众参与，帮助他们掌握民主参与技巧，提升民主能力，为其他公共事务管理、自我治理提供训练机会。当前，中国民主参与效果不好，一个重要原因是民众不具备科学参与能力，心有余而力不足。邻避问题也是如此，因而一方面政府刻意隐瞒信息，规避民众参与；另一方面民众对此颇为不满，但因为没有信息优势和参与渠道，缺乏参与技能，只能采用激进抗议的形式，让事件愈演愈烈。实际上，良好的参与技能是科学有效参与的前提，民众参与知识的欠缺和民主素养低下，给了政府封闭管理借口。总体而言，民众在邻避设施参与论证

---

[1]　张翠梅、张然：《环境污染类邻避治理中的补偿回馈政策工具选择》，《决策科学》2022年第4期。

[2]　辛芳坤：《从"邻避"到"邻里"，中国邻避风险的复合治理》，北京大学出版社2021年版。

中常见的问题主要有以下几点。第一，发言跑题，即讨论发言时脱离既定话题，随意转移到另外关系不大或毫无关联的话题，导致讨论走偏，或者主要讲嘹亮的口号，但对问题讨论毫无推进。第二，"一言堂"，即把民主讨论当作展现自身知识面和掌控力的机会，长篇大论，滔滔不绝，不允许别人打断参与。第三，野蛮争论，即讨论时用自认为绝对的真理，强调观点和理由的正确性，且腔调高、嗓门大，"骂街"一样趾高气扬，试图压制对方发言；或者脱离讨论的话题，对别人进行人身攻击，用道德标准判断问题；或发言的双方在会上大声争吵，扰乱他人参与，将会场变成两人的做秀场、表演舞台。第四，没有规则意识，习惯于期待英明的领导主持大局，听从他的观点，崇拜权力；或者习惯做老好人，不愿意亮出自己的观点，怕得罪人。第五，讨论会的组织者或主持人缺乏强烈的规则意识，或试图通过会议实现自身意志，因此讨论中没有遵守规则的要求，操纵会议进程，没有实现畅所欲言，民意无法充分吸收，会议变成权力做秀场。凡此种种都表明，决策论证程序可以嵌入邻避设施的各个民主参与环节，帮助民众掌握参与技能，实现提升民主素养的目的。

首先，应对利益相关的民众进行必要的参与技能培训，帮助掌握基本的发言技巧、参与能力、邻避知识，为真正上场参与做好充分的知识和技能准备。这一点在前面三个环节中都不同程度地提及，这里不再赘述。

其次，应做好组织准备。应说服邻避设施决策者真正遵守民主议事规则程序，严格按照程序保障民众参与，尽最大可能吸纳民意，防止专断决策，避免为后续建设埋下隐患。应通过培训学习，帮助政府等部门的工作人员了解民主议事规则，熟悉操作。这里特别重要的是每次讨论会的主持人，因为主持人肩负着组织讨论，保证规则实施，让大多数人按规则发言，了解民众真实需求的重任，也是民主议事规则落地的现场保证。

最后，就是通过引入民主参与规则，帮助邻避设施的利益相关者在每一次具体的讨论中表达诉求，相互论辩，真正凝聚共识，从而获得民主参与技能。针对上述常见的现场参与讨论问题，主要应通过讨论训练民众的如下技能。

一是发言讨论不跑题。应明确每次讨论会的主题，要求参与者围绕该话题发言，不能跑题。也就是说，讨论发言时应围绕既定的主题，不能东拉西扯、新开话题，不能长篇大论、不知所云，不能答非所问、鸡同鸭讲。如果出现这种情形，主持人应迅速打断，并告知理由，同时请后续发言者继续发言，并注意不犯同类错误。事实上，每次讨论会中讨论的话题应该是一个明确的动议，即与会议主题相关的具体行动建议，与此无关的内容不应该在会上出现，否则不仅占用其他发言者时间，更转移话题，将会场讨论引到与主体关联不大的话题上，降低发言、讨论质量，影响预期目标实现。如果出现这样的情形，主持人应及时打断，并告知理由，以维持会场秩序，警示后续发言者。

二是防止"一言堂"，保证所有参与者平等机会。一般而言，每次讨论会前组织者或主持人都会明确会议的基本规则，例如会议时长、发言时间、发言顺序等，现场讨论应遵守这些基本规则。在发言讨论时，主持人应确保每位发言者平等的机会，防止"一言堂"。例如，按照既定的发言顺序依次发言，每位发言者严格遵守时间约定，这样就能保证所有发言者的公平机会，防止某个人长篇大论占用后续发言者的时间和机会。因此，通常的做法是，如果没有规定发言顺序，则发言先举手，谁先举手谁就获得优先发言权；发言必须征得主持人同意，不能未经同意就擅自站起来或端坐高声开始表达观点；发言时应该起立，以示尊重；别人发言时不能无故打断；发言时应面向主持人，不能对着参会者讲话，因为容易引起不必要的争论，扰乱会议秩序；按照约定的时间发言，对同一动议的发言不得超过两次，除非现场有特殊约定；主持人应该让正反两方轮流得到发言机会，以维持平衡，充分听取意见；发言时应首先表明赞成还是反对前述观点，并在规定时间内阐明理由；发言不能进行人身攻击，不能质疑对方动机、习惯、偏好，应就事论事。这些发言规则能够较好保证每位发言者的公平机会，减少"一言堂"。通过这样的训练，民众能够掌握发言技巧，为后续民主管理提供锻炼机会。

三是不野蛮争论。野蛮争论的主要表现是武断地主张自身观点，对理由阐释不充分，无法令参与者信服。野蛮争论还表现在不遵守约定的参与规则，随意破坏这些规则，例如，双方不对着主持人发言，自顾自地争吵辩论，旁若无人，引导讨论走向，减少其他发言者机会。这些与文明参与格格不入的表现，在邻避设施参与论证中经常出现，应该及时阻止。

四是崇拜规则而不是权力。长期以来，中国民众形成了对权力的依赖和崇拜，更相信领导立场，唯此马首是瞻，因此现场讨论时先按兵不动，等待主要决策者表明立场后，简单地以此为发言基调，维护领导权威。此外，还有部分参与者不愿意过早亮明自身立场，是因为不愿意提出尖锐批评意见，习惯于做老好人，以免得罪人，这种一团和气、人云亦云的中庸式处事风格，也与民主议事规则所要求的做法格格不入，需要在现实中逐渐破除。

五是表决规则。一般而言，参与者充分参与讨论后，需要形成公意，这就需要现场表决。现场表决一般遵循充分辩论、正反表决、过半通过等基本原则，因此应在每一场参与讨论中充分表达观点，尤其是正反两方观点得到充分表达，不能仅有少数人发言，多数人沉默。通常，正面观点和反面观点都要进行表决，以了解两种针锋相对的观点的民意基础，为下一次参与论证做好准备。获得过半数通过的观点，成为本场会议的最终观点。这样层层收集民意，能够让利益相关者充分表达观点，反映民意走向，最终获得大多数人支持的论点能够经得起民意考验。

六是主持人的作用。如上所述，现场讨论时主持人至关重要，决定着讨论走向，影响讨论质量，事关参与者是否能畅所欲言，达成民意。因此邻避设施参与论证时不能忽视主持人。主持人的主要职责是分配发言权、统计发言次数、计算发言时间、打断跑题、停止人身攻击、严格遵守规则，确保发言讨论按照既定意图或民主规则进行。现实中常出现主持人利用主持机会实现自己或组织意志，让参与者不满，甚至愤懑的情形，这是因为主持人没有严格按照上述规则主持讨论。因此，通过邻避设施参与论证，能够发现优秀的会议主持人，培养态度端正、素质较高的民主论证骨干力量，从而带动基层民主治理向高质量方向发展。

总之，通过邻避设施参与论证，可以帮助利益相关者学习民主议事的规则技巧，掌握参与技能，从而提升民主参与素养，同时培养权利、自治、制衡意识，为进一步参与基层治理提供知识储备，提高基层治理水平。

第 五 章

程序的制度保障

一 要素机制

诺斯认为,制度是一个社会的游戏规则,更规范地说,它们是为决定人们的相互关系而人为设定的一些制约。制度由非正式约束(道德的约束、禁忌、习惯、传统和行为准则)和正式法规(宪法、法令、产权)组成。[①] 非正式规则是人们在长期实践中无意识形成的,包括价值信念、伦理规范、道德观念、风俗习惯及意识形态等。正式规则又称正式制度,是指政府、国家或统治者等按照一定的目的和程序有意识创造的一系列政治、经济规则、契约、法律法规,以及由这些规则构成的社会等级结构。非正式规则和正式规则需要通过具体制度得到实施,因而制度还包括为确保正式规则和非正式规则得以执行的相关制度安排。基于此,本书认为,基于决策论证的邻避设施社会稳定风险防范制度(以下简称"制度")是指以决策论证为内核,在邻避设施社会稳定风险防范中利益相关者必须遵守的共同行为准则、规章典范、禁忌约束。它包括三个部分:正式的法律法规和规章;非正式的习惯、传统、行为准则;保证这两项规则得以执行的具体制度设计。由于非正式传统、习惯和行为准则等是在长期生活实践中约定形成的,内化于人们的日常生活和言行中,因而本书重点探讨正式规则及其实施机制,暂不讨论非正式的风俗习惯。

已有研究表明,社区利益协议要求信息公开、平等沟通、互利合作,

---

① [美]道格拉斯·C.诺斯:《制度、制度变迁与经济绩效》,刘守英译,生活·读书·新知三联书店1994年版,第3—5页。

对化解邻避项目信任危机具有优势。相关制度建设需要合理界定邻避项目和相关公众，明确社区利益协议适用范围；设置科学的公众利益代表机制，确保实现公众利益；将政府定位于服务者和监督者，保障社区利益协议的签订和实施；引入第三方组织参与，推动社区利益协议的专业和公平。① 结合这些研究，思考邻避实际，邻避设施决策论证程序的实施制度应包括如下机制。

（一）理性对话的论证平台

该平台是基于决策论证的邻避设施社会稳定风险防范制度的前提和基础，只有搭建了这样的平台，基于决策论证的邻避设施社会稳定风险防范制度才有付诸实施的空间和载体。平台由政府、项目方、专家、当地民众共同主导，缺一不可。政府主导程序控制与决策平台，发挥议程设置、方案抉择、利益协调功能；项目方主导利益实现平台，主要功能是制订项目建议书、项目计划，进行可行性与社会稳定风险评估，实现利润；专家主导事实判断平台，发挥理性决策外脑、代言、监督功能；当地民众主导诉求实现和价值判断平台，进行利益损益、风险认知、项目预期判断，维护自身合法权益（见图5-1）。四类平台分别承载着政府理性、项目理性、专家理性和大众理性，四种理性间如果存在冲突和不一致，则通过具体的论证加以弥合，进而实现公共理性。

平台可以是实体组织，也可以是虚拟联盟，还可以借助互联网技术设计成网络系统，具体组织形式可根据实际情况加以选择。

（二）利益相关者甄别机制

即甄别、选择利益相关者的制度。决策论证的精髓是吸收利益相关者的参与，鼓励他们各抒己见，进而达成共识，实现这一目的的第一步，就是将利益相关者尤其是直接利益相关者从多个相关的主体中甄别出来，否则可能因缺乏直接利益相关者的参与而无法实现既定目标。邻避设施中，直接的利益相关者包括政府、项目方、当地民众、专家，均有个体、

① 吴勇、扶婷：《社区利益协议视角下邻避项目信任危机与应对》，《湘潭大学学报》（哲学社会科学版）2021年第2期。

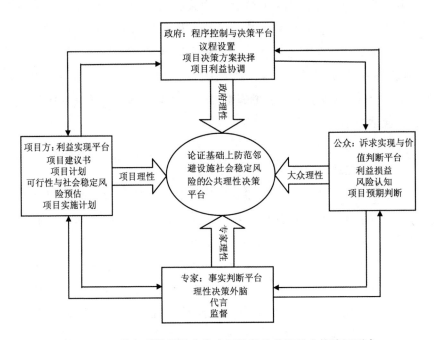

图5-1　防范邻避设施社会稳定风险的公共理性决策论证平台

群体或组织三种形式。政府是决策者,项目方是邻避设施建设运营的各类组织的统称,当地民众是受设施建设影响的群体,专家是参与项目方案设计的个人或组织。决策论证的首要工作是根据其与邻避设施的利益关联度,甄别、细分这些直接利益相关者。例如,从构成看,政府可细分为最终决策者及其下属机构和部门、下级政府及其组成部门、设施所在地政府及有关部门、基层政府(如居委会、村委会、大队村组等)、基层组织和社会团体,项目方可细分为建设单位、承包商、材料设备供应商、投资人、勘察设计单位、监理单位、运营方、高层管理人员、员工,[①] 当地民众可细分为项目所在地的社区及其居民、相关的法人和社会组织,专家可细分为勘察设计单位以及参与方案设计的专家学者。从影

---

① 王进、许玉洁:《大型工程项目利益相关者分类》,《铁道科学与工程学报》2009 年第5 期。

响力看，四类直接利益相关者可分为上层、中间层和下层。①

区分出直接利益相关者后，还应该甄别设施建设的间接利益相关者，明确其特质和特长，界定其基本角色和功能。例如，政府中不负责设施建设运营的其他部门，项目方的同行，设施周边不受影响的居民和相关单位，关心设施建设的专家学者，新闻媒体，民间领袖，等等，他们虽然不是设施的直接利益相关者，但是也能够影响设施进程，影响项目结果。对这些利益相关者进行区分，目的是寻找他们与设施建设的潜在关联，提前制定应急预案，防患于未然。

（三）利益相关者参与机制

甄别出利益相关者之后，接下来的工作是确保这些利益相关者实质参与邻避设施运营环节。这里需要结合利益相关者的特点和角色，根据其诉求合理吸纳。政府是议程设置者和最终裁决者，因此应该参与需求识别、方案制订、施工建设、交付使用，不过，参与的方式需有所差别——不能直接代替项目方、专家、民众，替他们决策，而应该完善相关制度，创造条件，让他们深度参与，并以中立者的角色，调解三类利益相关者的分歧，帮助他们达成共识，监督运营过程。项目方应该参与方案制订、施工建设、交付使用，因为这三个阶段主要是建设相关设施，这恰恰是他们的专长，参与的方式主要是直接参与。当地民众主要参与需求识别、方案制订、施工建设、交付使用，这是因为立项决策可以吸收他们的意见，决定项目是否上马，方案制订阶段可以消除设施建设、补偿安置的隐患，施工建设阶段可确保建设符合预期规划，减少偷工减料，确保项目符合民众诉求。专家学者也应该全程参与，因为他们能够为需求识别、方案制订、施工建设、交付使用提供第三方立场，而不是跟在政府和项目方后面亦步亦趋、人云亦云。这样，虽然参与的方式有所不同，但利益相关者都参与了邻避设施建设运营，确保了设施建设能够真正体察民意，反映民意，尊重民意。总而言之，参与的关键是根据设施运营阶段的不同确定具体的参与者。

---

① 雷尚清：《决策论证与大型工程项目社会稳定风险化解》，载童星、张海波主编《风险灾害危机研究》（第一辑），社会科学文献出版社 2015 年版，第 7 页。

（四）信息管理与反馈机制

利益相关者参与设施运营后，如何收集、汇总他们的意见，确保这些意见得到重视，并将重视的结果反馈回来呢？这直接关系着制度运行成效。现行的邻避设施运营中，正是因为这一环节做得不够好，导致民众的意见不能准确、全面、及时地得到处理，从而将设施建设推向政府和项目方主导的境地。因此，除了将现行稳评制度中意见征求机制不折不扣地落实外，更重要的是建立一套长效机制，确保信息收集、汇总、反馈制度化、规范化。为此，首先应该建立专职或兼职的邻避设施信息收集员，专司社情民意收集之责，以弥补仅通过稳评收集民意来了解居民意见需求的临时化、表面化之弊端。举凡设施周边利益相关者的动向、态度、意见、诉求、看法、建议，都是信息收集员采集的内容。其次，建立专门的社情民意分析研判机制，即对信息员等搜集的信息进行分析、整理、加工、筛选，从中掌握民众和社会动态，了解民众诉求，对发现的不良倾向和苗头经验进行研判，提出化解预案或措施。最后，建立社情民意报送和反馈机制，将民众和社会的呼声报送给决策者供其参考，将政府和项目方等的看法、决断反馈给民众，建立官民沟通通道。

（五）协商论辩机制

即利益相关者在论证平台上如何协商论辩，从而展示各自的偏好、诉求，寻求共识。这是基于决策论证的邻避设施社会稳定风险防范制度的核心和精髓，内容包括：基本规则，基本程序，人数规定与会议程序，主动议、附属动议、委托、优先动议、偶发动议的具体要求和处理细则，发言与辩论，表决，提名与选举，会议纪要与报告。[①] 这些机制是有效协商和论辩的必备程序，能够确保利益相关者真正表达自己的意见和诉求，发现各自的分歧，弥合分歧，寻求共识，实现程序正义和实质正义的双赢。与现有的结果实现与共识达成方式相比，协商论辩机制具有以下优点：第一，限制了决策者和政府、项目方的权力，让处于弱势群体的民

---

① ［美］亨利·罗伯特：《罗伯特议事规则》（第10版），袁天鹏、孙涤译，格致出版社、上海人民出版社2012年版。

众有机会充分表达对邻避设施的意见，获得与政府和项目方同等的地位、待遇；第二，能够发现"一言堂"、权威主导等模式下多数参与者无法真正表达看法，从而掩盖多数人意见诉求的程序性弊端，通过严格遵守会议程序，鼓励多数人表达意见、阐述理由，落实知无不言、言无不尽的要求，真正了解多数人对邻避设施的态度；第三，提供宣泄负面情绪、表达不满的机会和窗口，让一切意见得到充分表达，让一切不满和怨恨尽情释放；第四，提高邻避设施决议和方案的质量，提高相关决策的科学化和民主化水平；第五，提供学习的机会，让政府、项目方和公众经受程序民主的洗礼，解放其思想、转变其观念、提高其技能，共同迎接绕不开的程序性民主浪潮的到来，为这一浪潮贡献邻避设施治理经验。

（六）结果达成与运用机制

即是说，如何通过协商论辩达成各方都满意的结果，确保该结果被各方所遵守。如果说协商论辩机制主要强调的是参与过程，结果达成与运用机制则主要强调的是参与要达到什么结果，如何运用这一结果，这是利益相关者实质参与邻避设施社会稳定风险防范制度不可或缺、前后相连的两个部分。只要严格遵守了公认的决策和会议规则，各方进行了充分的意见表达，则应该根据多数人赞成的内容形成决策结果，该结果即具备正式效力，决策者不可轻易推翻。而且，根据该结果制定的相关决定命令应该全面准确反映多数人的共识，在设施运营各个阶段严格执行。

（七）监督考核机制

即组成利益相关者代表参与的独立监督小组或委员会，全程监控论证过程，监督邻避设施建设运营。该小组的成员由政府根据利益相关者的人数多少设定代表比例，挑选符合条件的代表组成，任期固定，或根据设施运营状况及时调整优化。小组成员不参与设施运营的具体事务，以第三方的身份独立监督运营过程，发现问题及时报告反馈，做出决议，要求政府、项目方、当地民众执行。考核机制是指由监督委员会对邻避设施运营各个阶段中政府、项目方、民众、专家的参与状况进行考核。

(八) 问责机制

即明确利益相关者违法乱纪、违反民意时的处理办法,目的是督促各方遵守既定程序,真正为民着想,提高邻避设施运营质量,减少冲突、对立。其内容包括:问责的具体情形、问责的方式和问责的程序。通常而言,决策严重失误,造成重大损失或者恶劣影响的;因工作失职和监督管理不力,致使发生特别重大事故、事件、案件,或者在较短时间内连续发生重大事件、事故、案件,造成重大损失或者恶劣影响的;滥用职权,强令、授意实施违法行政行为,干扰协商论辩,引发民众强烈不满,诱发群体性事件或其他重大事件的;擅自更改协商论辩结果,或不使用该结果,造成群体性、突发性事件,导致事态恶化,造成恶劣影响的,应该予以问责。问责方式分为责令公开道歉、停职检查、引咎辞职、责令辞职、免职,视情节或结果严重程度适当运用。问责遵守如下程序:调查取证、给出建议、申诉、做出决定、执行决定。

二 与既有制度衔接

基于决策论证的邻避设施社会稳定风险防范制度如何与现有决策制度相衔接呢? 上述论证程序如何嵌入现有的民主参与制度? 本节主要回答这两个问题。首先,必须明确现有的相关制度有哪些;其次,思考决策论证制度如何嵌入现有的制度安排。

(一) 既有的相关制度

当前,中国已实行了一系列保障民众参与权利的制度,包括社会主义协商民主、重大事项决策制度、多元化矛盾纠纷化解机制,这些制度在保证民众参与,倾听民意、集中民智方面发挥了较好的作用。因此需要回答的是,决策论证与这些制度有何区别? 有没有互补的一面? 如果没有区别,不能互补,则无法嵌入现行的制度。

1. 社会主义协商民主

协商民主虽然是国外学者首先提出并进行研究的概念,但是从新中国成立起,中国就开始了制度化的协商民主实践。当时的中国人民政治协商会议通过了《共同纲领》等决议，以公共利益为核心价值理念，参与主体广泛明确，通过对话、讨论形成共识，建立了组织机构，完善了法律支撑，体现了协商民主性质。[①] 五四宪法颁布实施后，中国人民政治协商会议不再承担国家政权机关职能，但仍然是统一战线的组织形式，后来虽然遭遇了挫折，但改革开放后得到了坚持、发扬和完善。党的十八大报告对这一思想进行了总结概括。这次大会首次提出社会主义协商民主是中国人民民主的重要形式，结束了过去各界对协商、协商民主的分歧，要求在决策前和决策中进行专题协商、对口协商、界别协商、提案办理协商，推动协商民主广泛、多层、制度化发展，健全社会主义协商民主制度。2015 年 2 月，中共中央印发《关于加强社会主义协商民主建设的意见》，对协商民主的意义、原则、形式、路径进行了详细设计。同年 7 月 13 日，中共中央办公厅、国务院办公厅印发《关于加强城乡社区协商的意见》，明确了城乡社区协商的主体、内容、形式、程序、结果运用、组织领导等细则，基层协商民主全面推开。党的十九大再次强调发挥社会主义协商民主重要作用，要求统筹推进各类协商，形成完善的协商程序和参与实践，确保人民参与权利广泛持续深入。党的二十大报告进一步要求，完善协商民主制度体系，推动协商民主广泛多层制度化发展。可见，协商民主已成为中国社会主义民主政治的特有形式，发挥着不可替代的独特优势。

当前，社会主义协商民主主要有政党协商、人大协商、政府协商、政协协商、人民团体协商、基层协商和社会组织协商七种形式。政党协商借助政治协商会议这个载体，实现中国共产党和民主党派之间的协商，维系的是政党关系；人大协商借助人民代表大会这个载体，保障人民当家作主的权利；政府协商借助民主参与，解决人民群众最关心、最直接、最现实的利益诉求；政协协商致力于提高政治协商的制度化、规范化、程序化水平；人民团体协商发挥党联系群众的优势，提高群众参与公共事务的热情和水平；基层协商是在乡镇街道村社展开的协商，目的是及时化解矛盾，促进和谐稳定；社会组织协商是发挥社会组织的独特优势，

---

① 黄国华等：《中国社会主义协商民主思想史稿》，西南交通大学出版社 2013 年版，第 155—162 页。

提升社会治理水平的重要一环。在这些协商形式中，政党协商、人大协商、政府协商、政协协商是国家政治生活的一部分，人民团体协商、基层协商和社会组织协商更贴近民众日常生活，因而与邻避设施决策论证更加贴近。现实中，中国发展出协商座谈会、立法协商、专题协商、对口协商、界别协商、提案办理协商，探索网络议政、远程协商、民主恳谈、民主议事、旁听、网络参与等具体形式。无论哪种形式，协商民主要实现的目标是有事好商量，众人的事情众人商量。

事实上，协商民主的关键是协商。协商的本义是审议、聚集或组织起来进行对话、讨论，概念相对宽泛，还指决策前的讨论，特定目标的对话，没有操纵、强迫和欺骗的交流，目的是寻求共识，实现公共理性。①从这个意义讲，协商民主与决策论证没有差别，都是为了寻求共识，实现公共的利益。但是，二者的实现形式和运行机制并不相同，协商的核心是商量，有事好商量，遇事多商量，众人的事情由众人商量，而决策论证的核心是论证，是对观点和理由的科学阐释，强调因果推理，事实、根据、理由的可信度。目前，协商民主的实现形式已经较为完备，也探索出了制度化的经验，而决策论证还处在起步阶段，政策实践中仅限于专家论证，还是一项专业性的活动，并未成为民众参与的主要路径。从这一点看，决策论证是对协商民主的补充，二者并行不悖，可以融合。

2. 重大事项决策制度

该制度源于领导干部决策中实行的"三重一大"制度。"三重一大"最早源于1996年第十四届中央纪委第六次全会公报对党员领导干部政治纪律方面提出的纪律要求：认真贯彻民主集中制原则，凡属重大决策、重要干部任免、重要项目安排和大额度资金的使用，必须经集体讨论作出决定。可以看出，这里的"三重"是指重大决策、重要干部任免、重要项目安排，"一大"是指大额资金使用。此后，"三重一大"的内容并未发生实质性变化，例如2005年中共中央颁布的《建立健全教育、制度、监督并重的惩治和预防腐败体系实施纲要》（中发〔2005〕3号）第六款第十三条提出："加强对领导机关、领导干部特别是各级领导班子主

---

① 陈家刚：《协商民主与当代中国政治》，中国人民大学出版社2009年版，第47—56页。

要负责人的监督。要认真检查党的路线、方针、政策和决议的执行情况，监督民主集中制及领导班子议事规则落实情况，凡属重大决策、重要干部任免、重大项目安排和大额度资金的使用，必须由领导班子集体作出决定。"2008 年，中共中央纪委、教育部、监察部《关于加强高等学校反腐倡廉建设的意见》（教监〔2008〕15 号）指出，"坚持和完善重大决策、重要干部任免、重要项目安排、大额度资金使用等重要问题应经党委（常委）会集体决定的制度。对于专业性较强的重要事项，应经过专业委员会咨询论证；对于事关学校改革发展全局的重大问题和涉及教职工切身利益的重要事项，应广泛听取群众意见。"2010 年，中共中央办公厅、国务院办公厅颁布《关于进一步推进国有企业贯彻落实"三重一大"决策制度的意见》，再次强调凡属重大决策、重要人事任免、重大项目安排和大额度资金运作事项必须由领导班子集体作出决定。可见，"三重一大"首先是党中央为了反腐而提出的，目的是约束领导干部拍脑袋决策。随着"三重一大"制度的实施，其内涵发生了变化，逐渐演变成重大行政决策制度。

2004 年，国务院发布的《全面推进依法行政实施纲要》将"科学化、民主化、规范化的行政决策机制和制度基本形成"列为基本建成法治政府目标的一项内容，提出"建立健全行政决策机制"，包含健全行政决策机制、完善行政决策程序、建立健全决策跟踪反馈和责任追究制度三项具体要求。2008 年《国务院关于加强市县政府依法行政的决定》进一步规定了六项重大行政决策程序制度：完善重大行政决策听取意见制度；推行重大行政决策听证制度；建立重大行政决策的合法性审查制度；坚持重大行政决策集体决定制度；建立重大行政决策实施情况后评价制度；建立行政决策责任追究制度。2010 年《关于加强法治政府建设的意见》确立了重大行政决策的基本程序制度，提出"要把公众参与、专家论证、风险评估、合法性审查和集体讨论决定作为重大决策的必经程序"，加强重大决策跟踪反馈和责任追究。2012 年党的十八大报告中再一次强调了"坚持科学决策、民主决策、依法决策，健全决策机制和程序，发挥思想库作用，建立决策问责和纠错制度，建立健全重大决策社会稳定风险评估机制"。两年后召开的十八届四中全会通过的《中共中央关于全面推进依法治国若干重大问题的决定》明确提出，"健全依法决策机制。把公众参与、专家论证、风险评估、合法性审查、集体讨论决定确定为重大行政决策法定程序,确保决策制度科学、程序正当、过程公开、责任明确。建立行政机关内部重大决策合法性审查机制,建立重大决策终身责任追究制度及责任倒查机制"。2015 年,中共中央、国务院印发的《法治政府建设实施纲要 (2015—2020 年)》进一步就完善决策程序提出六项具体要求:第一,各级行政机关要完善依法决策机制,规范决策流程;第二,要增强公众参与实效;第三,提高专家论证和风险评估质量;第四,加强合法性审查;第五,坚持集体讨论决定;第六,严格决策责任追究,健全并严格实施重大行政决策终身责任追究制度及责任倒查机制。2016 年发布的《国务院 2016 年立法工作计划》中将《重大行政决策程序暂行条例》列入 "全面深化改革急需的项目" 类别,2017 年 8 月,条例征求意见稿向社会发布,正式征求各地意见,2019 年正式公布实施。可以看出,"三重一大" 制度实施过程中逐渐演变成与行政机关对应的重大行政决策制度,两者涵盖的事项也出现了一定程度的交叉和重合。

不仅中央层面逐渐完善重大事项决策制度,地方政府也以贯彻落实 "三重一大" 制度为契机,结合行政机关运行实际,完善了重大行政决策制度。有学者发现,截至 2017 年 2 月 28 日,中国共有地方重大行政决策程序的规范性文件 428 个,其中政府规章 28 个,规范性文件 400 个,这些文本对重大决策事项的范围进行了界定。界定方式有四种:一是列举和兜底条款,列举的重大决策事项一般包括规划、项目、公共政策、行政措施、资金使用、其他;兜底条款一般针对特殊情况,用 "其他" 的方式表述,是赋予地方政府的自主裁量权。二是排除方式,一般将人事任免、行政问责、重大突发事件、内部管理和改革、上级和法律法规作出明确规定的事项排除在外。三是概括式,通常是指涉及本地区经济社会发展大局、牵涉面广、专业性强、与人民群众利益直接相关的决策事项。四是目录模式,即列出属于重大行政决策事项的目录,属于目录内的事项就必须遵守相关规定。[①] 也有学者将重大决策事项范围的界定模式总结为正面列举式、概括 + 正面列举式、概括 + 正面列举

---

① 谢云肖:《重大行政决策事项范围的文本研究》,硕士学位论文,吉林大学,2017 年。

式＋反面列举式、目录机制式。① 无论如何界定，哪些事项属于重大行政决策事项是重大行政决策制度的首要问题。对省级政府的文本分析发现，公认的重大决策事项除了"其他类"外，"编制国民经济和社会发展规划、年度计划""财政预算编制中重大财政资金安排、政府重大投资和建设项目、国有资产处置、宏观调控""编制或调整各类总体规划、重要的区域规划、专项规划和产业规划"的认同度较高，前三项高达83％，最后一项达72％，"提出地方性法规草案、制定政府规章、规范性文件""落实党中央、国务院路线方针政策和省委决策部署的实施意见""重要的行政事业性收费标准以及重要的公用事业价格、公益性服务价格、自然垄断经营的商品和服务价格的制定或调整""科教文卫等重大社会事业建设方案的确定和调整""就业、保障、收入分配调节、公共交通等重大民生项目的确定和调整""涉及公共安全、社会稳定等重大事项的决定""涉及全省经济体制改革、行政体制改革等方面的重大决策"等事项认同度居中，"政府工作报告""制定开发利用土地、矿藏、水流、森林、山岭、草原、荒地、滩涂等重要自然资源的重大措施""制定或者修改事关少数民族和民族自治地方经济社会发展的重大政策""政府人事任免、重要奖惩决定"认同度最低。② 当然，到底什么是重大决策事项，各地的界定并不一样，这也带来了实践中的困境，一些本应属于重大决策事项的内容没有进入重大的范畴，因而引发了民意反弹，成为社会冲突事件的导火索。

重大行政决策事项如何决策？这是重大行政决策制度的第二个关键问题。2010 年国务院发布的《关于加强法治政府建设的意见》提出，"要把公众参与、专家论证、风险评估、合法性审查和集体讨论决定作为重大决策的必经程序"，加强重大决策跟踪反馈和责任追究。这实际上明确了重大行政决策的程序：公众参与、专家论证、风险评估、合法性审查、集体讨论决定、跟踪反馈、问责。其中前五个程序的认同度最高，

①　王万华、宋烁：《地方重大行政决策程序立法之规范分析——兼论中央立法与地方立法的关系》，《行政法学研究》2016 年第 5 期。

②　黄振威：《地方重大行政决策制度的内容分析——基于 88 个省一级制度文本的研究》，《北京行政学院学报》2017 年第 2 期。

地方政府的文本中都做了相关要求，跟踪反馈和问责也被多数地方政府认可，但比例稍低于前五个程序。不过该程序与一般的决策程序有差别，因为一般情况下，决策程序包含了从决策信息输入到政策输出，再到政策反馈的全过程，分为议程设定、备选方案设计、方案抉择、决策合法化、决策执行、决策反馈与监督、决策调整七个阶段，是一个闭合的政策过程环。其中议程设定是行政机关确认具体政策问题，并将其纳入解决日程；备选方案设计是提出解决具体政策问题的办法和预案；方案抉择是对解决方案进行筛选，确定最终的行动方案；决策合法化是指政策方案获得合法性；决策执行则是将决策付诸实施；决策反馈与监督是将决策实施并产生的实质影响反馈给决策者，对实施过程进行监督；决策调整则是在反馈监督的基础上决定决策方案是否继续，是否要进行修正，或直接终止。不难看出，这样的决策过程更符合政府重大行政决策实践，因而重大行政决策程序需要嵌入实际决策过程。这一过程中面临的问题主要有以下几方面。

（1）公众参与如何嵌入重大行政决策程序，如何嵌入实际决策过程？

目前，重大行政决策制度的文本中一般都明确了参与者确定、参与范围、参与阶段、参与方式、参与结果反馈和运用，已经基本完备。但是，公众参与的问题是，如何细化这些参与要求，让公众参与发挥实际作用。例如，一些文本对公众参与一笔带过，没有明确公众参与要达到什么目的、体现出什么水平，还有的文本将公众参与等同于听证。此外，哪些阶段和议题必须参与，不同的参与方式如何选择、使用，参与结果不被尊重时如何投诉维权，这些问题都没有得到精细回答。决策论证可以弥补这些缺陷，因为决策论证的目的是通过参与论证提高决策方案的质量，提高决策科学化、民主化水平，它首先关注公众，关注公众意见在决策中的作用，认为一项政策方案如果没有公众的参与和讨论，将是十分不合格的。因此，决策论证设计出了确保公众参与的运行机制，能够将重大行政决策中公众参与的弊端纠正过来。

（2）专家参与如何嵌入重大行政决策程序，如何嵌入实际决策过程？

这也是目前重大行政决策制度运行的难题。专家是运用专业知识影响决策的特殊政策参与者，在实际政策过程中扮演着政府智囊、学者、公众倡导者、思想中介人、公共知识分子、政策企业家的角色，[①]专家参与也有不同的模式，如根据损失者嵌入型高低和知识复杂性程度高低，可以将专家参与分为迂回启迪、直接咨询式、外锁模式、专家社会运动模式四种形式[②]。专家是不是一定要参与决策？或者说专家什么时候参与决策更合适？通常认为，专业性强、政府决策部门没有任何经验的事项，可以吸收专家参与，利用他们的专业知识和理性判断，辅助政府作出科学决策，降低政策风险，提高决策质量。在政策论证中，这样的论证模式属于专家—理性判断式政策论证，它特别适用于论证民主程度要求不高，但理性程度要求较高的决策事项。[③]因此，重大行政决策制度提出要引入专家论证，并没有指明什么时候需要专家参与论证，专家参与论证的形式有哪些，专家参与论证要达到什么结果，如何评判专家的参与论证。这些问题都需要在决策论证制度中进行明确，也是决策论证制度可以嵌入重大行政决策制度的契机。

（3）风险评估如何嵌入实际决策过程并发挥实际作用？

为了防范重大决策事项引发的社会稳定风险事件，中国实施了风险评估制度，并将其嵌入重大行政决策程序。社会稳定风险评估发源于遂宁，最初针对的是最易引发群体性事件的重大建设项目，要求新建重大工程须进行社会稳定风险评估，凡是未经风险评估的不得盲目开工，评估出的涉稳重大隐患尚未化解的不得擅自开工。后来，遂宁将评估范围拓展到重大事项范畴，要求做决策、上项目、搞改革以及其他事关群众利益的重大事项出台前必须组织开展社会稳定风险评估，避免或减少因决策失误或时机不成熟给社会稳定带来冲击和负面影响。几乎与此同时，淮安市也进行了类似的探索，设立维稳信息直报点和维稳信息直报员，对合理性、合法性、可行性、安全性进行详细评估，同时进行年度考核和评比。2007年5月，中央维稳工作领导小组转发了中央维稳办《风险评估消除隐患，从保稳定到创稳定——关于四川遂宁推行社会稳定风险评估机制，做好维护稳定工作的调研报告》（中稳发〔2007〕1号），向

---

① 朱旭峰：《政策变迁中的专家参与》，中国人民大学出版社2012年版，第1—2页。
② 朱旭峰：《政策变迁中的专家参与》，中国人民大学出版社2012年版，第36页。
③ 雷尚清：《公共政策论证类型》，吉林出版集团有限责任公司2017年版，第133页。

全国推广遂宁市社会稳定风险评估机制的做法及经验。2008 年和 2009 年,江苏省、上海市分别出台了实施意见,明确了指导思想、基本原则、适用领域、责任主体、评估程序、组织领导细则。2010 年,《四川省社会稳定风险评估暂行办法》出台,国务院发布的《关于加强法治政府建设的意见》明确提出,把公众参与、专家咨询、风险评估、合法性审查和集体讨论决定作为重大决策的必经程序,完善行政决策风险评估机制。同年召开的党的十七届五中全会明确要求"建立重大工程项目建设和重大政策制定的社会稳定风险评估机制"。2011 年,国务院颁布的《国有土地房屋征收与补偿条例》和《国民经济和社会发展第十二个五年规划纲要》都强调要进行社会稳定风险评估,完善相关机制。2012 年 1 月,中共中央办公厅、国务院办公厅联合发布《关于建立健全重大决策社会稳定风险评估机制的指导意见》(以下简称《指导意见》),明确了稳评工作的指导思想和基本要求,确立了评估范围、评估主体、评估程序、风险等级认定、评估结果运用等内容体系,要求加强组织领导、综合保障、责任追究,这标志着稳评得到了党中央认可,权威性大大提高。同年 8 月,国家发展改革委发布《重大固定资产投资项目社会稳定风险评估暂行办法》,要求"国家发展改革委审批、核准或者核报国务院审批、核准的在中华人民共和国境内建设实施的固定资产投资项目应进行社会稳定风险评估,评估结果应作为项目可行性研究报告、项目申请报告的重要内容并设独立篇章"。次年初,《重大固定资产投资项目社会稳定风险分析篇章编制大纲及说明(试行)》《重大固定资产投资项目社会稳定风险评估报告编制大纲及说明(试行)》发布,社会稳定风险评估真正嵌入重大投资项目决策程序。此后,党的十八大、十八届三中全会要求"建立健全重大决策社会稳定风险评估机制",十八届四中全会重申了风险评估是重大行政决策法定程序之一,十八届五中全会要求"落实重大决策社会稳定风险评估制度"。随着党中央 – 国务院逐渐重视稳评的作用,将其嵌入重大决策程序,稳评由点到面、由中央到地方、由政府到政府部门全面铺开,成为各级政府、主要部门的重要制度。实践过程中,各地也逐渐形成了独具特色的模式,如四川的"五五工程"评估体系,上海的"第三方评估",黑龙江省哈尔滨的重大事项备案制度等。部门中,司法部门提出了涉检、涉诉、涉警案件稳评,劳动与社会保障部门开辟了涉保纠纷稳评，国土部门推出了涉土争议稳评。可以说，如今社会稳定风险评估已成为各级政府、各个部门重大决策的法定必经程序，为决策科学化做出了巨大贡献。2017 年召开的党的十九大并没有直接提及社会稳定风险评估，因此党的十八大以来一度热门的话题似乎有些淡化。不过，2018 年 6 月 25 日公布的《国务院工作规则》再次强调，涉及重大公共利益和公众权益、容易引发社会稳定问题的，要进行社会稳定风险评估，并采取听证会等多种形式听取各方面意见。可见，社会稳定风险评估仍然受到政府的重视，是重大决策事项出台前的必经程序。

目前中国社会稳定风险评估主要包括如下核心要素。

第一，为什么要进行社会稳定风险评估？童星和张乐根据各地的政策文本将此总结为，"化解社会矛盾促进和谐稳定"（占比 44.2%）；"增强决策的科学民主法治水平"（占比 16.3%）；"规范评估工作"（占比 14.4%）；"贯彻中央精神，落实科学发展观"（占比 14.5%）；"保障群众利益"（占比 10.6%）。①

第二，谁来进行社会稳定风险评估？也即社会稳定风险评估的主体。现行办法条款将此分为决策主体、评估主体、实施主体三种类型。决策主体是决定稳评事项是否实施的政府及其职能部门，评估主体负责进行稳评，实施主体是稳评事项直接涉及的政府部门。

第三，对什么做评估？也即稳评的对象。概括地讲，凡是重大决策事项，都应该纳入稳评的范围。那么问题来了，哪些事项才算是重大事项？对于这一问题，各地的看法不一。这既是各地认识的差异，更反映了重大决策事项具有的地域和层次属性。所谓地域属性，是指不同的地域管辖范围内，重大决策事项很可能完全不同。例如，族群冲突尖锐的地区，在决策时要慎重考虑这一因素，因此与此相关的决策事项自然就要纳入重大的范畴。而那些没有族群冲突的地区，相关事项就不需要纳进去。所谓层次属性，是指随着政府层级的不同，对重大决策事项的界定标准也会不同。例如，对县级政府而言，500 万元以上的工程项目就属于重大项目，一般会列入重大的范畴。而这个数字对地市级和省级政府

① 童星、张乐：《国内社会稳定风险评估政策文本分析》，《湘潭大学学报》（哲学社会科学版）2015 年第 3 期。

而言，则完全算不上重大。虽然有地域和层次的不同，我们还是能够总结出一些共性的稳评事项，它们通常是资源开发与重点项目建设、各类旧城改造、拆迁补偿与安置项目、企事业单位改革改制、重要社会保障政策和价格政策调整、环境保护、参与人数多的活动、其他。概言之，凡是列入重点工程、重大项目的，有可能影响社会稳定风险、其他地方已有同类问题出现的，水利工程影响生态、环境的，规模大、影响大、涉及面广、关系国计民生的、可能引发稳定问题的，都要进行稳评。

第四，评估什么？即评估的内容，《指导意见》规定，要围绕合理性、合法性、可行性、可控性对重大决策事项进行社会稳定风险评估。合理性主要围绕群众利益展开，看稳评是否符合多数群众的利益，是否兼顾群众利益，是否考虑利益各方诉求。合法性是指稳评是否符合相关法律法规，这里的"法"有多种理解，既有明文法也有政策文件，既有国家法也有地方部门法规，甚至包括各地自行制定的内部规范，主要包括国家法律法规、党的方针政策、上级制定的相关稳评政策和指导意见，以及一些特殊的法律要求，如重大决策事项的申报承建单位资质是否合法、决策事项内容是否合法、整个决策程序是否合法等。可行性是指相关决策事项的前期准备做得怎么样，例如意见征求和调查宣传效果如何、决策内容是否符合本地实际、决策事项出台时机是否合适、实施方案是否可行等。可控性主要提醒决策者要给重大决策事项设定"安全阀"，要有高度的风险意识和较强的风险防控能力，各地强调最多的是"群体性事件隐患"，其次是"具有预警和应急措施"，然后是"连带性风险隐患"，最后是"舆情应对和引导措施"。总结发现，各地对稳评内容的界定主要是对上述内容的细化、分解。现实中，一些地方还增加了安全性这一指标，用来评估决策事项是否符合安全的标准。

第五，评估程序，即如何保证评估科学客观有效的步骤。纵观多数文本，可以发现稳评包括四个步骤：调查论证、分析预测、形成报告和确定实施意见。调查论证指根据评估方案，综合运用查阅资料、实地勘察、座谈走访、专家咨询等定性方法和抽样、问卷、民意测验等定量方法收集民众对相关工程项目社会稳定风险的意见建议并研判汇总。分析预测指识别影响重大工程项目社会稳定风险的因素，测算其概率、影响范围、后果，结合风险管理目标和标准确定风险等级——低风险、中风险还是高风险，提出项目立项建议。形成报告和确定实施意见是指将评估过程和结果汇总成稳评报告，交由决策主体决定相关项目是立项、暂缓立项还是不立项，同时提出后续监管措施。现实操作时，各级政府采用了分类管理的办法，即根据风险等级大小确定评估程序，风险等级小的使用简易评估程序，直接去发改委备案，风险等级一般的按既定步骤逐步评估，风险等级大的增加第三方评估或专家评估。

第六，评估结果及其运用，包括两方面：一是风险等级划分，二是根据该风险等级确定的决策事项结果。目前，重大决策事项社会稳定风险分为三个等级：高风险——大部分群众对项目有意见、反应特别强烈，可能引发大规模群体性事件；中风险——部分群众对项目有意见、反应强烈，可能引发矛盾冲突；低风险——多数群众理解支持但少部分人对项目有意见，通过有效工作可防范和化解矛盾。高风险事项不实施；中风险项目暂缓实施，待条件发生明显变化，风险等级降低后再予以实施，或者不实施；低风险可以实施。现实中，由于地方面临着较大的政绩增长压力，因此不会因为风险等级高而轻易否定一个项目，采取的变通策略是在高、中、低三个等级之外增加一个风险等级，起缓冲作用，这样政府有时间做工作，减少反对声音，促使项目通过稳评，最终上马。

第七，监督问责，即违反相关规定怎么办。目前各地稳评政策规定的责任追究条件主要有四类：应评未评、由于评估不力引发群体性事件、评估失实、造成决策失误。问责的依据是地方制定的维稳文件和内部规定、《行政机关公务员处分条例》、《中国共产党纪律处分条例》。问责的形式首先是纪律处分，其次是追究法律责任。

上述七项内容构成了稳评政策的核心框架，是分析稳评政策必不可少的内容。通过这些政策文本的实施，稳评政策实际上发挥了识别风险源、提前介入、减少社会冲突的作用，为中国经济社会建设保驾护航。这一点毋庸置疑。当然，稳评并不是没有问题。甚至可以说，稳评在运行中出现的问题和成绩一样多。例如，有学者认为，目前中国的社会稳定风险评估存在"重要性认识不足，重视不够，担心影响经济发展而视为限制机制；主体权责不清，独立性、客观性不强，公民和社会参与不足；忽视风险感知、风险沟通、利益风险平衡、多重关系协调；程序不规范不透明；过程受到行政干预、扰动，评估工具选择不当，信息公开渠道不畅、标准不一,缺乏强有力的监督,责任追究机制不健全"等问题①。概括而言,学术界提出的社会稳定风险评估问题包括:一些地方对稳评的重要性认识不足,认为可有可无,可以根据需要随意调整、拿捏;稳评主要由政府主导,没有形成政府、企业、社会、民众多元互动的参与模式,导致稳评主要体现的是官方意志,社情民意反映不足;稳评的内容不够科学,有为了评估,或为了通过评估而设定指标内容的嫌疑;稳评的程序存在瑕疵,最主要的是意见征求落实不到位、走过场,形式主义问题比较严重,不规范不透明,受到各种干扰,无法保证科学客观中立;评估的结果并不能完全真实地反映决策事项的本来面目,存在人为干预、修改、弃而不用、选择性使用等现象;除非引发大规模抗争或群体性事件,很少有人因为稳评而被问责,体现出稳评并没有成为重大决策事项的硬约束。

新时代社会稳定风险评估何去何从?这不仅关系到社会稳定风险评估的前途,更关系到重大行政决策的命运,因为它已经嵌入该程序,不会轻易被废止。因此未来的问题是,如何优化评估过程,完善评估机制,让风险评估成为社会稳定风险源头治理的主要抓手,这在本质上是与决策论证一致的,因此可以融合。

(4)集体讨论如何真正反映利益相关者诉求?

这是集体决策真正的挑战。因为现实中要么领导者"一言堂",公众、专家的意见得不到遵守;要么公众参与走向极端,呈现无政府状态,民粹主导;要么利益相关者议而不决、以否决为目的,难以形成集体意志。在西方,议事规则在这方面发挥了重要作用,通过发言权、提问权、动议权、辩论权、表决权的限制,每一个参与论证者都能充分表达意见,阐释理由,最终在主持人的引导下形成集体决策,为参与者认可、遵守。这里的决策主要信奉程序正义,即以严格的、公开的、公正的程序,确

---

① 刘泽照、朱正威:《掣肘与矫正:中国社会稳定风险评估制度十年发展省思》,《政治学研究》2015 年第 4 期;黄杰、朱正威:《国家治理视野下的社会稳定风险评估:意义、实践和走向》,《中国行政管理》2015 年第 4 期;姜丽萍:《社会稳定风险评估中的多元主体参与——以 X 煤电二期热电机组工程为例》,硕士学位论文,山西大学,2015 年;冯云鹏:《社会稳定风险评估政策文本分析》,硕士学位论文,东北大学,2014 年;张小明:《我国社会稳定风险评估的经验、问题与对策》,《行政管理改革》2014 年第 6 期。

保每个参与者地位平等，确保论证科学理性，既维持了团结活泼的局面，保证了每个人都能表达诉求，又汇集了个人意见基础上的众意，体现了民主参与的真谛。决策论证以民主议事规则为基础构建起来，因而有助于完善集体讨论决定机制。

3. 矛盾纠纷化解机制

改革开放以来，随着科学技术的发展和社会多元诉求的普遍化，各类矛盾纠纷不断涌现，如何化解这些矛盾成为党和政府的必修课之一。2005 年 10 月，最高人民法院发布《人民法院第二个五年改革纲要（2004—2008）》，规定了多元纠纷解决机制改革的任务。2007 年 7 月，最高人民法院成立"多元纠纷解决机制改革"项目课题组，国务院法制办、司法部等十余个单位参与诉讼调解、行政调解、人民调解、律师调解等14 个子课题的调研和改革方案起草。2007 年下半年，吉林高院、河北廊坊中院等 9 家法院开始试点多元化纠纷解决机制。2008 年，《中央政法委员会关于深化司法体制和工作机制改革若干问题的意见》要求建立诉讼与非诉讼相衔接的矛盾纠纷解决机制。2009 年 3 月,《人民法院第三个五年改革纲要（2009—2013）》发布，提出要按照"党委领导、政府支持、多方参与、司法推动"的多元纠纷解决机制的要求，配合有关部门大力发展替代性纠纷解决机制。2009 年 7 月，最高人民法院发布了《关于建立健全诉讼与非诉讼相衔接的矛盾纠纷解决机制的若干意见》，要求完善诉讼与仲裁、行政调处、人民调解、商事调解、行业调解及其他非诉讼解决方式的衔接。2010 年 8 月，全国人大常委会通过《中华人民共和国人民调解法》，把调解协议的合同效力和司法确认制度写进了法律。2011年 4 月，中央社会治安综合治理委员会等 16 个单位联合发布《关于深入推进矛盾纠纷大调解工作的指导意见》，进一步指明了矛盾纠纷大调解的方向。2012 年 8 月，新修订的《中华人民共和国民事诉讼法》在总结吸收改革成果的基础上规定了先行调解、司法确认等制度，为多元化纠纷解决机制提供了法律保障。2013 年 11 月，党的十八届三中全会通过的《中共中央关于全面深化改革若干重大问题的决定》，在"创新社会治理体制"一章提出建立调处化解矛盾纠纷综合机制的任务。2014 年 10 月，党的十八届四中全会明确提出，"健全社会矛盾纠纷预防化解机制，完善调解、仲裁、行政裁决、行政复议、诉讼等有机衔接、相互协调的多元化纠纷解决机制"。2015年1月，最高人民法院公布《关于确定多元化纠纷解决机制改革示范法院的决定》，50家法院被确定为改革试点法院。2015年2月，《最高人民法院关于全面深化人民法院改革的意见》（"四五改革纲要"）提出，健全多元化纠纷解决机制，建立人民调解、行政调解、行业调解、商事调解、司法调解联动工作体系。2015年4月9日，全国法院多元化纠纷解决机制改革工作推进会在四川眉山召开。2015年9月，最高人民法院与中国保监会共同举办了全国保险纠纷诉讼与调解对接机制建设工作推进会。2015年10月13日，十八届中央全面深化改革领导小组第十七次会议审议通过《关于完善矛盾纠纷多元化解机制的意见》，总结了过去十多年改革的经验，将矛盾纠纷多元化解机制上升为国家治理体系和治理能力现代化的战略行动。2016年6月29日，最高人民法院出台《关于人民法院进一步深化多元化纠纷解决机制改革的意见》，总结了人民法院推动多元化纠纷解决机制改革发展的历史经验，明确了进一步深化多元化纠纷解决机制的指导思想、主要目标和基本原则，对完善诉调对接平台建设、健全诉调对接制度、创新诉调对接程序、促进多元化纠纷解决机制发展等提出了系统的指导意见。2021年2月19日，中央全面深化改革委员会第十八次会议审议通过《关于加强诉源治理推动矛盾纠纷源头化解的意见》，要求坚持和发展新时代"枫桥经验"，把非诉讼纠纷解决机制挺在前面，推动更多法治力量向引导和疏导端用力，加强矛盾纠纷源头预防、前端化解、关口把控，完善预防性法律制度。为了更好贯彻相关要求，最高人民法院在总结已有经验的基础上，于2021年9月印发《关于深化人民法院一站式多元解纷机制建设推动矛盾纠纷源头化解的实施意见》，推动一站式多元解纷向基层、社会、网上、重点行业领域延伸，健全预防在先、分层递进、专群结合、衔接配套、全面覆盖、线上线下的一站式多元解纷机制，促进矛盾纠纷村村可解、多元化解、一网通调。

目前，中国主要的矛盾纠纷化解方式有诉讼、仲裁、和解、调解，这也是多元的含义。诉讼是指司法机关在纠纷当事人或其他诉讼参与人参加之下，为解决民事、刑事、行政案件而按照法定程序所进行的活动，狭义的诉讼开始于起诉，结束于判决，而广义的诉讼在狭义的基础之上包括执行，在刑事案件中还包括侦查。① 仲裁是解决民事纠纷的一种手段，民事纠纷当事人需要自愿申请仲裁机构审理，仲裁机构在通常情况下是有法律效力的，通过《仲裁法》的依据之下，当事人在仲裁协议上的签名具有约束权②，一旦拒绝履行，将受到仲裁机构的制约。和解，又称作"自行和解"，是指纠纷双方当事人通过协商、切磋自行解决争议，不需要第三方参与，完全由纠纷双方协商达成和解。③ 和解在诉讼内和诉讼外都可以实施，在诉讼内的和解属于诉讼方式；而诉讼外的和解需要制定和解协议书，当民事纠纷当事人同意时，具有约束力。调解是在有关人员的主持下，必须以国家法律法规、规章制度作为调解依据，采用说服教育的方式使民事纠纷当事人心悦诚服，并且在达成协议后自觉遵守。④ 调解包括人民调解（群众调解）、法院调解、行政调解、仲裁庭调解四种类型，群众调解是农村地区解决民事纠纷的主要方式，一是由镇、村人民调解委员会和村人民调解小组，通过民事纠纷当事人的申请或者自觉地对该村的民事纠纷进行审理，并且制定调解协议，监督当事人是否履行；二是由该村具有威信、能够使大部分村民都信服的人作为中间人，对该民事纠纷进行解决。法院调解是一种诉讼性质的调解，因为它发生在诉讼过程中。行政调解是由中国行政机关所主持的调解方式，也称作"政府调解"。行政调解与人民（群众调解）一样，属于诉讼外的调解，所达成的调解协议并不具备法律效力，但是在当事人的同意下都具有约束力。在农村社会中，通常情况下行政调解是指人民政府和公安机关的调解。仲裁庭调解是仲裁庭裁决，主要是涉及民商事纠纷，而且包括在仲裁系统中。

在上述多元化矛盾纠纷化解方式中，一般包括纠纷当事人、纠纷解决者，后者包括法院、行政或准行政机构、民间机构。此外，纠纷解决程序对纠纷能否合理公正地解决至关重要。虽然不同纠纷解决方式的程序略有不同，但不外乎准备、开启、陈述观点和理由、辩驳、寻找共同

① 陈光中：《中国法学大辞典》，中国检察出版社1995年版，第545页。
② 李浩培、王贵国：《中国法学大辞典》，中国检察出版社1996年版，第686页。
③ 邹瑜、顾明：《法学大辞典》，中国政法大学出版社1991年版，第979页。
④ 邹瑜、顾明：《法学大辞典》，中国政法大学出版社1991年版，第1389页。

点、促进纠纷解决等程序。相关程序的核心要义是纠纷双方陈述观点,表达诉求,说明理由,在主持人的引导下寻找共同的立场,找到纠纷解决的办法,实现共赢。这与决策论证的要义一致。因此,现行矛盾纠纷化解机制能否为决策论证提供参考借鉴? 二者如何融合? 这是基于决策论证的邻避设施社会稳定风险防范制度必须思考的问题,因为邻避设施引起的矛盾纠纷也可能借助既有的多元化解机制得到解决,因此需要思考嵌入融合策略。

(二) 嵌入衔接

1. 决策论证与社会主义协商民主

目前,社会主义协商民主已经深入人心,积累了较好的实践经验,因此邻避设施建设可以利用这一机制,对民众需求和具体方案进行详细论证设计。在协商民主的主要形式中,政党协商、人大协商、政府协商和政协协商主要是国家政治生活的协商平台,与非政治生活的协商有一定区别,因此不是邻避设施建设协商论证的主平台。当然这并不意味着这些协商形式不能为邻避设施建设服务。如果设施所在地有相关国家政权机关,或当地民众中共产党员、民主党派成员、人大代表、政协委员、政府公职人员比例较高,那也可以利用上述协商形式进行协商论证,通过协商座谈会、专题协商、界别协商、提案办理协商等方式征求相关人员的意见,了解他们的需求。

通常,邻避设施建设更多涉及的是人民团体协商、基层协商和社会组织协商,因为设施所在地普通民众的比例更高,他们要么是原子化的一般群众,要么与人民团体、社会组织关系更为紧密,而且,作为党联系群众的机制,人民团体与工人、农民、妇女、共青团员等的关系更为亲密,因此人民团体协商应该在邻避设施建设中发挥更大的作用。相关参与论证会应该利用既有的协商座谈会或专题会,邀请受设施影响的相关团体会员参与,按照论证的程序要求,充分征求他们的意见,汇集民意。对那些不属于这些团体会员的老百姓来说,基层协商是他们表达意见的主要场所,要想形成邻避设施建设的最大公约数,就必须借助基层协商。当前基层协商主要是社区协商,在社区里,主要有乡镇街道、村委会、居委会等公共组织,这些组织应该是邻避设施协商的主要发起者,协商的参与者就是前述按照一定方法抽取的民众代表，社区中威望高、办事公道的老党员、老干部、群众代表、党代表、人大代表、政协委员，以及基层群团组织负责人、社会工作者也可以包含在论证参与者中。协商形式可以多样，如村（居）民议事会、村（居）民理事会、小区协商、业主协商、村（居）民决策听证、民主评议、民情恳谈、社区（驻村）开放日、村（居）民论坛、妇女之家等，只要有助于了解民众意见诉求，上述协商形式都可以采用。还可以借助社区信息化建设的契机，开辟社情民意网络征集渠道，通过网络协商平台进行协商论证。每一轮协商论证完毕后，应该及时公布会议记录内容，将各方的意见整理归类，总结形成的共识，详细列出主要的分歧，这些分歧应作为下一轮协商论证的主要议题。这样经过若干轮协商论证，分歧越来越少，共识越来越多，邻避设施是否应该建设，如何建设，怎样补偿等议题都会通过协商论证平台得到解决。

在协商民主中，还有社会组织协商这一重要形式。社会组织在当前社区治理中发挥着不可或缺的作用，通过政府购买公共服务，一些公共物品的供给和公共服务提供都离不开社会组织。因此邻避设施协商论证离不开社会组织参与。社会组织由于根植于社会，因此对相关领域非常熟悉，能够代表相关群体表达自己的意见。社会组织协商的形式与人民团体大致相同，专题论证会、协商会等都是可以的。

由此可见，决策论证与协商民主并无冲突，两者可以互为补充。从协商和论证两个概念看，二者的着力点不同，协商着重商量，有事多商量，遇事多商量，做事多商量，众人的事情由众人商量；论证的着力点是观点、事实、理由、根据的因果推理证明，更看重参与各方的推理辩驳。从这个意义上看，二者都看重过程，但是过程的运行机制不一样，侧重点不一样。实际上，无论是协商还是论证，追求的结果都是一样的，都是通过协商或论证过程寻找最大公约数，形成决策合力。因此，二者应该共荣共生。但是，由于协商民主是中国长期坚持的实践形式，成绩有目共睹，因此体制机制更加完善，影响力更大。而论证是舶来品，起源于西方语境，是西方政策科学发展到一定阶段的产物，[1] 因此在中国语

---

① 雷尚清：《西方公共政策论证理论的早期知识谱系》，《甘肃理论学刊》2012 年第 3 期。

境中并不普及。当前，中国公共政策实践中主要的论证形式是专家论证，这也是重大行政决策必经的程序之一，民众要不要参与论证，如何参与论证，政府决策部门要不要采用论证这一形式，如何采用相关形式提高决策质量，这些问题都缺乏系统明确的回答。因此目前情境下，应在协商民主的基础上，引入民众、政府的参与论证，通过论证提升协商民主质量，促进论证普及，帮助协商民主更新换代。邻避设施建设运营是较好的突破口，因为它的建设牵动着政府、企业、民众、社区组织、人民团体的神经，稍有不慎就可能前功尽弃，因此协商质量至关重要，而论证可以发挥这一作用，因为政策论证的过程是一方提出论点和理由，另一方据此反驳，提出自己的论点和理由，双方对这些论点和理由进行辩论、论证，直到形成共识，它比商量更进一步，是对商量的内容的反复阐释，因此直指质量，是提升协商质量的主要环节。据此，可以将协商民主和决策论证概括简称为协商论证，对邻避设施而言，就是邻避设施协商论证。

党的十九大报告指出，要推动协商民主广泛、多层、制度化发展，统筹推进政党协商、人大协商、政府协商、政协协商、人民团体协商、基层协商以及社会组织协商。加强协商民主制度建设，形成完整的制度程序和参与实践，保证人民在日常政治生活中有广泛持续深入参与的权利。这里实际上指出了新时代协商民主的两个主要任务——形成协商合力，通过协商程序建设保证人民各项权利。党的二十大进一步指出，完善协商民主体系，健全协商平台，推进协商民主广泛多层制度化发展。一般而言，邻避冲突是由政府与项目建设方之间，以及政府项目方和社群联盟之间缺乏充分协商沟通引发的，引入协商民主机制可以进行群体间对话，缓和不满，表达利益诉求，通过"多元协商—程序公正—制定政策"重建信任、化解风险、平衡利益。① 因此邻避设施协商论证应特别注意协商形式和协商程序。

一方面，邻避设施决策论证需要借助多样化的协商形式，这些多样化的协商形式如何统筹，如何汇集各项意见诉求，直接关系着决策论证

---

① 许波荣、金林南：《协商民主视角下邻避冲突风险的应对——基于无锡锡东垃圾焚烧发电厂复工项目的个案分析》，《地方治理研究》2022 年第 2 期。

的质量，因为如果多样化的协商不能形成合力，则协商便失去了本意。在邻避设施协商论证中，政党协商论证、人大协商论证、政府协商论证、政协协商论证、人民团体协商论证、基层协商论证、社会团体协商论证如何统筹，怎样合理确定具体形式，既不遗漏重要的形式，又不至于造成浪费，怎样将各种形式协商论证形成的共识和分歧汇集起来，形成最终意见，这些都是多样化协商论证应该关注的议题。因此这里的问题是，如何确定协商论证形式的规模，如何汇集意见。如何在众多的协商论证形式中进行选择？首先，选择的标准是，既能涵盖主要的组织、团体，又能体现多数民众的分布特征，例如，如果拟建地主要是居民集中居住地，没有党政机关、群众团体，则不需进行政党、人大、政府、政协协商，应优先采用基层协商、社会组织协商，尤其是基层协商应是主要的协商论证形式。如果设施选址地不仅有一般民众，还是党政机关办公地，则应包括政治生活的协商论证形式，充分听取他们的意见。其次，选择完毕后，应经过多次修正，也就是对协商论证的结果进行分析研判，如果遗漏掉重要的组织或民众，则应进行补缺。如果协商论证质量不高，则应考虑更换参与者。总之，所有受邻避设施影响的团体和民众都应包含在协商论证形式中。

　　具体实践中，可以对邻避设施影响的利益相关者进行分类。例如，除了前述依据职业身份进行分类外，还可以依据与邻避设施距离远近确定是直接利益相关者还是非直接利益相关者。一般而言，离邻避设施越近，受影响就越大，这个场域上的人和团体都是直接利益相关者；离邻避设施越远，他们与设施的关联度就越小，就越可能是非直接利益相关者；如果身处设施影响不到的区域，则不是利益相关者。不同的利益相关者应区别对待。直接利益相关者应全部包含在协商论证主体范围内，不能遗漏；非直接利益相关者可以选择其中的关键群体和民众。在直接利益相关者中，还可以根据利益关联程度区分出核心利益相关者、半核心利益相关者、边缘利益相关者。核心利益相关者应该全部参与协商论证，半核心利益相关者应确保至少三分之二参与论证协商，边缘利益相关者参与人数应至少达到总数的一半。无论是群体还是个体，都可以采用这样的方式进行细分，确定参与的规模。

　　至于多样化协商论证的意见如何汇集，则可以在邻避设施主管或建设部门成立专门的工作小组,由小组收集汇总,整理出相同的意见,不同的意见可以再次召开专题协商论证会,让意见双方各自发表意见,形成共识。如此,多样化的协商论证意见就实现了整合。

另一方面,协商论证程序至关重要,是保证公开公平地吸纳民众意见的有力抓手。党的十九大报告也特别强调通过程序保障人民各项权利得到落实。这里可以将决策论证的程序嵌入协商论证中,实现二者的流程融合。根据前面的叙述,决策论证的程序具体包括:确定议题和主体,告知内容,协商论证,实施结果。确定议题和主体是明确每一次协商论证的内容及参与者,应根据邻避设施建设情况,确定所有需要协商论证的议题及相关的参与者,对议题进行分类分时管理,对议题及其参与者进行匹配。参与者选拔方法同上一章的叙述,同时参考是核心利益相关者还是半核心利益相关者或是边缘利益相关者。确定议题及其参与者后,应该将相关材料信息告知参与者,对他们进行参与论证技巧的培训。在正式的论证协商会上,严格按照发言、提问、动议、辩论、表决的要求进行,让程序成为现场的最高准则,通过程序正义,充分了解各方意见,发现民众诉求,征求他们对邻避设施建设的意见,以民众的最终意见为准。主管部门或建设部门应尊重民意,按民意要求决定邻避设施命运。那些违背民意,强行上马邻避设施的做法,被实践证明行不通,邻避设施遭遇抗议最后被迫迁建、停工的现实便说明了这一点。

概言之,邻避设施协商论证应严格践行程序第一,通过严密科学的程序,保障利益相关者有地方说话,有机会发言,有能力决定邻避设施是否建设。

2. 决策论证与重大事项决策制度

决策论证与重大事项决策制度衔接,实际上是将决策论证嵌入重大事项决策制度。如前所述,重大事项决策制度有两个关键议题:一是哪些事项属于重大决策事项,二是重大事项决策遵循什么样的程序。

(1) 哪些重大决策事项需要决策论证

实践中,重大事项决策制度遇到的第一个问题就是到底哪些事项应该列入重大的范畴,如果没有列入该范畴,则不需要遵守相关的决策程序,用简易程序就可以决策了。如前所述,在界定重大时,地方采用了列举兜底、排除、概括、目录等形式,与经济发展有关的指标认同度最高，其次是落实上级决策部署、收费、与民众生活直接相关的民生服务事项、公共安全社会稳定事项、体制机制改革，自然资源、少数民族、人事管理认同度最低。可见，与邻避设施有关的事项认同度居中，这与当前以经济建设为中心的总体战略是一致的，公共安全、社会稳定应为经济社会发展服务。当然，经济发展和稳定本身存在难以调和的矛盾，过于强调稳定，则可能伤害发展活力；过于强调发展，则可能以破坏稳定为代价。邻避设施发展也经历了这样的阶段，2006 年之前为应急式应对模式；2006—2012 年为维稳式应对模式，技术手段逐渐完善，应对程序更加规范，但以强硬的维稳为主；2013 年至今为共识性应对模式，信息公开、回应性、多元利益补偿机制得到健全，尝试达成共识。① 可见地方政府在应对邻避设施时，方式不断优化，技术不断进步，尤其是，日益将邻避设施作为治理的重要议题，系统地加以应对，这是可喜的一面。当然，与经济社会发展议题相比，邻避设施议题的重要性有待提高，这是应该改变的。笔者认为，邻避设施相关的议题应与经济发展并列，作为地方政府重点、优先考虑的议题之一。这是吸取过去 15 年经验教训得出的结论之一。因此，凡是与邻避设施相关的议题，不管设施占地规模多大，影响民众多少，投资额度大小，都应直接列入重大事项的范畴，遵循重大事项决策程序，实现决策论证的嵌入和融合。

（2）重大事项决策论证程序

既然所有邻避设施决策事项都应列入重大决策事项范畴，那接下来的问题就是如何嵌入了。目前，重大行政决策遵循公众参与、专家论证、风险评估、合法性审查、集体讨论决定的程序，决策论证嵌入也就是决策论证如何嵌入上述程序，或者通过决策论证对上述程序进行优化。如前所述，决策论证解决的是利益相关者如何参与论证，以实现公共理性，邻避设施的利益相关者既有政府部门，又有企业方，还有当地民众，当地民众又可能包含各类机关团体和一个个独立的居民，因此在邻避设施建设运营过程中引入决策论证，事实上就将重大行政决策的三个程序——公众参与、风险评估和集体讨论决定涵盖进去了。由于邻避设施

① 王佃利：《邻避困境：城市治理的挑战与转型》，北京大学出版社 2017 年版，第 261—267 页。

通常需要一定的专业知识，属于技术性较强的设施，建成后的运营也需要技术做支撑，因此决策论证离不开技术专家的参与，这样专家论证自然而然地嵌入了邻避设施决策论证。目前，风险评估主要指的是社会稳定风险评估，这本是一项通过专业评估，发现决策事项风险点，进行提前预防的制度，邻避设施建设前也应进行相应的评估。这样，风险评估自然可以嵌入该程序。合法性审查主要看决策方案是否合乎法律法规，有没有违法的地方，现代社会的政府都应该是法治的政府，一切以法律为准绳，邻避设施相关的决策也不例外。因此，决策论证可以概括现行的重大行政决策程序。

那么，如何实现二者的融合？分析发现，虽然重大行政决策程序包括五项内容，但这五项内容指涉的对象并不相同，公众参与、专家论证是从决策主体提出的要求，风险评估、合法性审查是对决策内容所做的规制，集体讨论决定是达成决策结果的路径或方法。在决策论证中，首先要确定论证议题和论证参与者，议题的确定需要利益相关者协商论证，这实际上实现了政府部门、项目方、公众的参与，专家可以根据领域内外邻避设施建设运营的经验，为利益相关者提供决策咨询，属于间接参与。在后续的告知参与者论证内容、协商论证、实施论证结果中，都需要利益相关者介入，只不过不同的环节，利益相关者介入的时机、方式、程度有所差别。告知参与者论证内容主要是政府部门和企业的职责，专家可以发挥专业科普的作用，或者以独立第三方的名义，客观中立地向民众传播邻避设施的信息，消除民众的疑虑。协商论证一般不需要专家参与，因为专家不是直接利益相关者。如果专家也受邻避设施建设影响，应以民众的身份参加协商论证。论证时应严格遵守议事规则的要求，而集体讨论决定本身包含着议事过程中的发言、提问、动议、辩论、表决等环节，因此自然与决策论证实现了融合。实施论证结果主要是政府和项目方的职责，项目方负责建设相关设施，政府部门监督验收，在此过程中民众也可以监督。可见，如果完全遵守决策论证的程序要求，则公众参与、专家论证、集体讨论决定可以实现与决策论证的深度融合。剩下的就是风险评估和合法性审查两个程序了，从本质上讲，风险评估就是针对邻避设施等严重影响社会稳定的决策事项所做的一项制度创新，目的也是提前防范化解风险，让决策事项顺利实施。从这个意义看，风险评估与决策论证是并行的，目的相同，只是侧重点和运行机制不同，风险评估针对的是内容，决策论证聚焦的是过程。重大行政决策程序聚焦的也是过程，因此它与决策论证可以实现较好融合。

现在的问题是，风险评估这项内容如何嵌入决策论证或重大行政决策程序中，这也是风险评估的尴尬所在。按政策制定者的本意，风险评估是一项决策程序，可以在这个意义上理解风险评估，但问题是风险评估什么时候开展，如何开展，这些操作性议题很难与其他的决策程序如公众参与、专家论证区分开来，因此实践中各地进行风险评估的时机并不一样，有的是项目立项前开始进行风险评估，有的是项目审批时开始进行风险评估，甚至有的是项目开始建设了才开始进行风险评估，边建边评。再者，风险评估也需要专家参与、公众参与，这与程序的前两个环节有一定交叉，因此将风险评估放在重大行政决策程序中失之偏颇。合法性审查也是如此，审查针对的是过程还是结果，如何审查，审查出不合法，如何终止相关程序，如何对公众参与和专家论证的结果进行调整，这些问题与风险评估一样，都决定着重大行政决策程序的质量。合理的做法是，严格区分重大行政决策的主体、内容、程序，公众参与、专家论证作为主体的要素，风险评估和合法性审查作为内容的要素，集体讨论决定作为程序的要素。除了这些要素外，主体、内容、程序还应该增加新的要素，例如，决策主体肯定少不了政府部门，他们应该与公众参与、专家论证并列，决策内容应该包括议题本身的元素，例如议题是否重要、急迫，方案是否科学合理，是否体现了维护多数人的利益，它们应该与方案是否合法、是否蕴含着不稳定因子并列。决策程序中，集体讨论决定是比较抽象的，例如，哪些人能够参与集体讨论决定，仅限于政府内部决策者，还是公众可以参与，专家需要介入？集体讨论决定的是议程设置，还是备选方案设计，或者备选方案择优？决策方案如何实施、监督、调整？集体讨论决定的程序是怎样的？这些都没有说明。

不过，引入决策论证可以解决上述问题，因为决策论证既要考虑论证主体，又要考虑论证内容，还要考虑论证程序，根据这三条线索，现行程序中的公众参与、专家论证、风险评估、合法性审查和集体讨论决定都能够自得其所，找到各自的位置，公众参与、专家论证应与政府部门决策并列，风险评估、合法性审查应与议程设置、备选方案择优、决策执行、决策评估调整并行，集体讨论决定应细化为议题确定、参与者选择、提前告知、发言、提问、动议、辩论、表决。这样，不仅重大行政决策可以更加精细科学，决策论证也能够自然嵌入决策过程，上升为正式决策制度的一部分。

3. 决策论证与矛盾纠纷化解机制

一般而言，矛盾纠纷化解机制是事后补救机制，是矛盾纠纷出现后各方寻找解决办法的路径。而决策论证首先是决策前和决策中的一项制度安排，决策执行和决策监督调整中也可以采用，因此二者似乎不能挂钩。但是，从字面看，决策是内容和论证的对象，论证是优化决策的手段与方式，矛盾纠纷化解也可以这样解析，矛盾纠纷是化解的对象和内容领域，矛盾纠纷的目的是化解掉矛盾纠纷，不再影响人际关系、经济社会发展等正常秩序，因此化解是矛盾纠纷要实现的目的。因此，矛盾纠纷和决策属于同一范畴，都属于内容领域，论证和化解中前者是工具，后者是目的。工具是服务于目的的，因此论证可以为化解服务。从这个意义讲，决策论证和矛盾纠纷化解的区别在于，二者的内容范围不一样，论证可以为化解提供新的思路和工具。而且，从邻避设施的具体情况看，邻避设施引发的矛盾纠纷是矛盾纠纷的一种，可以用现有的矛盾纠纷化解机制化解掉。那么，有没有新的化解思路呢？这恰恰是决策论证的价值所在。决策论证可以为矛盾纠纷化解提供论证的新思路。

论证是实现共识决策的重要工具，如前所述，它可以和社会主义协商民主兼容，可以嵌入既有的重大事项决策程序，矛盾纠纷化解也属于共识决策的一种，因为如果不能实现共识，不能找到冲突双方公认的解决问题的办法，矛盾纠纷就化解不了。只是在实践中，矛盾纠纷化解有多种方式，如调解、和解、仲裁、诉讼，其中调解又可细分为人民调解、法院调解、仲裁调解、行政调解四种类型，当事人选择的余地较大，每种方式的成本、程序也不相同。据此，论证与调解、和解、仲裁、诉讼没有区别，都是帮助当事人缩小分歧、扩大共识的方式。然而，论证与调解、和解、仲裁和诉讼还是有区别的，区别在于，论证可以嵌入调解、和解、仲裁和诉讼中，作为其程序的一环，因为论证更具有普遍意义和抽象色彩，而调解、和解、仲裁、诉讼更贴近实际，具象色彩更浓，因此调解中可以运用论证技巧，和解中也可以运用论证技巧，仲裁和诉讼中同样可以使用论证技巧。可见，四种矛盾纠纷化解机制都可以嵌入论证，这意味着决策论证可以提升矛盾纠纷化解质量。

那么如何嵌入呢？论证一般包含主体、内容、程序等要素，矛盾纠纷化解的主体是既定的——矛盾纠纷当事人，可能是双方，也可能是三方或四方，甚至更多，但是相对而言是固定的，因此论证主体可以根据矛盾纠纷化解的当事人确定。这与协商民主和重大事项决策制度存在差异，因为后者的范围相对较广，需要具体分析。论证内容上，一般围绕矛盾所在和纠纷点进行论证，这也是可以明确的，这也与协商民主和重大事项决策制度有所差别。矛盾纠纷程序也是相对固定的，当事人做准备，见面，各自表明自己的观点和理由，在主持人的主持下辩论，逐渐寻求共识，最终当事人各自放弃部分诉求，取得共识，签订合同或协议，按照合同协议约定的内容执行。在这里，矛盾纠纷化解的过程和论证是一样的，都是利益相关者表明立场、阐述理由、辩论、找到共识。因此，论证与矛盾纠纷化解的最佳结合点在程序正义上，也即矛盾纠纷化解中可以增加论证的元素，通过论证提升化解质量，真正发现需求、分歧，通过论证实现根本治理，不留后患。在邻避设施的矛盾纠纷化解中，论证更加重要，意义更大。从这个角度看，决策论证可以与现行的矛盾纠纷化解机制融合。

例如，有学者提出可以借鉴第三方干预，平息冲突双方怒火。这里的第三方是指冲突双方在谈判失败后，与冲突没有直接利益的第三方通过各种措施居间调停斡旋，以平息冲突。[①] 第三方进行有效的冲突管理必须具备权威性、公正性、可接受性、能力技巧经验。[②] 常见的第三方有行政部门、司法部门、社会组织、权威人士，干预方式有调解、仲裁、诉讼。第三方干预主要通过制造缓冲期、冷却期，建立或改进对话渠道，直接裁决等发挥作用。

---

① 徐祖迎、朱玉芹：《邻避治理：理论与实践》，上海三联书店 2018 年版，第 93 页。

② 转引自常健《中国公共冲突化解的机制、策略和方法》，中国社会科学出版社 2013 年版，第 167—168 页。

三 运行要求

明确了制度的构成，还要确保制度在现实中得到运用，并通过这种运用检验其绩效，及时修正。因此本部分重点探讨基于决策论证的邻避设施社会稳定风险防范制度的宏观和微观运行要求。

(一) 宏观保障

1. 营造平等、有效的言谈情境

民主参与的关键在于确保参与者充分表达意见，据此形成共识，邻避设施也不例外。因此实施该制度，关键是营造保证各个利益相关者平等、理性、真诚、有效对话的"言谈情境"，让利益相关者在这个情境中畅所欲言。在该"言谈情境"中，论证过程须满足平等、有效两个基本条件。所谓平等，是指：第一，所有潜在的论证参与者必须有同等的机会进行相关的言语行为，以便他们能够随时启动论证，并通过演说、反诘、提问、答辩将这些行为持续下去；第二，所有的论证参与者必须有同等的机会提出解释、主张、推理、说明、证据，并根据讨论的议题进行有效的证立、反驳，以消除所有疑问，没有新的批评发生；第三，只有那些充分运用同等的机会表达其态度、情感、意图，发布论点、提出反驳、做出辩解和说明的言谈者才允许参与相关的论证过程。[①] 所谓有效，在哈贝马斯看来，是指话语表达可理解、命题构成要素是真实的、行为是正确的或恰如其分的、言谈主体愿意真诚对话，[②] 这就要求论证参与者在论证过程中：第一，用共同的话语体系和易理解的语言表达自己的观点、诉求，不可过于咬文嚼字，或大量使用难懂的专业术语，人为制造沟通障碍；第二，推理证明符合逻辑要求和实际情况；第三，推理行为符合个人道德、社会公德和职业伦理，既不过分张扬也不过于谦卑，

---

① ［德］罗伯特·阿列克西:《法律论证理论——作为法律证立理论的理性论辩理论》，舒国滢译，中国法制出版社2003年版，第150—151页。

② ［德］尤尔根·哈贝马斯:《理论与实践》，郭官义、李黎译，社会科学文献出版社2010年版，第14页。

恰到好处；第四，真诚坦率地对话，既不敷衍搪塞、模棱两可、顾左右而言他、闪烁其词，也不强词夺理、利用优势地位压制他人发言，更不无责漫谈、偏离主题。这样，不仅论证向所有利益相关者开放，确保他们参与具体的论证过程，参与每一项共识的形成，而且这种参与论证是实质的，真正能够表达意见、反映诉求、陈述理由和根据、自然地形成共识。

2. 践行包容、协作的理念

现实中，由于各种原因，不同利益相关者的实际影响力是不同的，这特别要求在具体的议题讨论中相互包容，真诚地倾听对方的声音，提出建设性的意见，而不是根据影响力大小，垄断议题和话语。而且，由于各个利益相关者知识学历、生活经验、看问题的角度等存在差异，不同群体的利益相关者出现分歧和观点冲突在所难免，甚至同一群体内部的利益相关者也会因为上述原因出现观点上的差异，此时更需要参与者之间相互包容、相互理解，站在对方的立场上思考问题，检视其观点和立场是否合理科学。如果一味坚持己见，听不得不同的意见，不能容忍反对声音存在，必然会伤害平等有效对话的前提，伤害参与者的积极性和感情，最终伤害论证的品质。

此外，由于论证的最终目标是达成各方都能接受的共识，因此论证过程中相互协作也十分重要，"事先联系沟通熟悉、及时交换掌握的信息、较强的合作意愿都是必需的"①，不能等开始论证时才开始熟悉，这样势必影响交流效果，也不能将拥有的信息捂在手中，不与他人交换使用，更不能认为协作没有必要，而从思想和行动上拒绝与其他利益相关者协作。关于这一点，恰恰是当前邻避设施建设运营的软肋。当前邻避设施运营多事先封闭决策，瞒着民众，只是在开工前贴个告示，说明要在这里施工，以至于项目都要开工了，当地民众才明白原来自家门口要上一个大项目。这种事先不告知、不吸纳民众参与的做法，严重伤害了民众的自尊心，通常会令他们恼羞成怒、极度愤恨，迅速采取措施，进行反抗。如果政府和项目方从一开始就与当地民众沟通协商，主动协作，

① William L. , Jr. Waugh, Kathleen Tierney, *Emergency Management: Principles and Practice for Local Government*, 2nd ed. , ICMA Press, 2007, p. 61.

则不会引发如此严重的后果。

3. 创造专业、理性的文化氛围

所谓专业，不是指完全用专业的术语进行论证，而是指各方要围绕每一次具体的论证议题做好充分的准备，提高论证品质，这一点对当地民众尤其重要，因为政府、项目方和专家都能够较好地掌握相关知识，而民众由于天然的弱势地位，必须在论证前做好充分的准备，否则即使参与论证，也很容易被边缘化，无法发挥应有的作用。为此，一个可行的办法是通过公开推举的方式，选择那些热心公益，愿意为大家代言，且掌握专业知识和论证技能的人，让他们代替当地民众参与具体论证过程，使得民众的利益能够被充分吸收、尊重。或者在成为参与者后，由政府组织论证技巧培训，帮助民众掌握民主参与技巧。

理性是指，在论证过程中需避免被情绪左右，应通过科学合理的程序设计，保障每一个参与者都能充分表达自己的建议，提出科学的对策，形成既科学又能被接受的方案。为此，需要做到：首先，利益相关者能够围绕邻避设施运营的关键议题进行讨论，没有议题被遗漏；其次，在对议题进行讨论时，遵循提出主张、对主张进行证立的程序，不允许只提出主张而不阐明支持主张的理由；最后，论证中不发生以权力、社会地位、知识、资源等优势地位强迫他人接受自己的观点及主张的行为。

(二) 微观运行

如何保证基于决策论证的邻避设施社会稳定风险防范制度得到落实？如何确保邻避设施决策论证顺利运行？本节将聚焦这两个问题，思考相关的配套制度建设。

1. 完善沟通联系平台

该联系平台是前述理性对话平台的运用，目的是将政府、企业、民众、专家集合在一起，线上线下融为一体，为利益相关者提供沟通、咨询、参与、监督服务。

(1) 线下交流平台

线下交流一般不借助互联网，属于传统的交流方式，一般而言包括公告通告、媒体广告、口头传达。公告通告一般张贴在路口、村委会、居委会等醒目的地方，民众日常生活中都可以看到，另外也可以在政府网站上公布。媒体广告则是利用电视、报纸、杂志、期刊、广播等形式，传达邻避设施建设的信息。口头传达是最原始的信息传播方式，但在农村地区和城镇社区中十分有效，因为这些场域信息传播主要利用熟人网络，因此口口相传反而最便捷、最迅速。线下交流平台不可或缺，因为并不是所有人都习惯和擅长使用线上平台，因而对邻避设施而言，不能忽视这一有效的传播方式。如何构建覆盖面广且传播有效的线下传播平台呢？一方面需要借助政府、自治部门，例如乡镇街道、居委会、村委会、社会团体等的帮助；另一方面不能忽视这些社区中影响力大的权威人士，因为他们拥有一定的声望和资源，有可能一呼百应。此外，一些公共活动空间和民间团体，如跳广场舞的场地、集市、镇街，以及各类扶危助困的组织，也是线下交流的重要载体。总之，在计划修建邻避设施时，应尽可能多地运用既有线下交流平台，传达相关信息，征求当地民众意见，不能隐瞒不传，不能有选择性地传达，使多数民众蒙在鼓里，被欺骗、愚弄。这是十几年来邻避设施建设运营积累的重要教训。

（2）线上智能化运营平台

当今社会大数据技术方兴未艾，发展迅猛，对人民群众的生活产生深刻影响。因此除了线下沟通交流平台外，还不能忽视线上这一蓬勃发展的领域，否则这个交流沟通平台就是不完整的。线上平台的特点是信息传播快、参与效率高。要让线上交流平台顺畅运行，首先需要实施智能化基础工程，为提升智慧运营水平打好器物基础。智能化基础工程主要指在矛盾纠纷化解系统中构建统一的环境污染与邻避类服务平台，该平台纵向上连接省、市、县三级，横向上涵盖所有相关的政府部门、企业、民众、专家，平台内部事项、名称、标准、流程、要件等统一，兼容共生，无论在哪个层级，无论是什么身份，都能通过平台查询项目建设进展情况，表达自己的诉求，提出相关动议，因此平台应包含咨询、参与、监管、投诉功能。平台的入口和终端应满足不同群体的需要，既要有互联网入口、终端，又要有手机 App 入口、终端，还应该与 QQ、微信等即时交流工具融合，真正做到随时随地方便利益相关者参与。

平台还应具备"电子智能导航功能"，即平台中所有与邻避设施有关的科学知识、各方诉求、批准依据、办理流程、办理时限、审批标准、注意事项等都要录入、公开，利益相关者进入平台后，只要点击相关按钮，就能清晰地看到、查到自己想要了解的信息、操作指南、动画模拟办事流程，一次性获得全部具体信息，减少因不了解具体要求而带来的咨询成本，实现一次性查询、一次性告知所有信息的目的，为利益相关者提供便捷、高效的咨询和办事服务。而且，平台还应该主动根据利益相关者的情况，提示应该了解的内容，帮助他们参与决策，例如，平台应该及时展示设施建设情况，公布每一阶段民主参与和决策的结果，展示利益相关者的主要观点、意见分歧，告知下一次参与论证的时间、地点、议题，让利益相关者做好准备。

平台还应为设施运营提供决策支持。即平台应包含国内外典型邻避设施建设运营情况数据库、设施建设运营模拟系统和运营监测系统。国内外邻避设施运营情况数据库应汇集美国、英国、日本、澳大利亚、加拿大等国家邻避设施运营数据，为利益相关者提供域外知识和经验，帮助他们了解邻避设施国际运营情况，辅助判断。该数据库还应包括国内其他地方邻避设施运营情况，目的是帮助利益相关者认识邻避设施，了解邻避设施的风险点，掌握正确的防范处理技巧，规避决策运营过程中的风险，确保设施顺利建设运营。这两个数据库不仅要为民众、政府提供基本的信息，还应该具备深度挖掘功能，主动为利益相关者服务，例如，可以根据域外经验，提醒政府部门哪些环节、哪些事项必须有民众参与，哪些事项应该由企业、民众共同参与，政府部门可以据此设置论证平台，邀请相关人士参与论证，提前规避风险。再比如，该平台还应该为民众提供服务，例如，主动提醒民众应注意的事项，提前做好准备。

在建或拟建设施的模拟系统和监测系统是针对民众最关心的设施设计的，模拟系统除了模拟相关邻避设施建设情况、运营情况外，更重要的是通过直观的方式，帮助普通民众快速了解设施建设细节，加深对设施的认识和了解。例如，民众可以认清邻避设施的特点、后果，可能产生的社会效益、社会成本和潜在社会风险，因此模拟系统的主要作用是宣传。而监测系统基于邻避设施运营，目的是构建项目关键监测指标体系，通过实时监测，帮助政府部门掌握设施进度，帮助民众了解设施具体情况，以及时发现问题，并进行纠正。

良好的沟通交流既离不开线下平台的良性运转，也离不开线上平台的便捷运行，因此平台建设还应该致力于消弭线上和线下鸿沟，使其有机衔接融合。为此，线上、线下平台应统筹考虑，同步建设，相关数据信息的标准、流程、规则应该一致，利益相关者无论在线下还是线上，都能无缝隙地参与，不受平台本身的限制。因此平台需具备一体化开放式功能，一体化是指审批管理、信息供给、决策咨询、监督反馈板块必须统一，无论是窗口终端、网络 PC 终端还是手机终端，甚至传统的线下交流终端，都应该实现一体化运营、一网式办公，任何使用者只要进入该平台，都能共享相关数据，获得所需信息，得到想要的事实，平台内全方位、无死角、广覆盖。开放是指平台向所有利益相关者开放，平台使用方便快捷，不存在物理障碍、技术壁垒，非利益相关者也可查阅、关注。

2. 强化教育学习

这里的教育学习既针对政府部门，也针对企业，还针对当地民众，也包括专家学者。不同对象的学习内容不同。政府部门学习的内容首先应集中于邻避设施，了解邻避设施的性质、后果、影响，与一般建设项目的异同，了解过去 20 年来中国邻避设施引起的社会冲突事件，认清事件的来龙去脉，如何从过去的经验中吸取教训，保证邻避设施顺利建设运营。政府部门还应该掌握民主参与的基础知识，了解新时代民众思变的心理，掌握民众更加关心切身利益维护的态势，掌握实质性民主参与的技巧，以免民意之火熊熊燃起后无所适从、惊恐不安，依靠本能和暴力解决，为自己留下污点。新时代，民众更关心的是自己的合法权利能否实现，这与美好生活一脉相传，政府不能忽视这一变化，不能用过去习以为常的象征参与、遮掩等方式回应相关诉求。因此政府部门也应了解现代民主参与技巧，例如精通《罗伯特议事规则》，熟谙民众心理，以应对不时发生的参与浪潮。对企业而言，单纯追求经济利润的观念已经落伍，应该在获得经济利益的同时承担社会责任，融入社区建设，为此需要与项目所在地民众站在一起，站在他们的立场上思考问题，懂得如何吸纳民众的合理诉求。而民众也不能一味追逐自身利益，满足自己需要，也应该考虑掌握科学文明的参与技巧，摒弃"闹大解决"的思维惯性，应该在诉求满足和冲突解决中提升文明素养，展现平和理性的心态，这就需要通过学习，掌握先进的科学知识，了解邻避设施的固有规律，不能见邻避色变、一味反对，应该在掌握利弊的基础上，结合政府和企业的建设方案，做出自己的判断。而且，满足诉求过程中，并不是闹得越大越好，闹不是最终目的，最终目的是促进问题解决，因此要注意与政府和企业平和对话，有理有据地表达诉求。当政府和企业征求意见时，民众应该踊跃报名，表达诉求，不能放弃正当参与机会，而在背后传播谣言，"嚼舌根"。应该掌握民主参与的技巧，在参与中借助程序正义实现自己的诉求。专家也需要不断学习，这里的学习不仅包括学习通用知识，更包括学习地方智慧，例如，为什么不同的地方邻避设施建设呈现出不同的结果？这与当地民众的特点有何关系？对这些知识的了解有助于深化专家学者对邻避设施建设的认识，提出更有针对性的建议。

那么，不同群体的教育学习如何展开呢？政府部门的学习既可以借助系统化的教育培训机制，如在党校行政学院学习，参加专题培训学习会，也可以在日常工作中自学，或者相互考察借鉴。企业的学习依赖自主，需要在项目建设实施前启动。当地民众的学习则主要依靠政府和企业，政府可以用购买服务的方式，邀请专家学者或社会团体，对民众进行科普宣传，传授邻避设施的知识，打消他们的不当疑虑。政府还可以让专业的社会组织或研究者对民众进行参与技巧培训，帮助他们掌握议事规则，了解怎样通过民主参与，维护自身合法权益，提高文明素养。政府也有义务对民众进行心理宣泄和辅导，消除民众身上存在的戾气、怨气，让民众有地方表达诉求，有途径出气。专家的学习首先依赖自身的专业学习，其次依赖放下身段，与民众打成一片，吸取民间智慧，加深对研究对象的理解，提升研究水平。

3. 严格考核监督

（1）考核机制

在现有的公共安全或社会稳定考核指标上增加邻避设施决策论证内容，从民主化和科学化两个方面进行细分。民主化重点考核利益相关者是否参与邻避设施论证，参与过程中是否遵循了民主、平等原则；科学化重点考核利益相关者参与论证的科学化水平，可从发言、提问、动议、辩论、表决等方面进行评判。为相关指标设定一定的权重，提高邻避设施的重要性。必要时可利用一票否决和群众测评，督促政府部门真正重视邻避设施建设运营，将民意放在优先考虑的位置。在现有的考核机制中，一票否决发挥着重要作用，是上级部门施加给下级部门的强制性威慑机制，通过将某些要完成的任务的指标赋予 0 或负的权重，一旦相关指标没有完成，则该项工作的绩效就为 0 或负数，对下级而言，这是非常严厉的做法，因而一旦列入一票否决范畴，相关工作就会迅速推动，快速完成。① 一般而言，综治维稳、公共安全、安全生产占据一票否决内容的榜首，因此在其中增加邻避设施顺理成章。群众测评是目前各级政府普遍采用的测量政府工作满意度的方法，通过将某些工作交由群众打分，实现了群众对政府工作绩效的评判，有利于增强政府的责任感、使命感，帮助政府更好工作。一般而言，群众测评主要针对与群众直接相关的工作，如民生服务、社会治理，因此邻避设施决策论证适宜列入群众测评体系。如果某地区计划建设或正在建设邻避设施项目，则当年可以进行专项群众测评，借此了解群众对邻避设施建设及政府、项目方工作的满意程度，督促政府真正落实民众参与。

（2）监督机制

指督促利益相关者严格按照决策论证要求进行决策运营的机制。首先是民众对政府部门的监督，其次是民众对企业的监督，再次是民众之间的监督，最后是政府内部的监督。

首先是民众监督政府。民众监督政府一般发生在两个阶段：一是论证前和论证后阶段，也就是非论证阶段；二是论证阶段。在非正式论证阶段，可以通过咨询、拨打市长热线、了解设施建设进度等方式进行监督，也可以通过阅读政府发布的公告、通告对政府进行监督，或者身临设施建设现场，查看建设是否与共识决策内容一致。论证阶段的监督主要是利用民主议事规则，充分表达意见，反映诉求，防止政府部门"一言堂"、拍脑袋决策，防止民众声音被忽视、压制。民众对政府的监督除了可以利用传统的线下交流方式和协商论证会、重大行政决策程序、矛盾纠纷化解机制之外，更重要的是要充分利用"互联网＋"，发挥网络成本低、介入门槛低、信息传播快、效果明显等优势，汇集民意，对政府和项目方施加压力。

其次是民众监督项目方。民众对项目方的监督与政府类似，也可在论证和非论证两个阶段进行。非论证阶段的监督主要是向项目方询问邻避设施建设的目的、选址范围、具体方案、补偿措施，满足知情权，表

---

① 尚虎平、李逸舒：《我国地方政府绩效评估中的"救火行政"——"一票否决"指标的本质及其改进》，《行政论坛》2011 年第 5 期。

达自己对邻避设施建设的要求，如是否应该建设，补偿标准是多少，补偿怎么落实。论证阶段的监督也是借助协商论证会等正式论证议程，表达看法，防止企业和政府串通一气，侵犯自身合法权益。

再次是民众互相监督。民众相互监督的目的是督促民众认真履行利益相关者的义务，提高参与论证素养，真正利用各类参与论证平台发表意见，形成民众参与的合力，切实维护自身权益。一般而言，下列三个方面比较重要，直接关系着民众参与论证的水平和各项权益能否恰当得到维护。

一是督促其他民众认真学习民主议事规则。民主议事规则是决定民主参与质量的关键，否则即使获得了参与机会，也会因为不熟悉议事规则而成为摆设，无法充分表达意见。因此在政府部门组织的民主议事培训会上，民众应该相互监督督促，认真学习相关规则，以提高议事素养。

二是在协商论证和设施补偿建设等关键环节相互监督，防止被收买、破坏民众参与秩序。一方面，要充分利用民主议事规则，表达诉求，对那些不遵守规则甚至故意破坏规则的参与者给予批评，督促参与者利用公开透明的规则合理有序地表达意见。另一方面，要在设施建设运营过程中相互监督，防止政府或项目方采取收买、拉拢、摆平等手段，对反对项目建设的民众进行分化瓦解，以此通过不正常手段破坏民意，让项目建设顺利上马、运营。事实上目前这样的做法是存在的。例如，有研究发现，中国某些基层政府经常使用关系控制，实现既定部署，即站在维稳的立场上消除民众反对，通过体制内的关系，由他们控制、转化亲友，减少反抗，[1] 或者在民众抗争事件中运用拖延、收买、欺瞒、要挟、限制自由等方式摆平抗争者，争取大多数，孤立少数，确保项目顺利上马。[2] 因此，民众间相互监督十分必要。与设施建设相关的民众应该站在多数人切身利益的立场上思考问题，不能被短时间的蝇头小利误导、欺骗，而应结成共同体团结起来维护自身合法权益。

三是提高自身素养，理性平和地表达意见，形成宽容自信、文明和谐的论证文化。党的十九大报告指出，加强社会心理服务体系建设，培

---

① 邓燕华：《中国基层政府的关系控制实践》，《学海》2016 年第 5 期。

② 郁建兴、黄飚：《地方政府在社会抗争事件中的"摆平"策略》，《政治学研究》2016年第 2 期。

育自尊自信、理性平和、积极向上的社会心态。这指出了未来中国社会心理建设的目标。自尊自信、理性平和、积极向上的社会心态不仅针对社会建设，更重要的是，个人是社会中的个体，因此只有每一个个人树立了这样的心态，社会心态体系建设的目标才可能实现。这样的心态在邻避设施协商论证中至关重要，尤其是正式的论证协商会上，参与者应该充分利用规则，在议事规则的指引下理性表达诉求，不应该有人身攻击，不应该猜测别人的动机，不应该大喊大叫干扰正常的议事日程，应学会像谦谦君子那样，面带微笑、理智平和地表达观点，阐述理由。经过这样的训练和实践，能够快速帮助民众学习民主参与技巧，培养健康向上的心态。当然，学习过程中肯定会有不适应，这需要参与者相互监督、督促、鼓励。通过这种共同的学习机制，能够极大地提高民众文明素养，提升协商论证质量。

最后是政府内部监督。良好的协商论证离不开政府内部的监督，这种监督来自执政党、人民代表大会、政府。执政党主要监督邻避设施建设运营过程中有无违法违纪情况，是否遵守了重大行政决策制度的要求，是否侵害了民众合法权益。人民代表大会通过专项检查、要求政府作出说明等途径，关注邻避设施建设进展情况，建设运营是否遵守相关法律法规要求，是否存在民众利益受损情况。政府监督主要是上级对下级的监督，上级政府密切关注邻避设施建设运营情况，督促下级政府严格按照相关规定，征求民众意见，决定设施是否建设，如何进行补偿安置，一旦发现偏离制度要求，及时进行纠正。

4. 实行标准化管理

目前，中国邻避设施冲突事件时有发生，而且向不同的地方蔓延，甚至同一个地方出现两次类似事件，从某种意义上看，这意味着邻避设施建设运营标准化程度不高。因此，地方政府只能根据情况自行摸索，这一过程中难免出现偏差，影响政府形象和公信力。因此，标准化的邻避设施决策论证制度意义重大，可以帮助政府提升邻避设施运营水平，维护制度的严肃性和权威性，防止人去政息；可以更好满足民众的美好生活需要，让他们的获得感、幸福感、安全感更加充实、更有保障、更可持续；可以实现政府、企业、第三方组织、民众的共建共治共享，改变政府部门较为强势、第三方评估主体和民众相对弱势的局面，促进多元主体共同参与、共同治理、共担责任、共享成果;可以更好与国际接轨,因为通过制定标准化的公共安全工作准则是国际上通行的提升公共安全运行水平的做法,在稳定压倒一切、正确处理改革发展稳定的关系仍是中国重大战略决策的前提下,有必要制定邻避设施决策论证标准,提升维稳工作和社会治理水平。

事实上,邻避设施决策论证制度并非不可行,而是有较好的实践基础。如前所述,中国已有社会主义协商民主、重大事项决策制度、矛盾纠纷化解机制等三项制度化规范化的实践,这些实践都与邻避设施决策论证制度有关,都可以将邻避设施决策论证嵌入进去,既提高相关制度的运行质量,又增加论证的要素。因此,标准化运行并非无源之水、无本之木。那么,这样的体系应该如何构建呢?

(1) 构建"全过程、全事项"兼容高效的标准程序体系

全过程是指标准体系不能遗漏邻避设施建设运营的任何过程,而且该过程还需体现参与论证的环节。全事项是指标准体系要涵盖所有邻避设施建设事项,覆盖项目全生命周期。该体系包括通用基础体系、参与论证体系和管理保障体系,每个体系下又包括若干个子体系(见图5-2)。

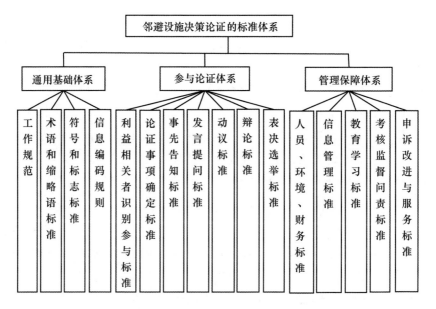

图5-2 邻避设施决策论证的标准体系

通用基础体系主要说明标准体系的基本术语、通行规范，包括工作规定、术语和缩略语、符号和标志、信息编码规则四个子体系。工作规定是对标准化组织实施以及标准体系建设、实施、评价、适用范围、有效期限等的规范。术语和缩略语标准对邻避设施决策论证利益相关者、事项、内容、程序、结果运用、更改条件、技术标准等常用语进行定义，对较长词句进行缩短省略。符号和标志标准对论证人员及其管理服务有关的符号、标志的样式、颜色、字体、结构、含义、应用细则等进行规范。信息编码规则对论证事项、文件、社情民意、档案等信息分类与编码进行规范。

参与论证体系规定利益相关者如何参与邻避设施协商论证，包括利益相关者识别参与、论证事项确定、事先告知、发言提问、动议、辩论、表决选举七个子体系。利益相关者识别参与标准是对决策事项涉及的政府、企业、民众等利益相关者进行识别的规范，以确定其与决策事项的利益关联度。论证事项确定标准对容易引发群体冲突的邻避设施决策事项进行识别、界定，包括但不限于是否建设邻避设施、如何补偿、如何迁建、设施具体规划。事先告知标准是根据知情权要求，事先告知邻避设施建设计划，告知每一次论证的具体议题和相关要求。发言提问标准界定主持人工作标准；针对发言权获得、发言时间、发言议题、发言方式等进行规范；对提问时间、提问内容、提问权等进行规范。动议标准指主持人工作标准；修改、委托、表决、搁置、申述、休息、修护、重新考虑等程序动议标准；动议权、动议内容、附议等内容动议的标准。辩论标准包括主持人工作标准；观点陈述、理由陈述、反驳、立论依据、辩论结束的标准。表决选举标准主要指表决选举方式、时机、计数、异议、通过额度、效力的标准。

管理保障体系界定如何保障邻避设施参与论证顺利进行，包括人员设施财务管理、信息管理、教育学习、考核监督问责、申诉改进与服务五个子体系，是为保障论证顺利实施的多项保障条件的集合，具体包括以下几方面。

——人员、设施、财务管理标准。即人员编制配备、履职要求、考勤管理、薪资待遇、晋升流动、培训教育、办公条件、行为伦理准则等标准；办公场所的信息化基础、环境卫生设施、便民服务设施、安全防护设施、办公设备,物品采购、验收、安装调试、维修保养、停用、报废处理,以及环境卫生、职业健康的标准;经费保障、使用、审计等的标准。

——信息管理标准。信息处理的方式、内容、要求,以及沟通平台使用、维护、改进等的标准。

——教育学习标准。教育对象、教育内容、教育质量、学习质量等的标准。

——考核监督问责标准。考核监督主体、对象、频次、内容、方式、要求、整改措施等的规范;问责依据、形式、时限、调整等的规范。

——申诉改进与服务标准。对参与论证异议进行申诉的前提、对象、内容、方式、程序、时限、效果制定标准;相关工作岗位的任职资格、职责权限、工作内容与要求、服务要求、工作伦理、改善工作的标准。

(2)实施两大基础工程

第一,实施清单化管理工程。包括:邻避设施重大决策事项清单、民众参与事项清单、专家介入事项清单、负面行为清单。即用清单的方式,确定应该进行决策论证的邻避设施事项清单,凡属清单中的事项,必须进行决策论证。清单应及时全面公开,确保可查阅,并定期更新。

第二,实施一网通办的运行平台建设工程。根据政务服务"互联网+"和一网通办的要求,在政务服务平台的公共安全与应急管理板块中专设邻避设施栏目,作为邻避设施决策论证的专用信息平台,承担政务管理、评估服务、信息公开、意见征集、投诉改进功能。所有与邻避设施相关的事项、标准、流程、运行和保障都经过该平台。实现线上运行与线下运行的兼容。

(3)推行分类、分级管理

借鉴突发事件应急管理的做法,将邻避设施事项分为是否建设、选址、具体规划、补偿标准、补偿方案、突发事件应对处置等具体类别,根据类似经验、风险等级和防范处置难度,将各类别事项分为Ⅰ级、Ⅱ级、Ⅲ级、Ⅳ级,分别对应特别重大、重大、较大、一般,用红色、橙色、黄色、蓝色加以标识。明确每个等级的具体标准,据此确定参与范围和参与程度,提高决策论证效率。

（4）规范论证过程，提升论证品质

一是兼顾不同利益相关者的实际特点。就邻避设施而言，四类利益相关者的素养、资源和能力是存在差别的，因此在运用该制度时还需要考虑其实际特点，有所区分。总体上说，政府和项目发起人掌握的信息、资源、权力最多，在论证中就需要特别注意不可以权欺人、以权压人，强迫他人接受自己的观点。专家的特点是掌握的专业知识较多，但要注意用他人听得懂的语言进行论证，不可过于晦涩、傲慢。民众的知识、资源等都处于劣势地位，但应认真准备，不卑不亢、合理地表达自己的正当诉求。如果不考虑利益相关者的这些特点，简单粗暴地强调参与、引入论证，必会因无法充分反映利益相关者的诉求、态度而招致他们的反感，久而久之，制度就会流于形式，达不到应有的效果。

有研究表明，邻避事件中强公众参与和强政府主导都会导致项目失败，最适宜的是合适的公众参与和政府职能主导。[1] 政府应该促进决策科学化、民主化，企业保证设施安全运行，履行社会责任，公众理性感知有序参与，科学共同体进行客观独立的风险评估。[2] 应根据参与论证的标准体系，规避论证中的无责漫谈、"一言堂"、插科打诨等现象；严格按照议事规则发言提问、动议、辩论、表决选举；构建规则至上的议事文化，凡是违反规则者，都应该受到众人批评帮扶。破除不文明言行的生存土壤，营造理性平和、文明和谐的论证氛围。

二是考虑邻避设施不同阶段的工作重点。邻避设施包括需求识别、方案制订、施工建设、交付使用四个阶段。通常，在需求识别和方案制订阶段运用决策论证效用最大，这是因为需求识别阶段的主要工作是撰写项目建议书、进行项目可行性研究、初步设计项目方案、决定项目是否建设，方案制订阶段的主要任务是进行技术设计、编制造价预算、细化实施方案、制订项目的详细计划、订立相关的合同，这两个阶段的工作直接决定着项目能否顺利实施，能够按时保质地交付使用。而且，现

---

① 孙琳琳：《城市邻避事件公众参与和政府职能研究》，同济大学出版社 2021 年版，第 128 页。

② 刘冰：《邻避抉择：风险、利益和信任》，社会科学文献出版社 2020 年版，第 252—260 页。

实中邻避设施之所以引起各类社会稳定风险事件，多是因为在这两个阶段没有充分引入利益相关者的参与论证，致使政府和项目方界定的需求不符合专家和当地民众需要，实施方案不符合专家和民众期待。因此，虽然决策论证制度应该贯穿邻避设施的全部运营周期，但在运用时要注意根据不同阶段的特点灵活掌握，在需求识别、方案制订阶段重点运用，其他两个阶段择机使用。

为了保证论证效果，可以实行利益相关者"三随机两公开"制度，即随机选派管理监督者，随机抽取第三方专家，随机选择民众参与代表，论证过程与论证结果及时全面向社会公开。

此外，在吸收专家参与时，不仅要吸收物理化学、环境管理、城市规划等技术专家参与，更要大力吸纳社会科学专家参与论证。社会科学专家主要从个体、群体、文化、心理、社会影响等角度认识风险，有别于技术专家仅根据概率和后果判断风险等级的做法，能够更好地反映民意，反映决策事项所在地的特殊文化心理，弥补技术专家的不足[1]，因此应确定其与技术专家对等的参与地位。在选择评估专家时，确保社会科学专家和自然科学专家比例均衡，分清二者的参与领域，社会科学专家主要参与民意收集、社会文化背景界定、利益相关者心理和行为分析等领域；自然科学专家主要进行客观的风险评估，即运用科学的评估工具和方法，客观识别邻避设施风险，计算风险因子的后果和概率，据此判定风险等级。

三是有效衔接现有制度。当前，中国的重大行政决策遵循"公众参与、专家论证、风险评估、合法性审查、集体讨论决定"的法定程序，该程序实际上包含了决策论证的全部要素，但是将之拆分为不同的环节，每个环节的重心有所不同，这是符合实际需要的，但这同时又带来一个问题——如何在践行上述五个环节的同时，尽可能地将各方的不同意见整合在一起，实现五个环节的无缝衔接。这个问题如果处理不好，公众参与、专家论证、风险评估、合法性审查的意见都可能被束之高阁，用集体讨论决定代行前四个阶段的功能，甚至演变为"一言堂"、拍脑袋决

---

① 胡象明、张丽颖：《科学主义与人文主义视角下大型工程社会稳定风险评估困境及对策探析》，《行政论坛》2018 年第 2 期。

策。为此，在引入决策论证制度时，既要注意强调通过科学合理的程序和平等有效的对话达成共识，更要注意与现有决策制度相衔接，实现二者的有机融合和优势互补。

四是通过互联网技术和精准问责提升论证效能。一方面，充分运用网络平台提升论证实效。统一各部门各区域身份认证系统，各部门、各区域系统统一接入平台。相关标准、清单、政策文件等基础信息统一录入信息平台，整合评估数据、信息，确保现有系统与信息平稳对接到新平台上。然后促进评估网络化，即加大网上评估的力度，政府部门、项目方定期在平台中上报工作评估进展情况、存在的问题、原因解释和下一阶段整改措施，决策监督者依据上报的内容进行监督考评，民众、实施者、评估者可在系统上查阅结果。最后是建立争议结果申诉协商机制，维护实施者、民众合法权益。

另一方面，强化问责。应急管理问责包括谁问责、向谁问责、问责什么、怎么问责、问后怎么办、问责时机等内容，[①] 是对官员的一种激励机制，同时具有回应社会压力的政治功能。问责的难点是如何归责，归责应体现结果导向，满足激励约束，适当权衡民意。而现行归责无法满足上述要求，因此应以过错责任为起点，针对不同情形修正或调整。对于履职方式已被法律具体化的情形，应当适用违法责任，但允许官员进行抗辩申诉；对于拥有裁量权的情形，应当以重大过错为归责原则，也应允许官员进行免责抗辩申诉；对于小概率、高级别、造成重大损失的非常规突发事件，可以基于政治考量适用结果责任。[②] 在此基础上，根据邻避设施决策论证四个等级要求及问责后果，确定问责的启动条件、形式、程序和结果，尤其是，重点关注实际存在的利用权力、更高地位阻碍论证民主进行、一味让项目上马的现象，出台系统、权威、可操作的问责规程，提升邻避设施决策论证的权威性和严肃性。

---

① 张海波：《公共危机治理与问责制》，《政治学研究》2010 年第 2 期。
② 林鸿潮：《公共危机管理问责制中的归责原则》，《中国法学》2014 年第 4 期。

第 六 章

结论与展望

一 研究结论

党的二十大报告指出,更好维护社会稳定。邻避设施一直是威胁社会稳定的重要原因之一,如何更好化解相关风险,实现设施顺利建设运营,满足公共利益需要,同时不发生系统性、规模性风险,是学者们孜孜不倦追求的目标。本书的研究在已有民主参与路径的基础上,引入决策论证,构建了完整科学的决策论证程序,提出了相关制度建设策略,丰富了公众等利益相关者参与论证细则,是对已有研究的细化。

已有研究从风险社会、利益相关者参与、政策过程、规划、伦理话语等角度展开,为防范邻避设施社会稳定风险提供了很好启发,但这些研究没有解决好"最后一公里"问题,例如在利益相关者研究中,目前的研究多指出邻避设施社会稳定风险防范化解离不开利益相关者参与,但对"如何参与、怎么通过参与达成共识,进而化解设施建设中的各项矛盾诉求"等并没有系统涉及。本书在此基础上,设计利益相关者参与论证的程序。

首先,利益相关者参与论证程序源于公共政策论证理论和民主议事规则理论。公共政策论证理论主要探讨如何通过参与论证提高决策方案质量,其核心在于通过民主科学的论证,发现诉求,实现共同理性。民主议事规则理论以《罗伯特议事规则》为典型代表,重在设计保障利益相关者参与的程序,用程序保障民主参与权利。两个理论分别从科学和民主角度指导邻避设施利益相关者参与论证程序的构建,科学在于,利益相关者关于邻避设施建设的讨论应该基于科学知识和合法合理诉求,兼顾政府、企业、民众、专家理性,进而实现公共理性;民主在于,参与讨论的程序应符合通行的民主议事规则要求，追求程序至上，用高效可行的程序保障利益相关者权益。

其次，在上述理论指导下，结合邻避设施社会稳定风险防范实际，相关的程序包括确定议题和主体、告知论证内容、参与论证、实施论证结果。确定议题和主体是指根据设施建设需要，确定论证重点以及与之密切相关的利益相关者。如果相关者总数较多，还需要通过科学的抽样方式获得，保证全覆盖代表性。告知论证内容是通过多种渠道、选择多样主体，将设施建设的信息资料传递给利益相关者，保障其知情权。同时对每一次参与论证的利益相关者加以培训，帮助其习得论证技巧，保障论证高质量进行。参与论证即是在场、表达、辩论、表决。在场是确保利益相关者不缺席，有机会表达意见；表达即通过发言提问、动议附议等表达意见；辩论指论证者围绕议题表达观点、理由，并在主持人引导下充分表达，使正反两方面意见充分展现。辩论结束后，或所有人都用尽发言权、无人再发言时，可以对相关议题进行表决，一般适用多数人通过原则，例如三分之二通过，或四分之三通过。表决结果一旦确定，任何人都不能随意改动，且必须遵守。全部程序可能持续时间较长，因为需要针对每一个议题达成共识，层层递进，最后根据公意决定是否建设邻避设施，如何建设，怎样补偿安置。

上述论证程序如何运用于邻避设施社会稳定风险防范化解？本书认为，规划选址、意见征集、冲突化解、民众参与素养提升最为重要。选址决定邻避设施要不要建、建在哪里，如果公意是决定建设，则规划建设规模、实施细节等。意见征集是在建设全周期中引入论证程序，保障各个环节利益相关者的诉求及时得到表达。冲突化解是将利益相关者关于设施建设的矛盾冲突通过程序加以分辨，找到科学合理的解决之道。在这些参与论证实践中，民众学习到发言提问、动议附议、辩论表决等技巧，懂得尊重民主规则，善用规则达成所愿，自身参与能力得到提高。

如何保证这样的制度顺利实施呢？这需要制度保障。相关制度包含公共论证平台、利益相关者甄别机制、利益相关者参与机制、信息管理与反馈机制、协商论辩机制、结果达成与运用机制、监督考核问责机制，并嵌入协商民主、重大事项决策制度和多元化矛盾纠纷化解等制度，确保程序生根落地。对协商民主而言，要义是通过论证程序，更好汇集民意，提升协商质量；对重大事项决策制度而言，主要是确定重大事项范围，优化重大决策程序，打通公众参与、专家论证、风险评估、合法性审查、集体讨论决定；对矛盾纠纷化解而言，则在于用论证更好发现需求、分歧，做到畅所欲言，形成公约数，防止调解裁决等虚化弱化。实现上述目标，需要构建线上线下一体化沟通联系平台，严格教育学习机制，做好考核监督问责，实现标准化运营。

从理论角度看，本书将参与论证引入邻避设施社会稳定风险防范，构建了相关程序，是对民主参与和邻避研究的细化。对民主参与而言，应该源于生活，对实际工作有所裨益，不能流于表面，因此本书提出的邻避设施社会稳定风险防范程序为民主参与提供了实践场域，是对民主参与细则的拓展。对邻避设施社会稳定风险防范而言，虽然有多种途径进行防范化解，但其中的民主化路径缺乏程序保障，因而总体上无法发挥实际功效，本书提出的具体程序和保障机制是将空洞的民主参与落到实处，真正保证参与发挥源头治理作用。因而本书的研究有助于弥补已有研究操作性不强、针对性较差等弊端，丰富了邻避设施利益相关者参与研究，深化了邻避设施社会稳定风险防范化解研究。

二　决策论证程序的价值与反思

从实践看，本书提出了基于决策论证的邻避设施社会稳定风险防范程序，探讨了程序的理论基础、构成要素、运营场景，分析了这样的程序如何嵌入既有制度，有助于提升邻避设施社会稳定风险治理水平，促进民主参与高质量发展。

（一）实践价值

1. 提升邻避设施社会稳定风险治理水平

当前，国内邻避设施相关的研究虽粗具规模，但缺失本土化理论，研究质量有待进一步提高，其中最突出的是没有提出邻避冲突的预防机制，[①]

---

① 钟宗炬等:《基于信息计量学的国内外邻避冲突文献研究》，载童星、张海波主编《风险灾害危机研究》第三辑，社会科学文献出版社 2016 年版。

这与党的二十大报告提出的"推动公共安全治理模式向事前预防型转变"的要求不一致。本书提出的基于利益相关者参与论证的邻避设施社会稳定风险防范程序恰恰是这样的一次尝试，通过政府、项目企业、民众、专家等参与论证，共同决定设施是否应该建设，如何建设，怎么拆迁补偿，最终决定权在民众等利益相关者手中，避免封闭决策引发的隐患风险，拆解政企联盟，提高民众地位，变邻避为邻利，实现邻避设施社会稳定风险治理实践转型。这种预防机制能够真正从源头上防范邻避设施社会稳定风险，这也是本书研究的实践价值所在。

此外，邻避设施污名化严重。邻避污名的生成是由地方政府维稳诉求、建设单位利益驱动和邻近居民环境权利共同塑造的，衍生出风险认知非理性、公众参与形式化和政府公信力缺失等负面效应，廓清之路是强化风险沟通、选址程序正义和重塑政府公信力①，本书提出的参与论证程序便是这样的尝试，因而有助于为邻避正名，为项目建设提供高效保障。

2. 有助于促进决策科学化民主化法治化

党的二十大报告提出，坚持科学决策、民主决策、依法决策，全面落实重大决策程序制度。重大决策程序制度能否落实，取决于具体的操作规则，如果运行规则不科学、不精细，则制度只会停留在理念层面，不能转化为帮助民众解决一个个实际问题的现实机制，制度也就失去了生命力。重大决策程序制度明确提出，重大决策作出前必须经过公众参与、专家论证、风险评估、合法性审查和集体讨论决定，但是，对于公众参与要达到什么目的、什么时候需要专家参与论证、专家论证的形式有哪些等问题尚未做出具体说明。因此，将决策论证程序嵌入重大决策程序制度中，在邻避设施风险治理中增加论证元素，通过议题与参与者确定、事先告知、协商论证、实施结果等程序规定，让论证成为邻避设施风险治理的固有结构，有助于树立程序至上的理念，督促政府、项目方、民众、专家真正按程序办事，一切以规则为主。

从具体操作层面看，首先，嵌入决策论证程序可以细化重大决策程序

---

① 陈德敏、皮俊锋：《邻避污名化之省思与回应路径——基于污名功能的视角分析》，《重庆大学学报》（社会科学版）2020年5月。

制度中公众参与的要求。决策论证的目的是通过参与论证提高决策方案质量，提高决策科学化、民主化水平，它首先关注公众，关注公众意见在决策中的作用，认为一项政策方案如果没有公众的参与和讨论，将是十分不合格的。因此，决策论证设计出了确保公众参与的运行机制，这能够纠正重大决策程序制度中公众参与的弊端。其次，决策论证程序对专家参与也做出了详细说明。在确定议题时需要专家参与协商论证，在告知相关信息时需要专家进行科学宣介，决策论证程序的嵌入使得专家在重大决策程序中的作用得到了明确。最后，现有的程序混淆了决策主体、决策内容、达成决策结果的路径方法，嵌入决策论证后，公众参与、专家论证属于论证主体，风险评估、合法性审查属于论证程序，集体讨论决定属于论证共识的实现方式，合法性审查和风险评估在重大决策程序制度中的定位问题也能得到解决。综上，决策论证程序的嵌入不仅可以纠正原有程序中公众参与的弊端、厘清专家参与的环节，还可以明确合法性审查和风险评估的定位，从各方面对重大决策程序制度进行细化。这样，重大决策程序制度变得更加精细科学，具体操作程序也更加明确，更有助于全面落实重大决策程序制度，从而促进决策科学化、民主化、法治化。

3. 提高基层民主质量

基层民主是全过程人民民主的重要体现，党的二十大报告提出要积极发展基层民主，完善基层直接民主制度体系和工作体系，拓宽基层各类群体有序参与基层治理渠道，增强城乡社区群众自我管理、自我服务、自我教育、自我监督实效。决策论证程序最先关注的就是民众，关注民众在决策中发挥的作用，通过论证程序保障民众的各项权利，确保民众能够实质参与到决策制定中，这正契合党的二十大精神。

中国民主的主要形式是协商民主，在基层民主协商中嵌入决策论证程序，可以丰富协商形式，限制政府权力，增加人民表达机会，从而更好汇集民意，形成共识，提高基层民主质量。其内在逻辑是：决策论证程序首先在确定议题和主体环节保障了民众关心的问题进入论证范围，并且通过抽取参与论证主体，让每一位民众都有机会表达意见。其次，论证程序在准备论证过程中，让参与者接受论证技巧培训，有助于提升民众参与素养，让民众有能力通过论证解决与自己息息相关的问题，这也有助于推动基层民主进一步发展。再次，民众通过参与论证达成共识，并以民众意见为准，决定邻避设施是否建设，给基层群众提供了合理表达意见的平台，让民众能够依法决定基层事务，这也进一步推动基层民主落在实处。最后，决策论证程序与社会主义协商民主相衔接，多样化的协商论证形式拓宽了基层各类群体有序参与基层治理的渠道，对于不同的参与主体可以选取不同的协商形式，统筹多样化协商形式，汇集各方意见诉求，保障了各类群体的参与权利。因此，在基层民主和协商中加入论证程序，是让民主更具操作性，从而激发基层群众参与基层治理动力，拓展基层民主范围，推动基层民主高质量发展。

（二）缺陷反思

然而程序并不都是正面的，程序本身也存在一些制约。

1. 程序能否实现公意

一般而言，在程序运行中，对某项议题做出决定需要全体与会者投票表决，按照半数或者其他标准通过。然而，"少数服从多数"就能得到一个正义的或者符合群体偏好的结果吗？对这一问题的回答始终没有停止过。18 世纪法国思想家孔多塞提出了"投票悖论"：假设甲、乙、丙三人面对 A、B、C 三个备选方案，它们的排序是（＞表示"优于"）：甲认为 A＞B＞C，乙认为 C＞A＞B，丙认为 B＞C＞A。甲和乙都认为 A＞B，根据多数决规则，群体也应认为 A＞B。同理，甲和丙都认为 B＞C，所以群体也认为 B＞C。根据偏好的传递性，群体也会认为 A＞C，而根据乙和丙的排序，群体应认为 C＞A。这样，根据多数决规则就产生了逻辑上的矛盾：A 优于 C 且 C 优于 A。这是由错误地使用传递律而造成的。也就是说，传递律并不是基于多数投票规则的社会选择的合理性原则，尽管它是个体选择的合理性原则。如果强制性地把传递律用于投票选择，就会导致所谓的"投票悖论"，从而得出结论：基于多数投票规则的社会选择不具有合理性。[①] 在此基础上阿罗提出阿罗不可能定理：具有逻辑合理性的多数投票规则是不可能存在的。由此，有学者提出将多峰偏好改为单峰偏好，如将甲的偏好顺序改为 A＞C＞B，就不会出现逻辑上的矛

---

① 陈晓平：《何谓社会选择的合理性？——评阿罗不可能性定理及其论证》，《湖南社会科学》2016 年第 1 期。

盾。但是这就代表着要限制选民的投票自由，在一定程度上违背了民主原则。因此，多数决规则首先在程序运行上是存在缺陷的。

此外，在对邻避设施建设的相关议题做出决定时，我们通常都会规定四分之三通过，可是如果我们无法做到让四分之三以上的参与者都同意，但有一半以上的民众赞成时，该如何抉择？如果在此基础上反复进行论证，所产生的时间成本太过高昂，但如果忽视少数群体的反对意见，则会为后续项目运营留下隐患。这是由投票规则带来的程序正义实现障碍。在我们选择其他方法改进多数决规则，如博尔达计数法，由此可以更接近全票通过时，就迎来了第二个问题：多数人的决定就一定是正义的吗？2002 年，联合国安全理事会 15 个理事国全票通过"第 1441 号决议"，要求无条件和无限制地对伊拉克的大规模杀伤性武器进行核查。这次多数决是否合理？翌年，美英以违反该决议为由对伊拉克发动了进攻。让人意想不到的是，多数决和暴力之间其实并无明显差异。① 罗尔斯在其著作《正义论》中提到了"纯粹的程序正义"，即只要按照设计好的程序运行，无论得出的结果如何，得出的结果对于参与各方而言都是公平的。然而通过上述例子，我们可以看出程序正义并不能代替实质正义，并且由程序正义得出的结果有时是不正义的。对于民众而言，在参与论证的过程中受到自身论证素养和技巧的限制，往往无法清晰完整地表达自己的核心观点，进而在辩论中处于劣势地位，在此基础上达成的共识未必能够很好地代表民众的意见，由此也很难说最后的结果是正义的。因此，我们想要追求"完善的程序正义"，既有一个决定什么是结果正义的标准，又有一个保证达到这种结果的程序，但是实际上很难找到这样完美的程序。

无论是个人意志能否形成集体意志，还是如何在正反意见中取得均衡，都指向一个问题——程序正义能否实现？这对本书提出的通过程序实现邻避设施社会稳定风险防范化解构成了挑战，因此本书虽然提出了这样的论证程序，但充分认识程序推导公意的限制，主张避免投票悖论，程序正义和结构正义并重，抑制多数人暴政，从而保证程序运行在合理轨道。

2. 程序实现面临一些制约

也就是程序能否突破客观和主观制约，更好地运行。从客观看，程

---

① ［日］坂井丰贵：《议事的科学》，四川人民出版社 2018 年版，第 2 页。

序正义实现受到各类资源的制约。在不考虑成本的前提下，我们可以在任何问题上都贯彻程序正义。但是这种假设前提是不存在的，因为我们行事必须考虑成本等资源禀赋。一方面，程序运行需要较长时间。以决策论证程序为例，从抽选论证主体、确定论证议题到公布信息、专家学者进行宣介，再到动员相关主体参与论证、接受论证技能的培训，最后参与论证达成共识，每一个程序都不能敷衍，只有履行了上一个程序，才能启动下一个程序，因此通常费时较长。在法国，关于核电站的辩论通常是 4 个月，如果涉及的利益相关者更多，议题更复杂，则还需延长。① 因此相比封闭决策，程序保障了民众参与权，但也降低了决策效率。随着放管服改革深入推进，简化程序成为共识，如何在民主参与中丰富程序，考验着地方智慧，在决策时间不宽裕的情形下更是如此。另一方面，程序运行还需投入大量的人力、物力和财力等资源，这些投入可能短期内无法取得可见的实效，这无疑降低了政府积极性。例如，告知信息时一般需要专家学者引导，公布信息也应尽可能采取多种途径，参与论证前还需要参加专门的参与技能培训，对积极参与者还需要给予一定的激励补偿，这些都需要综合考虑各类资源状况。

从主观看，程序正义的实现需要相应的规则意识和正义理念，如果民众的规则意识淡薄，程序正义就难以实现。以论证程序运行过程为例，民众在参与论证时需要严格遵循论证的规则，什么时候可以发言、如何发言、什么时候可以提问、如何提问等都有相应的规定，特别是辩论的过程，民众更应该有相应的规则意识，不能因意见不同而产生口角甚至是肢体冲突，否则程序失去效力，程序正义更无从谈起。事实表明，很多民众不具备同政府协商的技能，上访"闹事"是主要解决方式，"大闹大解决、小闹小解决、不闹不解决"②，政府只好祭出暴力机器，双方共输。仔细分析这些现象，其根源在于双方均缺乏规则意识，民众有诉求，

---

① 张秀志：《做好公众沟通，破解"邻避效应"——法国核电放射性废物处置设施公众沟通情况及经验启示》，《环境经济》2021 年第 14 期。

② 韩志明：《行动的选择与制度的逻辑——对"闹大"现象的理论分析》，《中国行政管理》2010 年第 5 期；韩志明：《利益表达、资源动员与议程设置——对于"闹大"现象的描述性分析》，《公共管理学报》2012 年第 2 期；韩志明：《"大事化小"与"小事闹大"：大国治理的问题解决逻辑》，《南京社会科学》2017 年第 7 期。

但未通过规则表达，而是诉诸暴力；政府要平息民众怒火，没有采用温和方式，而是简单粗暴地一抓了事，是人治而非法治。可以说，双方都没有将规则放在至上地位，而采用最便利的方式表达诉求、处理矛盾。出现这样的局面有深刻的文化背景因素。长期以来中国有"重实体、轻程序"传统，民众的正义观更多是基于实体正义，认为只有实现结果正义，程序正义才有意义。① 对于一些民众广泛关注的重大案件，很多司法机关不惜采取一些违反程序甚至违法的手段，只求最后案件告破，以平民愤。在民间，很多人认为向罪犯提供辩护的机会就是在帮助他们逃避刑罚，是不正义的，为他们提供辩护的律师也是不正义的，被钱财收买做亏心事。这种轻程序的传统让民众不重视程序，更看重结果，而政府也忙于制度建设，忽略了民众心理文化建设，其结果是双方均追求短期结果，忽视长期建设。正如已经表现出来的，民众通过闹事解决矛盾，政府通过暴力摆平闹事，背后的理念却少有问津。因此邻避设施双方能否主观上认同规则程序，直接关系到程序实施效果。

3. 程序运行可能存在异化

一是立法不完善导致程序执行异化。中国在程序立法上还不够完善，程序运行缺乏法律保护。这导致程序在应用过程中出现简化甚至弃而不用现象，还美其名曰"决策变通""具体情况具体分析"。因此，即便程序设计良好，也需要从法律层面保障程序执行，让程序运行有法可依、有法必依。此外，中国缺乏对公职人员违反程序的具体惩罚措施，因此出现"用与不用一个样"情况，降低公职人员积极性，也会在工作中以节约时间、减少工作量、完成指标等原因规避程序。实际上，没有立法保障的程序就是一把没有刀尖的断刃，直接影响制度执行效果。

二是人的非理性会导致程序异化。程序正义要求程序设计符合理性要求，理性控制程序运行过程。程序运行结果的好坏不仅受程序本身设计的影响，还取决于程序运行的主体。程序正义基于一个理想前提——程序本身是完善的、运行程序的人是理性且正义的。然而现实生活中人都是有弱点的，尤其是在繁杂的程序中，聚集起来的人群很容易在心理

---

① 蒋问奇：《"重实体，轻程序"文化根源考》，《四川省干部函授学院学报》2003 年第1 期。

上放任自己，制造虚幻正义，为个人自私提供行为正当性保证。因此，即使在最严格地遵守原则的情况下，也不可能保证在每一特定的事件和行为中都会产生正义的结果。① 例如，在邻避事件中人们的认知存在偏差，这会影响人们的判断能力，具体表现为民众在风险感知方面与政府、专家等存在较大差异。由于居民的生命健康可能会受到邻避设施潜在风险的威胁，民众往往会倾向于主观夸大邻避设施带来的风险，进而抵制邻避设施建设。此时认知偏差对人们的判断能力造成影响，理性无法占据主导地位，民众行为也就无法同正义保持一致，程序就可能产生异化，引致难以预料的后果，可见人的非理性对程序影响之深。

三　研究展望

本书的研究提出了基于决策论证的邻避设施社会稳定风险防范制度，以寻求可接受的邻避设施共识为目标，吸纳所有利益相关者参与，减少邻避设施的社会稳定风险。然而相关程序设计仅为理论探讨，缺乏实践支撑。尤其是，邻避冲突在不同地域中表现形式和解决方法并不相同，这些程序如何嵌入地方经验，扎根现实场景，都需要进一步探讨。

再者，近年邻避冲突有减少趋势，这一方面归功于政府化解策略升级，事件减少，另一方面可能意味着事件并没有公开，因此邻避研究的质量取决于能接触到的数据有多少，这也是本书研究的一大缺陷。因此，从构建本土化的邻避治理理论角度看，未来应该深入冲突现场，获得丰富的一手资料，还原真实场景，在现实中检验本书研究的实际效果。同时探索生态环境、能源燃料、工程、地理、城市管理、政府法律、公共管理②等学科引入的可能性，丰富研究理论，促进学科交叉融合。

在研究方法上，本书的研究主要依靠案例分析、文献归纳，通过规范分析进行理想程序建构，缺乏参与观察、深度访谈、实验模拟、大数据分析等方法支撑，这也是本书研究的方法缺陷。这固然由本书讨论的

---

① 吕少波：《程序正义的理论困境与现实悖论》，《学理论》2013 年第 17 期。
② 钟宗炬、汤志伟、韩啸等：《基于信息计量学的国内外邻避冲突文献研究》，《风险灾害危机研究》2016 年第 2 期。

话题决定，但也为未来研究提供了方法努力方向，因此未来需要加大观察访谈、仿真模拟、大数据等方法的运用，改变目前"定性研究方法主导的局面"①，提升研究品质。

① 杨建国、李紫衍、倪浩：《中国邻避研究的热点主题与发展趋势——基于 2007—2020 年 CNKI（核心期刊、CSSCI）论文的计量分析》，《江苏科技大学学报》（社会科学版）2022 年第 2 期。

参考文献

一 中文文献

中文专著

常健：《中国公共冲突化解的机制、策略和方法》，中国社会科学出版社 2013 年版。

陈光中：《中国法学大辞典》，中国检察出版社 1995 年版。

陈家刚：《协商民主与当代中国政治》，中国人民大学出版社 2009 年版。

陈瑞华：《程序正义理论》，中国法制出版社 2010 年版。

崔彩云、刘勇：《邻避型基础设施项目社会风险应对：公共感知视角》，中国建筑工业出版社 2021 年版。

风笑天：《现代社会调查方法》（第五版），华中科技大学出版社 2016 年版。

高奇琦：《比较政治》，高等教育出版社 2016 年版。

耿永常、王光远：《工程项目可行性论证的理论、方法与应用》，高等教育出版社 2007 年版。

韩福国：《我们如何具体操作协商民主——复式协商民主决策程序手册》，复旦大学出版社 2017 年版。

黄国华等：《中国社会主义协商民主思想史稿》，西南交通大学出版社 2013 年版。

黄振威：《政府决策视野下的邻避治理研究》，人民出版社 2020 年版。

雷尚清：《公共政策论证类型》，吉林出版集团有限责任公司 2017 年版。

李浩培、王贵国：《中国法学大辞典》，中国检察出版社 1996 年版。

刘冰：《邻避抉择：风险、利益和信任》，社会科学文献出版社 2020

年版。

柳婷：《邻避设施选址中的居民心理及行为研究》，华中科技大学出版社
　　2020 年版。

丘昌泰：《公共政策：基础篇》，巨流图书公司 2004 年版。

孙琳琳：《城市邻避事件公众参与和政府职能研究》，同济大学出版社
　　2021 年版。

王佃利：《邻避困境：城市治理的转型与挑战》，北京大学出版社 2017
　　年版。

吴定：《政策管理》，联经出版事业股份有限公司 2003 年版。

吴涛：《城市化进程中的邻避危机与治理研究》，格致出版社 2018 年版。

武宏志、周建武、唐坚：《非形式逻辑导论》，人民出版社 2009 年版。

辛芳坤：《从"邻避"到"邻里"，中国邻避风险的复合治理》，北京大
　　学出版社 2021 年版。

徐祖迎、朱玉芹：《邻避治理：理论与实践》，上海三联书店 2018 年版。

张乐：《风险的社会动力机制：基于中国经验的实证研究》，社会科学文
　　献出版社 2012 年版。

周丽旋、彭晓春等编著：《邻避型环保设施环境友好共建机制研究——以
　　生活垃圾焚烧设施为例》，化学工业出版社 2019 年版。

朱旭峰：《政策变迁中的专家参与》，中国人民大学出版社 2012 年版。

邹瑜、顾明：《法学大辞典》，中国政法大学出版社 1991 年版。

　　中文译著

[比利时] 伯努瓦·里毫克斯、[美] 查尔斯·C. 拉金：《QCA 设计原理
　　与应用：超越定性与定量研究的新方法》，杜运周、李永发等译，机械
　　工业出版社 2017 年版。

[德] 罗伯特·阿列克西：《法律论证理论——作为法律证立理论的理性
　　论辩理论》，舒国滢译，中国法制出版社 2003 年版。

[德] 尤尔根·哈贝马斯：《理论与实践》，郭官义、李黎译，社会科学文
　　献出版社 2010 年版。

[美] 保罗·斯洛维奇编著：《风险的感知》，赵延东、林垚、冯欣等译，
　　北京出版社 2007 年版。

［美］道格拉斯·C. 诺斯：《制度、制度变迁与经济绩效》，刘守英译，生活·读书·新知三联书店 1994 年版。

［美］弗兰克·费希尔：《公共政策评估》，吴爱明、李平译，中国人民大学出版社 2003 年版。

［美］亨利·罗伯特：《罗伯特议事规则》（第 10 版），袁天鹏、孙涤译，格致出版社、上海人民出版社 2012 年版。

［美］亨利·罗伯特：《罗伯特议事规则》，刘仕杰译，华中科技大学出版社 2017 年版。

［美］罗尔斯：《正义论》，何怀宏译，中国社会科学出版社 1988 年版。

［美］罗尔斯：《作为公平的正义——正义新论》，姚大志译，上海三联书店 2002 年版。

［美］迈克尔·豪利特、M. 拉米什：《公共政策研究：政策循环与政策子系统》，庞诗等译，生活·读书·新知三联书店 2006 年版。

［美］威廉·N. 邓恩：《公共政策分析导论》（第二版），谢明、杜子芳译，中国人民大学出版社 2002 年版。

［美］威廉·N. 邓恩：《公共政策分析导论》（第四版），谢明、伏燕、朱重宁译，中国人民大学出版社 2011 年版。

［美］詹姆斯·E. 安德森：《公共决策》，唐亮译，华夏出版社 1990 年版。

宁骚：《公共政策学》，高等教育出版社 2003 年版。

［日］坂井丰贵：《议事的科学》，四川人民出版社 2018 年版。

［英］J. L. 奥斯汀：《如何以言行事——1955 年哈佛大学威廉·詹姆斯讲座》，杨玉成、赵京超译，商务印书馆 2012 年版。

［英］路德维希·维特根斯坦：《哲学研究》，涂纪亮译，北京大学出版社 2012 年版。

曾娅琴：《社区"嵌入式"养老服务邻避冲突的衍生机理及治理策略》，《重庆三峡学院学报》2023 年第 1 期。

中文论文

曹峰、邵东珂、王展硕：《重大工程项目社会稳定风险评估与社会支持度分析——基于某天然气输气管道重大工程的问卷调查》，《国家行政学院学报》2013 年第 6 期。

曹阳、陈洁、曹建文等:《Kish Grid 抽样在世界健康调查（中国调查）中的应用》,《复旦学报》（医学版）2004 年第 3 期。

陈宝胜:《公共政策过程中的邻避冲突及其治理》,《学海》2012 年第 5 期。

陈德敏、皮俊锋:《邻避污名化之省思与回应路径——基于污名功能的视角分析》,《重庆大学学报》（社会科学版）2020 年 5 月。

陈恒、卢巍、杜蕾:《风险集聚类邻避冲突事件随机演化情景分析》,《中国管理科学》2020 年第 4 期。

陈红霞、邢普耀:《邻避冲突中公众参与问题研究的中外比较:演进过程、分析逻辑与破解路径》,《中国行政管理》2019 年第 9 期。

陈宏辉、贾生华:《企业利益相关者三维分类的实证分析》,《经济研究》2004 年第 4 期。

陈家刚:《协商民主:概念、要素与价值》,《中共天津市委党校学报》2005 年第 3 期。

陈晓平:《何谓社会选择的合理性?——评阿罗不可能性定理及其论证》,《湖南社会科学》2016 年第 1 期。

陈晓正、胡象明:《重大工程项目社会稳定风险评估研究——基于社会预期的视角》,《北京航空航天大学学报》（社会科学版）2013 年第 2 期。

陈宇、张丽、王洛忠:《网络时代邻避集群行为演化机理——基于信息茧房的分析》,《中国行政管理》2021 年第 10 期。

程军、刘玉珍:《环境邻避事件的情感治理——当代中国国家情感治理的再思考》,《南京工业大学学报》（社会科学版）2019 年第 6 期。

崔建华:《民主议事性会议的若干规则及我国各级人大常委会会议的形式问题——以四川省人大常委会为例》,《人大研究》2008 年第 3 期。

党艺、余建辉、张文忠:《环境类邻避设施对北京市住宅价格影响研究——以大型垃圾处理设施为例》,《地理研究》2020 年第 8 期。

邓燕华:《中国基层政府的关系控制实践》,《学海》2016 年第 5 期。

丁建峰:《罗尔斯与哈耶克的程序正义观——一个基于社会演化理论的比较与综合》,《北京大学学报》（哲学社会科学版）2020 年第 4 期。

董军、甄桂:《技术风险视角下的邻避抗争及其环境正义诉求》,《自然辩证法研究》2015 年第 5 期。

冯云鹏：《社会稳定风险评估政策文本分析》，硕士学位论文，东北大学，
　2014 年。

高新宇、秦华：《"中国式"邻避运动结果的影响因素研究——对 22 个邻
　避案例的多值集定性比较分析》，《河海大学学报》（哲学社会科学版）
　2017 年第 4 期。

高新宇：《"政治过程"视域下邻避运动的发生逻辑及治理策略——基于
　双案例的比较研究》，《学海》2019 年第 3 期。

龚维斌：《打造共建共治共享的应急管理体系》，《社会治理》2017 年第
　10 期。

顾金喜、胡健：《邻避冲突的治理困境与策略探析：一种基于文献综述的
　视角》，《中国杭州市委党校学报》2021 年第 1 期。

郭巍青、陈晓运：《风险社会的环境异议——以广州市民反对垃圾焚烧厂
　建设为例》，《公共行政评论》2011 年第 1 期。

韩金成：《邻避设施决策的公共价值失灵危机及其治理——基于 J 垃圾焚
　烧发电项目的实证考察》，《公共管理与政策评论》2022 年第 6 期。

韩志明：《从"独白"走向"对话"——网络时代行政话语模式的转
　向》，《东南学术》2012 年第 5 期。

韩志明：《"大事化小"与"小事闹大"：大国治理的问题解决逻辑》，
　《南京社会科学》2017 年第 7 期。

韩志明：《利益表达、资源动员与议程设置——对于"闹大"现象的描述
　性分析》，《公共管理学报》2012 年第 2 期。

韩志明：《行动的选择与制度的逻辑——对"闹大"现象的理论分析》，
　《中国行政管理》2010 年第 5 期。

何兴澜、杨雪锋：《多学科视域下环境邻避效应及其治理机制研究进展》，
　《城市发展研究》2020 年第 10 期。

何艳玲、陈晓运：《从"不怕"到"我怕"："一般人群"在邻避冲突中
　如何形成抗争动机》，《学术研究》2012 年第 5 期。

何艳玲：《对"别在我家后院"的制度化回应探析——城镇化中的"邻避
　冲突"与"环境正义"》，《人民论坛·学术前沿》2014 年第 6 期。

何艳玲：《"法律脱嵌治理"：中国式邻避纠纷的制度成因及治理》，《中

国法学》2022 年第 4 期。

何艳玲：《"邻避冲突"及其解决：基于一次城市集体抗争的分析》，《公
　　共管理研究》2006 年第 1 期。

何艳玲：《"中国式"邻避冲突：基于事件的分析》，《开放时代》2009 年
　　第 12 期。

侯光辉、王元地：《邻避危机何以愈演愈烈——一个整合性归因模型》，
　　《公共管理学报》2014 年第 3 期。

胡象明、高书平：《邻避风险沟通场域中的话语之争、现实困境及对策研
　　究》，《郑州大学学报》（哲学社会科学版）2022 年第 4 期。

胡象明、谭爽：《重大工程项目安全危机中的民众心理契约及政府管理对
　　策初探》，《武汉大学学报》（哲学社会科学版）2012 年第 2 期。

胡象明、唐波勇：《危机状态中的公共参与和公共精神——基于公共政策
　　视角的厦门 PX 事件透视》，《人文杂志》2009 年第 3 期。

胡象明、王锋：《中国式邻避事件及其防治原则》，《新视野》2013 年第
　　5 期。

胡象明、张丽颖：《科学主义与人文主义视角下大型工程社会稳定风险评
　　估困境及对策探析》，《行政论坛》2018 年第 2 期。

华启和：《邻避冲突的环境正义考量》，《中州学刊》2014 年第 10 期。

黄德春、马海良、徐敏等：《重大水利工程项目社会风险的牛鞭效应》，
　　《中国人口·资源与环境》2012 年第 11 期。

黄德春、张长征、Upmanu Lall 等：《重大水利工程社会稳定风险研究》，
　　《中国人口·资源与环境》2013 年第 4 期。

黄河、王芳菲、邵立：《心智模型视角下风险认知差距的探寻与弥合——
　　基于邻避项目风险沟通的实证研究》，《新闻与传播研究》2020 年第
　　9 期。

黄杰、朱正威：《国家治理视野下的社会稳定风险评估：意义、实践和走
　　向》，《中国行政管理》2015 年第 4 期。

黄振威：《地方重大行政决策制度的内容分析——基于 88 个省一级制度
　　文本的研究》，《北京行政学院学报》2017 年第 2 期。

姜丽萍：《社会稳定风险评估中的多元主体参与——以 X 煤电二期热电机
　　组工程为例》，硕士学位论文，山西大学，2015 年。

蒋问奇：《"重实体，轻程序"文化根源考》，《四川省干部函授学院学报》2003 年第 1 期。

金晓伟：《我国人大议事规则研究：回顾、反思与展望》，《人大研究》2021 年第 2 期。

靳永翥、李春艳：《危机何以化解：基于危机公关的政府工具研究——以环境型邻避事件为例》，《北京行政学院学报》2019 年第 6 期。

康伟、曹太鑫：《群体性事件中的社会学习网络研究：以邻避事件为例》，《中国软科学》2022 年第 3 期。

康晓光：《未来 3—5 年中国大陆政治稳定性分析》，《战略与管理》2002 年第 3 期。

孔子月：《嵌入性视角下社区居委会在邻避问题治理中的双重角色与行为逻辑——以 S 市 Y 事件为例》，《社会主义研究》2020 年第 4 期。

雷尚清：《决策论证与大型工程项目社会稳定风险化解》，载童星、张海波主编《风险灾害危机研究》（第一辑），社会科学文献出版社 2015 年版。

雷尚清：《西方公共政策论证理论的早期知识谱系》，《甘肃理论学刊》2012 年第 3 期。

雷尚清：《重大工程项目自主决策式稳评的操作性偏误与矫治》，《中国行政管理》2018 年第 3 期。

李多萃：《四川什邡宏达钼铜项目群体性事件处置的案例研究》，硕士学位论文，电子科技大学，2016 年。

李杰、朱珊珊：《"邻避事件"公众参与的影响因素》，《重庆社会科学》2017 年第 2 期。

李艳飞、陈洋、陈映蓉：《公平感知对邻避项目社会接受度影响的实证研究——以垃圾焚烧项目为例》，《项目管理技术》2021 年第 6 期。

李永展、何纪芳：《台北地方生活圈都市服务设施之邻避效果》，《都市与计划》1995 年第 1 期。

李永展：《邻避症候群之解析》，《都市与计划》1997 年第 1 期。

廖梦夏：《媒介属性和事件属性的双重建模：媒介与环境群体性事件的关联研究——基于 20 个案例的清晰集定性比较分析（QCA）》，《西南民族大学学报》（人文社会科学版）2018 年第 10 期。

林鸿潮：《公共危机管理问责制中的归责原则》，《中国法学》2014 年第 4 期。

林丽丽、周超：《参与性政策分析与政策科学的民主回归》，《广东行政学院学报》2004 年第 2 期。

林茂成：《邻避型设施区位选择与处理模式之探讨：以都会捷运系统为例》，《现代运营》2001 年第 7 期。

凌双、李业梅：《新媒体情境下邻避项目社会稳定风险的演化机理：一个"结构—行动"的分析框架》，《中国行政管理》2021 年第 7 期。

刘冰：《复合型邻避补偿政策框架建构及运作机制研究》，《中国行政管理》2019 年第 2 期。

刘冰、苏宏宇：《邻避项目解决方案探索：西方国家危险设施选址的经验及启示》，《中国应急管理》2013 年第 8 期。

刘菲、崔丽：《基于系统动力学的邻避行为仿真研究》，《河南科技》2023 年第 1 期。

刘海龙：《邻避冲突的生成与化解：环境正义的视角》，《吉首大学学报》（社会科学版）2018 年第 2 期。

刘玮、李好、曹子璇：《多维信任、信息披露与邻避冲突治理效果》，《重庆社会科学》2020 年第 4 期。

刘耀东：《知识生产视阈下邻避现象的包容性治理》，《中国人民大学学报》2022 年第 2 期。

刘泽照：《地方"稳评"操纵行为发生的影响机理——一个考核情境的诠释框架》，《公共管理与政策评论》2016 年第 4 期。

刘泽照、朱正威：《掣肘与矫正：中国社会稳定风险评估制度十年发展省思》，《政治学研究》2015 年第 4 期。

刘智勇、陈立：《从有限参与到有效参与：邻避冲突治理的公众参与发展目标》，《学习论坛》2020 年第 10 期。

吕少波：《程序正义的理论困境与现实悖论》，《学理论》2013 年第 17 期。

马奔、李继朋：《我国邻避效应的解读：基于定性比较分析法的研究》，《上海行政学院学报》2015 年第 5 期。

马奔、李珍珍：《邻避设施选址中的公民参与——基于 J 市的案例研究》，

《华南师范大学学报》（社会科学版）2016 年第 2 期。

马奔、王昕程、卢慧梅：《当代中国邻避冲突治理的策略选择——基于对
　　几起典型邻避冲突案例的分析》，《山东大学学报》（哲学社会科学版）
　　2014 年第 3 期。

毛春梅、蔡阿婷：《邻避运动中的风险感知、利益结构分布与嵌入式治
　　理》，《治理研究》2022 年第 2 期。

毛庆铎、程豪杰、马奔：《邻避设施社会风险演化及应对——基于网络分
　　析视角》，《上海行政学院学报》2022 年第 6 期。

［美］保罗·斯洛维奇：《信任、情绪、性别、政治和科学：对风险评估
　　战场的调查》，载［美］保罗·斯洛维奇编著《风险的感知》，赵延东
　　等译，北京出版社 2007 年版。

孟薇、孔繁斌：《邻避冲突的成因分析及其治理工具选择——基于政策利
　　益结构分布的视角》，《江苏行政学院学报》2014 年第 2 期。

莫晓红：《图尔敏论证模式研究》，硕士学位论文，华南师范大学，
　　2004 年。

牛文元：《社会物理学与中国社会稳定预警系统》，《中国科学院院刊》
　　2001 年第 1 期。

牛煜麒：《"罗伯特议事规则"的社区实践》，《群众》2017 年第 10 期。

欧阳倩：《邻避治理过程中地方政府治理转型的多重逻辑——基于广东省
　　Z 市环保能源发电项目的调查》，《公共治理研究》2022 年第 1 期。

庞明礼：《公共政策社会稳定风险的积聚与演变——一个政策过程分析视
　　角》，《南京社会科学》2012 年第 12 期。

庞明礼、朱德米：《政策缝隙、风险源与社会稳定风险评估》，《经济社会
　　体制比较》2012 年第 2 期。

庞勇：《从罗伯特议事规则看党校学员议事能力的培养》，《理论学习与探
　　索》2018 年第 6 期。

秦川申：《积极、消极和矛盾：公众对 5G 基站部署的态度与邻避倾向》，
　　《经济社会体制比较》2021 年第 6 期。

秦梦真、陶鹏：《政府信任、企业信任与污染类邻避行为意向影响机
　　制——基于江苏、山东两省四所化工厂的实证研究》，《贵州社会科学》
　　2020 年第 10 期。

渠敬东:《项目制:一种新的国家治理体制》,《中国社会科学》2012 年第 5 期。

全雄伟、左高山:《基于随机 Petri 网的邻避冲突演化过程模型及情景仿真分析——以垃圾焚烧发电厂为例》,《运筹与管理》2022 年第 1 期。

任文启、袁嘉:《基层协商民主议事的演进与发展趋势》,《社会治理》2022 年第 1 期。

尚虎平、李逸舒:《我国地方政府绩效评估中的"救火行政"——"一票否决"指标的本质及其改进》,《行政论坛》2011 年第 5 期。

孙静:《论群体性事件中的情感差序格局与集群倾向》,《创新》2013 年第 1 期。

孙静:《群体性事件的情感认知机制分析》,《创新》2013 年第 2 期。

孙宇、吴远卓:《社会排斥型邻避:弱势群体扶持政策执行中的困境与对策》,《江西师范大学学报》(哲学社会科学版)2021 年第 6 期。

孙壮珍:《风险感知视角下邻避冲突中公众行为演化及化解策略——以浙江余杭垃圾焚烧项目为例》,《吉首大学学报》(社会科学版)2020 年第 4 期。

覃哲:《邻避心理与大众媒介在冲突中的沟通功能》,《青年记者》2015 年第 29 期。

谭爽:《"冲突转化":超越"中国式邻避"的新路径——基于对典型案例的历时观察》,《中国行政管理》2019 年第 6 期。

谭爽、胡象明:《大数据视角下重大项目社会稳定风险评估的困境突破与系统构建》,《电子政务》2014 年第 6 期。

谭爽、胡象明:《邻避型社会稳定风险中风险认知的预测作用及其调控——以核电站为例》,《武汉大学学报》(哲学社会科学版)2013 年第 5 期。

谭爽、胡象明:《特殊重大工程项目的风险社会放大效应及启示——以日本福岛核泄漏事故为例》,《北京航空航天大学学报》(社会科学版)2012 年第 2 期。

谭爽、胡象明:《重大工程社会稳定风险评估中的"制度堕距"现象及成因:基于文本与个案实践的对比》,《云南行政学院学报》2017 年第 3 期。

汤玺楷、凡志强、韩啸：《行动策略、话语机会与政策变迁：基于邻避运动的比较研究》，《西南交通大学学报》（社会科学版）2019年第3期。

汤玺楷、凡志强、韩啸：《中国地方政府回应邻避冲突的策略选择：理论解释与经验证据》，《西南交通大学学报》（社会科学版）2020年第1期。

汤志伟、凡志强、韩啸：《媒介化抗争视阈下中国邻避运动的定性比较分析》，《广东行政学院学报》2016年第6期。

唐兵、黄冉：《嵌入性理论视角下农村邻避设施中的社会网络结构分析——以江西省F市L镇公墓项目为例》，《中共福建省委党校（福建行政学院）学报》2022年第6期。

陶鹏、童星：《邻避型群体性事件及其治理》，《南京社会科学》2010年第8期。

陶周颖：《发挥党的领导效能：网络时代治理中国邻避冲突的策略选择——基于国内2007—2017年垃圾焚烧发电项目的案例思考》，《云南行政学院学报》2021年第2期。

万筠、王佃利：《中国邻避冲突结果的影响因素研究——基于40个案例的模糊集定性比较分析》，《公共管理学报》2018年第5期。

汪洋、叶胜男：《基于公众情境和理性行为理论的邻避工程公众接受研究》，《工程管理学报》2020年第5期。

王春业、张忱子：《罗伯特规则视角下我国专业法官会议制度的完善》，《福建行政学院学报》2019年第2期。

王佃利、王玉龙：《"议题解构"还是"工具建构"：比较视角下邻避治理的进展》，《河南师范大学学报》（哲学社会科学版）2020年第4期。

王佃利、王铮：《中国邻避治理的三重面向与逻辑转换：一种历时性的全景式分析》，《学术研究》2019年第10期。

王佃利、于棋：《高质量发展中邻避治理的尺度策略：基于城市更新个案的考察》，《学术研究》2022年第1期。

王锋、胡象明、刘鹏：《焦虑情绪、风险认知与邻避冲突的实证研究——以北京垃圾填埋场为例》，《北京理工大学学报》（社会科学版）2014年第6期。

王刚、张霞飞：《空间的嵌入与互构：环境邻避冲突生成的新解释框架——基于核电站选址争议的个案分析》,《华东理工大学学报》(社会科学版) 2022 年第 4 期。

王冠群、杜永康:《我国邻避研究的现状及进路探寻——基于 CSSCI 的文献计量与知识图谱分析》,《南京工业大学学报》(社会科学版) 2020 年第 5 期。

王进、许玉洁:《大型工程项目利益相关者分类》,《铁道科学与工程学报》2009 年第 5 期。

王娟、刘细良、黄胜波:《中国式邻避运动:特征、演进逻辑与形成机理》,《当代教育理论与实践》2014 年第 10 期。

王奎明:《统合式治理何以有效:邻避困境破局的中国路径》,《探索与争鸣》2021 年第 4 期。

王奎明、钟杨:《“中国式”邻避运动核心议题探析——基于民意视角》,《上海交通大学学报》(哲学社会科学版) 2014 年第 1 期。

王琼、吴佳:《化解邻避效应的中国经验:基于复合治理的田野考察与理论建构》,《学海》2022 年第 6 期。

王诗宗、吴妍:《城镇化背景下的基层社会治理创新——杭州市余杭区街道民主协商议事会议制度分析》,《北京行政学院学报》2017 年第 4 期。

王顺、包存宽:《城市邻避设施规划决策的公众参与研究——基于参与兴趣、介入时机和行动尺度的分析》,《城市发展研究》2015 年第 7 期。

王万华、宋烁:《地方重大行政决策程序立法之规范分析——兼论中央立法与地方立法的关系》,《行政法学研究》2016 年第 5 期。

王翔:《全国人大常委会立法议事规则研究》,博士学位论文,厦门大学,2019 年。

王璇、郭红燕、靳颖斯等:《环境基础设施“邻避”问题的趋势特征及治理建议》,《世界环境》2022 年第 5 期。

王燕燕:《检视我国民主议事规则》,《人大研究》2011 年第 11 期。

王英伟:《权威应援、资源整合与外压中和:邻避抗争治理中政策工具的选择逻辑——基于(fsQCA)模糊集定性比较分析》,《公共管理学报》2020 年第 2 期。

王瑜:《基于主体行为动机的邻避事件分析》,《内蒙古大学学报》(哲学社会科学版）2019 年第 3 期。

王兆雪：《邻避设施决策中公众参与有效性研究》，硕士学位论文，大连理工大学，2021 年。

魏娜、韩芳：《邻避冲突中的新公民参与：基于框架建构的过程》，《浙江大学学报》（人文社会科学版）2015 年第 4 期。

文宏、韩运运：《"不要建在我的辖区"：科层组织中的官员邻避冲突——一个比较性概念分析》，《行政论坛》2021 年第 1 期。

文小勇：《协商民主与社区民主治理——罗伯特议事规则的引入》，《河南社会科学》2021 年第 7 期。

吴卫东、李德刚：《邻避焦虑心理驱动下的城市邻避冲突及治理》，《理论探讨》2019 年第 1 期。

吴勇、扶婷：《社区利益协议视角下邻避项目信任危机与应对》，《湘潭大学学报》（哲学社会科学版）2021 年第 2 期。

谢涤湘、吴淑琪、常江：《邻避设施空间分布特征及其与周边住宅价格的关系——广州案例》，《地理科学进展》2023 年第 1 期。

谢晓非、徐联仓：《一般社会情境中风险认知的实验研究》，《心理科学》1998 年第 4 期。

谢云肖：《重大行政决策事项范围的文本研究》，硕士学位论文，吉林大学，2017 年。

徐大慰、华智亚：《工业项目邻避冲突中的风险沟通困境研究》，《华北电力大学学报》（社会科学版）2021 年第 5 期。

徐浩、谭德庆：《媒体曝光视角下环境污染邻避冲突多方演化博弈分析》，《系统工程学报》2021 年第 4 期。

徐浩、张妍、谭德庆：《参与者情绪对环境污染邻避冲突影响的演化分析》，《软科学》2019 年第 3 期。

徐佳：《四川什邡"7·2"群体性事件政府应对舆情危机案例研究》，硕士学位论文，电子科技大学，2016 年。

徐松鹤、韩传峰、罗素清：《邻避冲突的多元组合路径与治理策略——基于清晰集的两阶段定性比较分析》，《电子科技大学学报》（社会科学版）2021 年第 5 期。

徐松鹤、韩传峰、孟令鹏：《基于主体风险偏好的邻避冲突秩依期望效用博弈模型》，《系统工程学报》2021 年第 3 期。

许波荣、金林南：《协商民主视角下邻避冲突风险的应对——基于无锡锡东垃圾焚烧发电厂复工项目的个案分析》，《地方治理研究》2022 年第 2 期。

鄢德奎：《邻避治理中的结构失衡与因应策略》，《重庆大学学报》（社会科学版）2019 年第 1 期。

鄢德奎：《中国邻避冲突规制失灵与治理策略研究——基于 531 起邻避冲突个案的实证分析》，《中国软科学》2019 年第 9 期。

严伟鑫、徐敏、何欣瑶等：《邻避型基础设施项目社会许可经营演化机理：基于社交媒体数据的实证分析》，《浙江理工大学学报》2022 年第 2 期。

颜昌武、许丹敏、张晓燕：《风险建构、地方性知识与邻避冲突治理》，《甘肃行政学院学报》2019 年第 4 期。

晏英：《罗伯特议事规则对院内医疗纠纷调解程序构建的启示》，《医学与法学》2021 年第 1 期。

杨建国、李紫衍：《空间正义视角下的邻避设施选址影响因素研究——基于 24 个案例的多值集定性比较分析》，《江苏行政学院学报》2021 年第 1 期。

杨建国、李紫衍、倪浩：《中国邻避研究的热点主题与发展趋势——基于 2007—2020 年 CNKI（核心期刊、CSSCI）论文的计量分析》，《江苏科技大学学报》（社会科学版）2022 年第 2 期。

杨志军：《公众议程的形成逻辑、演进过程与政策影响——基于一起邻避型环境治理案例的分析》，《南通大学学报》（社会科学版）2021 年第 1 期。

应星：《草根动员与农民群体利益的表达机制——四个个案的比较研究》，《社会学研究》2007 年第 2 期。

于鹏、陈语：《公共价值视域下环境邻避治理的张力场域与整合机制》，《改革》2019 年第 8 期。

虞崇胜：《罗伯特议事规则与全国人大常委会议事规则的完善》，《新视野》2009 年第 6 期。

郁建兴、黄飚：《地方政府在社会抗争事件中的"摆平"策略》，《政治学研究》2016 年第 2 期。

袁晓芳：《环境污染型邻避设施对周边房价的影响分析——以成都苏坡立
　　交桥为例》，《中国管理信息化》2021 年第 17 期。

张翠梅、张然：《环境污染类邻避治理中的补偿回馈政策工具选择》，《决
　　策科学》2022 年第 4 期。

张广文、周竞赛：《基于定性比较分析方法的邻避冲突成因研究》，《城市
　　发展研究》2018 年第 5 期。

张桂蓉、赵芳睿、邹文慧：《项目制下垃圾焚烧发电的邻避风险治理困
　　境——基于 N 县典型案例的过程追踪》，《国家治理与公共安全评论》
　　2020 年第 2 辑。

张海波：《公共危机治理与问责制》，《政治学研究》2010 年第 2 期。

张海柱：《编排风险：科技风险型邻避抗争的行动逻辑——以一起基站冲
　　突事件为例》，《社会学评论》2022 年第 2 期。

张海柱：《风险分配与认知正义：理解邻避冲突的新视角》，《江海学刊》
　　2019 年第 3 期。

张海柱：《风险建构、机会结构与科技风险型邻避抗争的逻辑——以青岛
　　H 小区基站抗争事件为例》，《公共管理与政策评论》2021 年第 2 期。

张海柱：《风险社会、第二现代与邻避冲突——一个宏观结构性分析》，
　　《浙江社会科学》2021 年第 2 期。

张海柱：《科学不确定性背景下的邻避冲突与民主治理》，《科学学研究》
　　2019 年第 10 期。

张红显：《游民意识与隐性社会稳定风险》，《西北农林科技大学学报》
　　（社会科学版）2013 年第 1 期。

张紧跟：《地方政府邻避冲突协商治理创新扩散研究》，《北京行政学院学
　　报》2019 年第 5 期。

张紧跟：《邻避冲突协商治理的主体、制度与文化三维困境分析》，《学术
　　研究》2020 年第 10 期。

张荆红、陈东洋：《柔性治理：走出中国式邻避困境的新路径——基于仙
　　桃案例的分析》，《江苏海洋大学学报》（人文社会科学版）2021 年第
　　6 期。

张乐、童星：《风险沟通：风险治理的关键环节——日本核危机一周年》，

《探索与争鸣》2012 年第 4 期。

张乐、童星:《公众的"核邻避情结"及其影响因素分析》,《社会科学研究》2014 年第 1 期。

张乐、童星:《加强与衰减:风险的社会放大机制探析——以安徽阜阳劣质奶粉事件为例》,《人文杂志》2008 年第 5 期。

张乐、童星:《"邻避"冲突管理中的决策困境及其解决思路》,《中国行政管理》2014 年第 4 期。

张乐、童星:《"邻避"行动的社会生成机制》,《江苏行政学院学报》2013 年第 1 期。

张乐、童星:《事件、争论与权力:风险场域的运作逻辑》,《湖南师范大学社会科学学报》2011 年第 3 期。

张乐、童星:《信息放大与社会回应:两类突发事件的比较分析》,《华中科技大学学报》(社会科学版)2009 年第 6 期。

张利周:《协商民主视角下邻避设施选址困境的治理路径——以杭州九峰垃圾焚烧厂为例》,《广东行政学院学报》2020 年第 2 期。

张世贤:《政策论证对话模式之探讨》,《中国行政评论》1996 年第 4 期。

张向和、彭绪亚:《基于邻避效应的垃圾处理场选址博弈研究》,《统计与决策》2010 年第 20 期。

张小明:《我国社会稳定风险评估的经验、问题与对策》,《行政管理改革》2014 年第 6 期。

张秀志:《做好公众沟通,破解"邻避效应"——法国核电放射性废物处置设施公众沟通情况及经验启示》,《环境经济》2021 年第 14 期。

张郁:《公众风险感知、政府信任与环境类邻避设施冲突参与意向》,《行政论坛》2019 年第 4 期。

赵晖:《服务供给、公众诉求与邻避冲突后期治理——基于双案例的比较研究》,《江苏社会科学》2019 年第 5 期。

赵沁娜、肖娇、刘梦玲等:《邻避设施对周边住宅价格的影响研究——以合肥市殡仪馆为例》,《城市规划》2019 年第 5 期。

赵小燕:《邻避冲突的政府决策诱因及对策》,《武汉理工大学学报》(社会科学版)2014 年第 2 期。

赵晓佳:《邻避性公共设施选址困境与对策研究——以惠州垃圾焚烧厂为

例》，硕士学位论文，华南理工大学，2017 年。

郑卫、贾厚玉：《邻避设施规划选址方法研究回顾与展望》，《城市问题》2019 年第 1 期。

郑小琴：《涉核项目邻避风险的基本特征、演化逻辑及防范策略》，《社会科学战线》2022 年第 6 期。

郑旭涛：《涟漪效应与官民共鸣：城市大型邻避冲突演变过程中的信息传播与动员》，《甘肃行政学院学报》2019 年第 6 期。

郑旭涛：《无组织的邻避抗争联盟与抗争共振效应》，《甘肃行政学院学报》2018 年第 6 期。

钟杨、殷航：《邻避风险的传播逻辑与纾解策略》，《湖北大学学报》（哲学社会科学版）2021 年第 1 期。

钟宗炬等：《基于信息计量学的国内外邻避冲突文献研究》，载童星、张海波主编《风险灾害危机研究》（第三辑），社会科学文献出版社 2016 年版。

钟宗炬、汤志伟、韩啸等：《基于信息计量学的国内外邻避冲突文献研究》，《风险灾害危机研究》2016 年第 2 期。

周超、林丽丽：《从证明到解释：政策科学的民主回归》，《学术研究》2005 年第 1 期。

周红云：《全民共建共享的社会治理格局：理论基础与概念框架》，《经济社会体制比较》2016 年第 2 期。

周君璐、范舒喆、钱俊杰等：《邻避效应在中国环境治理中的研究现状、趋势与启示——基于 CNKI 数据的 Citespace 可视化分析》，《工程管理年刊》2021 年第 10 卷。

朱德米：《建构维权与维稳统一的制度通道》，《复旦学报》（社会科学版）2014 年第 1 期。

朱德米：《开发社会稳定风险的民主功能》，《探索》2012 年第 4 期。

朱露：《多元整合：工作组在基层治理中的运行逻辑——基于 D 市 F 区邻避事件的田野调查》，《江汉大学学报》（社会科学版）2022 年第 1 期。

朱清海、宋涛：《环境正义视角下的邻避冲突与治理机制》，《湖北省社会主义学院学报》2013 年第 4 期。

朱阳光、杨洁、邹丽萍等：《邻避效应研究述评与展望》，《现代城市研究》2015 年第 10 期。

朱正威等：《社会稳定风险评估公众参与意愿影响因素研究》，《西安交通
大学学报》（社会科学版）2014 年第 2 期。

朱正威、石佳：《重大工程项目中风险感知差异形成机理研究——基于
SNA 的个案分析》，《中国行政管理》2013 年第 11 期。

二　英文文献

Bacow Lawrence, S., Milkey James R., "Overcoming Local Opposition to Hazardous Waste Facilities: The Massschusetts Approach", *Hazard Environment Law Review*, No. 6, 1982.

Bruce Jennings, "Counsel and Consensus: Norms of Argument in Health Policy", *The Argumentative Turn in Policy Ananlysis and Planning*, 2002.

B. S. Frey, "The Old Lady Visits Your Backyard: A Tale of Morals and Markets", *Journal of Political Economy*, Vol. 104, No. 6, 1996.

Daniel P. Aldrich, "Controversial Project Siting: State Policy Instruments and Flexibility", *Comparative Politics*, No. 1, 2005.

Dear, M., *Gainning Community Acceptance*, *Princeton*, NT: The Robert Wooe Johnson Foundation, 1990.

Dear, M., S. M. Taylor, *Not on Our Street: Community Attitudes Toward Mental HealthCare*, London: Pion, 1982.

Dear, M., "Understanding and Overcoming the NIMBY Syndrome", *Journal of the American Planning Association*, Vol. 58, No. 3, 1992.

Duncan MacRae, "Jr. Guidelines for Policy Discourse: Consensual Versus Adversarial", *The Argumentative Turn in Policy Ananlysis and Planning*, Edited by Frank Fischer, John Forester. *Durham and London: Duke University Press*, 1993.

Duncan MacRae, Jr., "Guidelines for Policy Discourse: Consensual versus Adversarial", *The Argumentative Turn in Policy Ananlysis and Planning*.

E. Cascetta, F. Pagliara, "Public Engagement for Planning and Designing Transportation Systems", *Procedia – Social and Behavioral Sciences*, Vol. 87, 2013.

Fischer, Frank, and Herbert Gottweis, eds. , *The Argumentative Turn Revisited: Public Policy as Communicative Practice*, Duke University Press, 2012.

Frank Fischer, "Deliberative Policy Analysis as Practical Reason: Integrating Empirical and Normative Arguments", *Handbook of Public Policy Analysis, Theory, Politics and Methods*, Edited by Frank Fischer, Gerald J. Miller, and Mara S. , Sidney: CRC Press, Taylor Francis Group, 2007.

Frank Fischer, John Forester, *The Argumentative Turn in Policy Analysis and Planning*, Durham: Duke University Press, 1993.

Frank Fischer, "Policy Discourse and the Politics of Washington Think Tanks", in *The Argumentative Turn in Policy Ananlysis and Planning*, 2002.

Giandomenico Majone, *Evidence, Argument and Persuasion in the Policy Process*, New Haven, CT: Yale University Press, 1989.

Harry Eckstein, "A Perspective on Comparative Politics, Past and Present", in Harry Eckstein and David E. Apter, *Comparative Politics: A Reader*, New York: The Free Press of Glencoe, 1963.

Hélène Hermansson, "The Ethics of NIMBY Conflicts", *Ethical Theory and Moral Practice*, Vol. 10, No. 1, 2007.

John S. Dryzek, "Policy Analysis and Planning: From Science to Argument", In *The Argumentative Turn in Policy Ananlysis and Planning*, 2002.

Kunreuther H. , Fitzgerald K. , Aarts T. D. , "Siting Noxious Facilities: A Test of the Facility Siting Credo", *Risk Analysis*, Vol. 13, No. 2, 1993.

Marten A. Hajer, "Discourse Coalitions and the Institutionalization of Practice: the Case of Acid Rain in Great Britain", in *The Argumentative Turn in Policy Ananlysis and Planning*, 2002.

Mason R. O. , Mitroff I. I. , "Policy analysis as argument", *Policy Studies Journal*, Vol. 9, No. 4, 1980.

M. E. Vittes, P. H. Pollock III, S. A. Lilie, "Factors Contributing to NIMBY Attitudes", *Waste Managemet*, Vol. 13, No. 2, 1993.

Michael E. Kraft and Bruce B. Clary: "Citizen Participation and the Nimby Syndrome: Public Response to Radioactive Waste Disposal", *The Western Political Quarterly*, No. 2, 1991.

Morel, D. , "Sitting and the Politics of Equity", *Hazardous Waste*, Vol. 1, No. 4, 1984.

Patsy Healey, "Planning through Debate: the Communicative Turn in Planning Theory", *The Town Planning Review*, 1992.

Richard O. Mason, Ian I. Mitroff, "Policy Analysis as Argument", *Policy Studies Journal*, Vol. 9, No. 4, 1980.

Robert Hoppe, "Political Judgment and the Policy Cycle: the Case of Ethnicity Policy Arguments in the Netherlands", in *The Argumentative Turn in Policy Ananlysis and Planning*, 2002.

Rothstein, H. , Huber, M. , Gaskell, G. , "A Theory of Risk Colonization: The Spiraling Regulatory Logics of Societal and Institutional Risk", *Economy and Society*, Vol. 35, No. 1, 2006.

Sellrs Martin, "NIMBY: A Case Study in Confilict Politics", *Public Dministration Quarterly*, No. 4, 1993.

Shemtov R. , "Social: Networks & Sustained Activism in Local NIMBY Campaigns", *Socialogical Forum*, No. 2, 2003.

Slovic, P. Fischhoff, B. and Lichtenstein, S. , "Rating the Risk", *Environment*, Vol. 21, No. 3, 1979.

Stephen E. Toulmin, *The Uses of Argument* (*updated edition*), Cambridge University Press, 2003.

William L. , Jr. Waugh, Kathleen Tierney, *Emergency Management: Principles and Practice for Local Government*, 2nd ed, ICMA Press, 2007.

后 记

总算是告一段落了，心里有种说不出的轻松感。我接触邻避问题始于 2014 年，当年为了申报四川省社科规划项目，就琢磨如何将过去的研究与现实问题结合起来。几经思考，确定了"决策论证视角下大型工程项目社会稳定风险化解策略研究"这个题目，主要是将博士论文探讨的公共政策论证类型与社会稳定风险防范化解结合，这是我首次跨域尝试，结果比较理想，当年获得了资助。这对一个"青椒"来说是不小的鼓励。不过由于四川省社科规划项目资助金额较低，难以开展深入系统的研究，因此这个题目甫一确定，我就开始筹划下一个研究方向，主题当然还是如何将政策论证与现实问题结合起来。循着重大工程项目社会稳定风险这个话题，我发现当年刚好发生了彭州石化事件，此前两年的 2012 年还有什邡钼铜事件，两个事件都在国内引起了较大关注，成为典型的邻避冲突事件，因此就顺势将研究思路聚焦在邻避话题上，思考如何与政策论证结合。根据我对这些典型案例的初步观察分析，发现彼时的邻避事件在处置过程中都有一个问题，政府倾向于从公共利益出发向公众解释项目建设的好处，但决策过程较少吸纳民众参与，无法体现他们的诉求和主人翁地位，这可归因为决策问题。而公共政策论证既体现在决策环节，也体现在执行环节、评估环节、终结环节，因此很自然地，可以将政策论证限定为决策论证，从论证缺失角度探讨邻避事件发生的根源，提出治理之策，这既符合本人的理论储备，也契合当时的热点话题，更体现了从源头上、根本上防范化解社会稳定风险的宗旨。基于此思路，我获得了 2015 年教育部人文社会科学研究青年基金项目资助。这就是本书的由来。

在项目申报过程中，四川大学郭铭峰副研究员（现为台湾大学政治学系副教授）、李强彬副教授，南京大学张海波教授，以及四川省工程咨询研究院江琴副处长，四川大学公共管理学院团委书记兰旭凌、博士生陈朝兵和硕士生罗书川都做出了极大贡献。郭铭峰副研究员指出了申报书理论基础和研究方法的缺陷，建议增加政府信任理论，完善案例选择、资料收集、问卷设计，这让申报书的理论基础和研究方法更加完美。李强彬副教授通读了申报书，建议将题目改为"决策论证与邻避设施社会稳定风险防范研究"，这比之前的题目"基于决策论证的邻避设施社会稳定风险预防机制研究"更加简洁凝练。李强彬副教授还贡献了成功和失败的申报书，让我得以明白二者的根本区别，这对第二次申报此类项目的我而言至关重要。南京大学政府管理学院张海波教授欣然同意参加课题组，并快速提出了研究内容和重点难点方面的完善建议，这让申报书更加成熟。江琴副处长的参与让本研究架起了沟通理论和实践的桥梁，也为项目论证和课题研究提供了实践支持。兰旭凌老师和陈朝兵、罗书川的参与让本研究的课题成员结构更加合理完整，他们也为项目成功立项贡献了智慧和热情。尤其是兰旭凌老师，我们是本科同班同学，当年毕业后从来没有想过 8 年后又重逢在四川大学公共管理学院行政管理系，这是何等的缘分！正是由于这些团队成员的积极参与和无私帮助，才有了项目的成功立项，因此借这个机会向上述成员表达诚挚的谢意！

课题获得资助后，我就开始谋划课题研究。先是不断积累邻避冲突事件的案例库，厘清事件的地点、缘由、过程、结果等要素，然后寻找其中与课题有关的线索。随着课题研究逐渐深入，我才发现当初申报书的目标过于宏伟，很多内容都无法实现。例如，课题计划对典型邻避事件的公众风险认知状况进行测量，分析公众、政府、项目方和专家的风险认知差距，探讨邻避事件的社会稳定风险放大机制，解析四类利益相关者的角色、功能，为后续引入论证提供基础，这完全是另外一个课题，因此只好暂时放弃。经过取舍，本人主要聚焦决策论证环节政府、项目方、专家、民众的参与现状，诊断论证缺失情况，通过引入公共政策论证，从开放度和理性两个角度分析邻避事件中的参与论证特点，设计包括制度规则、论证过程、运行保障在内的邻避设施决策论证制度。经过三年半的努力，项目终于在 2018 年底顺利结项。因此本书实际上是项目结项成果的修订完善。

当然本书并未全部展现项目成果，因为经过近 5 年的发展，邻避研究越来越注重新的理论视角，政府处理也日趋得心应手，因此本书只保留了其中决策论证程序的部分，这也是决策论证与邻避冲突治理的核心契合点。具体而言，本书想呈现给读者的是，决策论证为何有意义，其理论基础是什么，具体内容有哪些，怎么在现实中运用，理论和实践价值何在，有哪些值得反思之处。这些内容是目前邻避研究中较少涉及的，也能为现实工作提供一些新思路。当然，相关内容还未在现实中运用过，这不能不说是一个遗憾。

在项目研究和成果撰写过程中，我所在的四川大学公共管理学院师长提供了极大支持和鼓励。姜晓萍老师一直关心项目进度，提供了在我们看来无法企及的帮助。尤其是项目结项后，由于我转到了社会稳定风险评估制度研究，对该主题的思考暂时中止，是姜老师将本书列入中国社会安全系列研究丛书，为我时隔 4 年后再次反思课题成果提供了驱动力。在此向姜老师致以崇高的敬意——她总是像家长一样关心着我，没有她的鼎力支持和无私提携，本研究难以顺利完成，研究成果也只能"束之高阁"，无法问世！学院夏志强院长是我到川大工作以来学习接触最多的老师，我们最初相识在姜老师的课题组里，后来慢慢加入夏老师自己的课题，在此过程中我学到了决策咨询报告撰写和课题研究的种种经验，这帮助我夯实了学术生涯的基本素养，因此我现在能更好掌握项目申报、文章写作、报告撰写技巧，日常管理和为人处世能力也有较大提高。感谢夏老师的"无声帮助"！行政管理系范逢春主任也为我的成长提供了必不可少的帮助，我现在之所以研究应急管理、风险治理，归功于范主任让我去"应急"，给本科生讲授危机管理课。屈指算来，我已经讲授这门课程整整十年了，逐渐厘清了风险治理、应急管理的基本理论脉络，掌握了国内研究动态，习得了课堂讲授技巧，学会了与学生教学相长。作为系主任，范老师更关心我们年轻教师的科研状况，不时询问课题进展，传授申报和完成经验，指导论文发表，并在各类事务中尽量考虑每个人的特点，因材管理。学院和行政管理系的其他老师：王谦教授、王敬尧教授、衡霞教授、刘锐副教授、李晓梅副研究员、郭金云教授、刘清副教授、刘超副研究员、田益豪副研究员、徐文健副教授、黄梦晓副研究员、庞祯敬副研究员、陈垟羊博士后等，也在过去的岁月中不同程度地关注项目进展，提供力所能及的帮助，在此特向这些敬爱的师长和亲爱的同事表达诚挚的谢意。

我之所以能在应急管理圈中慢慢找到研究问题，还要得益于学术共同体的帮助和提携。正如前面提到的，张海波教授从一开始就支持项目申报和课题研究，还在后面的近十年时间里无私为我提供理论积累、成果发表、同行交流支持，正是在他和童星前辈搭建的风险灾害危机多学科论坛上，我得以认识国内公共管理学界从事风险应急安全研究的前辈和同行——高小平教授、胡象明教授、朱正威教授、彭宗超教授、王宏伟副教授、佘廉教授、刘智勇教授、王林教授、钟开斌教授、吕孝礼副教授、马奔教授、韩自强教授、李宇环副教授、林鸿潮教授、周利敏教授、刘一弘副教授、彭毅教授、詹承豫教授、杨安华教授、王秉教授、张乐教授、朱伟研究员、郭雪松教授、李瑞昌教授、魏玖长教授、李华强教授、郭春甫教授、张桂蓉教授、孙英英副教授、田兵伟副教授、陈安教授、任勇教授、汪伟全教授、高恩新教授、秦绪坤副所长、林雪副教授、江晓军副主任、张行副教授、黄杰副教授、康伟教授、李智超副教授、容志教授、钟宗炬助理教授、石佳副教授、严佳博士、吴佳讲师、张晓君副教授、毛庆铎副教授、陶志刚讲师等。原谅我在此直呼其名！与他们相识、阅读他们的大作、倾听他们传道授业解惑，总是让我如沐春风、心灵相契。他们的学术引领能力和使命感责任心感染着学界同行者，也催促着我尽量不掉队。在风险安全应急日益重要的当下，这是何等的荣幸！

我的老师魏娜和张昕也一直关心我的研究进展，毕业后我们虽然见面不多，但每次联络总是倍感亲切，也能收获日常生活、学术研究智慧。书稿顺利出版，还要感谢郁建兴教授、佟德志教授、欧名豪教授、章文光教授、孙萍教授、樊博教授、胡元梓编审提出的宝贵意见，2019年书稿曾经交给这些大咖进行过专门的评审，虽然后来由于其他原因并未出版，但这些意见弥足珍贵，此次修订前我专门进行了归纳整理，并结合丛书主题进行了完善。不时与同学张乾友、倪咸林、刘蕾、韩巍、李永康、谢和均、杨跃锋、唐行智、杨志云、龚志文、张泉等的交流分享，让我不断收获友谊，调整前进方向，获得心理支持。还有鲍静会长、解亚红主编、张定安社长、刘杰副秘书长、高乐主任、毋世扬主任、肖湘编辑等期刊界的领导朋友，总是鼓励我大胆探索，从研究产出角度提供启发，在此一并致谢。

学术研究需要稳定的"后方"，在此特向我的家人们致谢。双方父母从事力所能及的后勤保障，让我不被日常琐事羁绊。爱人偶尔问一下研究情况，更多的是将精力放在照顾两个小孩上。小孩子经常觉得我在电脑前玩耍，因此也时常来"点点按按"，直到最近我那8岁多的女儿才知道我是在电脑前"作文"，做跟她一样的事情。孩子们的天真烂漫和家人的无私付出是学术研究的重要保障，谨以此书献给他们！

我的研究生向灿、谢欣璐、董洪川、施栋梁也为本书出版贡献了不少智慧。他们先是在我的要求下撰写了第一章、第二章第二节、第五章、第七章的草稿，后来几经修改，形成了定稿，虽然现在又被我润色得"面目全非"，但他们的辛勤付出值得肯定，所写内容为现在的版本提供了基本思路、文字草稿，让我的修改有了更好的基础，也省力不少。向灿同学还帮助校对了书稿的格式、参考文献。感谢他们付出的汗水和努力！

近些年邻避冲突研究越来越"标新立异"，不断有新的理论视角涌现出来，研究发现也总是令人耳目一新，受益匪浅，因此本课题的研究成果虽经历了项目申报和结项的考验，但毕竟比较久远，热度稍显不够。本人自愧没有各位同行的敏锐观察和创新能力，只能在已有基础上整理过往思考，呈现给读者，因此敬请同行批评指正。

学术研究没有止境，虽然本人目前关注的主要是社会稳定、社会安全，但是我将在邻避冲突研究领域继续探索下去。热诚期待继续与同行们交流碰撞！

雷尚清

2023 年 6 月 26 日于成都